KB116763

신, 만들어진 위험

Outgrowing God
by Richard Dawkins

신, 만들어진 위험 큰글자책

1판 1쇄 인쇄 2021. 9. 3.
1판 1쇄 발행 2021. 9. 10.

지은이 리처드 도킨스
옮긴이 김명주

발행인 고세규
편집 임지숙 | 디자인 홍세연 | 마케팅 이헌영 | 홍보 박은경
발행처 김영사
등록 1979년 5월 17일 (제406-2003-036호)
주소 경기도 파주시 문발로 197(문발동) 우편번호 10881
전화 마케팅부 031)955-3100, 편집부 031)955-3200, 팩스 031)955-3111

값은 뒤표지에 있습니다.
ISBN 978-89-349-8498-6 04400 | 978-89-349-9073-4(세트)

홈페이지 www.gimmyoung.com 블로그 blog.naver.com/gybook
인스타그램 instagram.com/gimmyoung 이메일 bestbook@gimmyoung.com

좋은 독자가 좋은 책을 만듭니다.
김영사는 독자 여러분의 의견에 항상 귀 기울이고 있습니다.

신, 만들어진 위험

큰글자책

신의 존재에 대한
의심이 시작된
당신에게

리처드 도킨스
— 김명주 옮김

김영사

일러두기

1. 이 책의 《성경》 번역은 성서공동번역위원회가 1977년 편찬한 《공동번역성서》를 따랐다. 따라서 〈마태복음〉은 〈마태오의 복음서〉, 〈마가복음〉은 〈마르코의 복음서〉, 〈히브리서〉는 〈히브리인들에게 보낸 편지〉, 〈에베소서〉는 〈에페소인들에게 보낸 편지〉 등으로 표기했다.

2. christianity는 보통 '기독교'로 번역하는데, 우리나라에서는 기독교라고 하면 특히 개신교를 가리킨다. 그러나 실제로는 로마가톨릭교회, 그리스정교회, 성공회까지 모두 포함한다. 이 책에서도 그런 의미로 쓰였으므로, '기독교'와 '기독교도' 대신 '그리스도교'와 '그리스도인'으로 번역했다.

윌리엄과

스스로 판단할 수 있는 나이가 된

모든 청춘에게

차례

1부

신이여, 안녕히

2부

진화, 그리고 그것을 넘어서

DAWKINS

OUTGROWING

GOD

1부

신이여, 안녕히

RICHARD DAWKINS

· 1 ·

너무나 많은 신

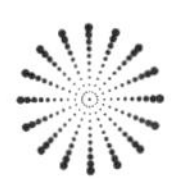

여러분은 신을 믿는가?

어떤 신을 믿는가?

인류 역사 내내 세계 모든 곳에서 수천 명의 신이 숭배를 받아왔다. 다신론자polytheist는 동시에 많은 신을 믿는다(theos는 '신'을, poly는 '많은'을 뜻하는 그리스어이다). 보탄(오딘)은 북유럽인의 최고신이었다. 그 밖의 북유럽 신들로는 발드르(미의 신), 토르(강력한 쇠망치를 들고 다니는 천둥의 신)와 그의 딸 스로드가 있었다. 스노트라(지혜의 여신), 프리그(어머니 여신), 란(바다의 여신) 같은 여신도 있었다.

고대 그리스인과 로마인도 다신론자였다. 그들의 신들도 북유럽인의 신들과 마찬가지로 인간의 강렬한 욕정과 감정을 지닌 매우 인간적인 존재였다. 12명의 그리스 신과 여신은 같은 일을 한다고 알려진 로마의 신들과 짝을 이룬다. 예를 들면 신들의 왕인 천둥·번개의 신 제우스(로마의 신은 유피테르), 그의 아내 헤라(유노), 바다의 신 포세이돈(넵투누스), 사랑의 여신 아프로디테(베누스), 날개 달린 샌들을 신고 날아다니며 신들의 전령 노릇을 한 헤르메스(머큐리), 술의 신 디오니소스(바쿠스)가 있다. 지금까지 존속하는 주요 종교 중 힌두교도 수천 명의 신을 섬기는 다신교이다.

수많은 그리스인과 로마인은 자신들의 신이 실제로 존재한다고 생각했다. 그들은 그 신들에게 기도하고, 동물을 제물로 바쳤으며, 행운이 찾아오면 그들에게 감사하고, 일이 잘못되면 그들을 탓했다. 그런 고대인들이 틀렸다는 걸 우리는 어떻게 알까? 왜 지금은 아무도 제우스를 믿지 않을까? 다른 건 몰라도 우리 대부분은 그 오래된 신들에 관한 한 '무신론자atheist'라고 자신 있게 말할 수 있다(유신론자theist는 신 또는 신들을 믿는 사람이고, 무신론자atheist—atheist의 'a'는 '아니다'라는 뜻이다—는 신을 믿지 않는 사람이다). 한때 로마인은 초기 그리스도인이 유피테르나 넵투누스, 또는 그 부류의 신을 믿지 않는다는 이유로 그들을 무신론자라고 불렀다. 요즘 우리는 그 말을 어떤 신도 믿지 않는 사람에게 사용한다.

여러분도 그럴 거라고 예상하지만 나는 유피테르, 포세이돈, 토르, 베누스, 큐피드, 스노트라, 마르스, 오딘, 아폴로를 믿지 않는다. 나는 오시리스, 토트, 누트, 아누비스, 그의 형제

호루스 같은 고대 이집트 신들을 믿지 않는다(호루스는 예수나 세계 곳곳의 많은 다른 신과 마찬가지로 처녀에게서 태어났다고 알려져 있었다). 나는 하다드, 엔릴, 아누, 다곤, 마르두크 같은 고대 바빌로니아 신들을 믿지 않는다.

나는 안야누, 마우, 응가이, 아프리카의 태양신들을 믿지 않는다. 또한 빌라, 그노위, 왈라, 우리우프라닐리, 카라우르, 오스트레일리아 원주민 부족이 섬기는 태양의 여신들도 믿지 않는다. 나는 아일랜드의 태양의 여신 에다인, 달의 신 엘라하 같은 켈트 신화의 수많은 신과 여신 중 누구도 믿지 않는다. 나는 중국의 물의 여신 마주, 피지의 상어 신 다쿠와카, 히타이트의 바다의 용 일루얀카를 믿지 않는다. 나는 엄청나게 많은 하늘의 신, 강의 신, 바다의 신, 태양신, 별의 신, 달의 신, 날씨의 신, 불의 신, 숲의 신 중 어느 누구도 믿지 않는다. 그 밖에도 믿지 않을 신은 너무나 많다.

그리고 나는 유대인의 신 야훼를 믿지 않는다. 하지만 여러분이 유대인, 그리스도인, 또는 이슬람교인으로 자랐다면 야훼를 믿을 가능성이 꽤 높다. 그리스도교인들과 이슬람교인들은(아랍식 이름인 '알라'로) 유대인의 신을 받아들였다. 그러니까 그리스도교와 이슬람교는 고대 유대교의 분파이다. 그리스도교 《성경》의 첫 번째 부분은 순수하게 유대교의 경전이고, 이슬람교의 성서인 《코란》은 유대교 경전들에서 일부가 유래했다. 유대교, 그리스도교, 이슬람교를 함께 묶어 흔히 '아브라함' 종교라고 부르는데, 세 종교 모두 신화상의 족장 아브라함으로 거슬러 올라가기 때문이다. 아브라함은 유대인의 시조로도 추앙받는다. 우리는 잠시 후 아브라함을 다시 만날 것이다.

이 세 종교를 모두 일신교라고 부르는데, 이는 신자들이 오직 하나의 신만을 믿는다고 주장하기 때문이다. 내가 '주장한다'는 표현을 쓴 데는 여러 가지 이유가 있다. 오늘날의 지배적인 신 야훼는 고대 이스라엘인의 부족 신으로 소박하게 출발했다. 고대 이스라엘인은 야훼가 그들을 '선택받은 백성'으로서 보살핀다고 믿었다(야훼가 오늘날 전 세계에서 숭배받는 것은 역사적 우연이다. 즉 서기 312년에 콘스탄티누스 황제가 개종한 후 로마제국이 그리스도교를 인정했기 때문이다). 이웃 부족에게는 그들만의 신들이 있었고, 그들은 그 신들이 자기들을 특별하게 보호해준다고 믿었다. 그리고 고대 이스라엘인은 자신들의 부족 신인 야훼를 섬겼지만, 그렇다고 가나안 사람들이 섬긴 다산의 신 바알 같은 라이벌 부족들의 신을 믿지 않은 것은 아니었다. 그들은 단지 야훼가 더 힘이 세고, (나중에 살펴보겠지만) 질투가 매우 심하다고 생각했을 뿐이다. 야훼는 다른 신들에게 추파를 던지다 들키면 화를 당할 거라고 엄포를 놓았다.

현대 그리스도교와 이슬람교가 일신교인지도 석연치 않다. 예컨대 그들은 사탄(그리스도교) 또는 샤이탄(이슬람교)이라 불리는 사악한 '마귀'의 존재를 믿는다. 마귀는 그 밖에도 다양한 이름으로 불리는데, 예를 들면 베엘제불, 늙은 닉, 사악한 자, 적대자, 벨리알, 루시퍼 등이다. 그리스도인과 이슬람교도는 마귀를 신이라고 부르지는 않지만 신과 같은 힘을 가진 자로 간주하며, 마귀가 사악한 힘으로 신의 선한 힘에 맞서 장대한 전쟁을 벌인다고 생각한다. 종교는 흔히 더 오래된 종교들로부터 사상을 물려받는다. 선과 악의 장대한 전쟁이라는 개념은 아마도 페르시아의 예언자 자라투스트라가 창시한 초기 종교인 조로아스터교에서 왔을 것이고, 조로아스터교는 아브라함 종교들에 영향을 주었다. 조로아스터교는 선의 신(아후라 마즈다)이 악의 신(앙그라 마이뉴)과 결전을 벌이는 두 신 체제의 종교였다. 지금도, 특히 인도에 소수의 조로아스터교도가 있다. 조로아스터교는 내가 믿지 않으며, 여러분도 아마 믿지 않을 또 하나의 종교이다.

특히 미국과 이슬람 국가들에서 무신론자에게 겨눠지는 아주 괴상한 비난 중 하나는 무신론자들이 사탄을 숭배한다는 것이다. 당연히 무신론자는 선한 신을 믿지 않는 것만큼이나 악한 신도 믿지 않는다. 무신론자는 초자연적인 것은 어떤 것도 믿지 않는다. 오직 종교인들만이 사탄을 믿는다.

그리스도교는 다른 면에서 봐도 다신교에 가깝다. '아버지, 아들, 성령'은 '세 분이 한 분이요, 한 분이 세 분'(삼위일체)

으로 묘사된다. 이 표현이 정확히 뭘 의미하는지를 놓고 수 세기 동안 격렬한 논쟁이 벌어졌다. 삼위일체는 마치 다신교를 일신교에 쑤셔 넣는 공식처럼 들린다. 그리스도교를 '삼신교'로 불러도 무리가 없을 것이다. 그리스도교 역사에서 동방의 정통 가톨릭교회(동방정교회)와 서방의 로마가톨릭교회가 일찍이 갈라진 것은 주로 다음 질문을 둘러싼 논쟁 때문이었다. 성령이 아버지와 아들에게서 나오는가(나온다는 게 뭘 의미하든), 아니면 단지 아버지에게서만 나오는가? 신학자들은 실제로 이런 종류의 문제를 궁리하며 시간을 보낸다.

그다음에는 예수의 어머니 마리아가 있다. 로마가톨릭교도에게 마리아는 실질적으로 여신이다. 그들은 마리아가 여신임을 부인하면서도 여전히 마리아에게 기도한다. 그들은 마리아가 '원죄 없이 잉태'되었다고 믿는다. 그게 무슨 뜻일까? 가톨릭교도는 우리 모두가 '죄를 가지고 태어난다'고 믿는다. 아기는 죄를 짓기에는 너무 어린데도 말이다. 어쨌든 가톨릭교도는 (예수처럼) 마리아는 예외였다고 생각한다. 나머지 모든 사람은 최초의 인간인 아담의 죄를 물려받는다. 사실 아담은 실존하지 않았으므로 죄를 지을 수도 없지만 가톨릭 신학자들은 그런 사소한 사실에 굴할 사람들이 아니다. 또한 가톨릭교도는 마리아가 우리처럼 죽는 대신 영혼과 더불어 육체도 '승천'했다고 믿는다. 그들은 마리아를 머리 꼭대기에 작은 왕관을 얹은 '천국의 여왕'으로(때로는 '우주의 여왕'으로까지!) 묘사한다. 이쯤 되면 마리아는 적어도 수천 명의 힌두교 신 중 어느 하나 정도 되는 여신으로 보인다(힌두교도들에 따르면 그 수많은 신은 단지 유일신의 서로 다른 버전일 뿐이다). 고대 그리스인, 로마인, 북유럽인이 다신론자였다면 로마가톨릭교도도 그렇다.

로마가톨릭교도는 성인들 개개인에게도 기도한다. 성인은 특별히 거룩하다고 여겨져 교황으로부터 '시성된' 죽은 사람을 일컫는다. 교황 요한 바오로 2세는 483명의 새로운 성인을 시성했고, 지금의 교황 프란치스코는 하루에만 적어도 813명을 시성했다. 많은 성인이 특별한 능력을 지니고 있다고 여겨지며 그런 능력 때문에 특정한 목적을 가진 사람 또는 특정 집단의 사람이 그들에게 기도한다. 성 안드레아는 생선 장수들의 수호성인, 성 베른바르도는 건축가들의 수호성인, 성 드로고는 커피숍 주인들의 수호성인, 성 굼마로는 나무꾼들의 수호성인, 성녀 리드비나는 스케이팅 선수들의 수호성인이다. 여러분이 인내를 위해 기도할 필요가 있을 때 가톨릭교도는 카시아의 성녀 리타에게 기도하라고 조언할 것이다. 믿음이 흔들린다면 성 십자가의 요한에게 기도해보라. 괴롭거나 정신적 고뇌에 시달린다면 성녀 딤프나가 최선의 선택이다. 암 환자들은 성 페레그리노를 찾는 경향이 있다. 열쇠를 잃어버렸다면 성 안토니오가 최고이다. 그다음에는 천사들이 있다. 천사들은 다양한 계급이 있는

데, 가장 높은 곳에 치품천사가 있고, 대천사를 거쳐 여러분의 개인적 수호천사로 내려온다. 이번에도 로마가톨릭교도는 천사가 신 또는 반신반인임을 부인할 것이고, 자신들은 성인에게 실제로 기도를 하는 게 아니라 단지 신에게 잘 말해달라고 부탁하는 것뿐이라고 주장할 것이다. 이슬람교도도 천사를 믿는다. 그들은 '진djinn'이라 불리는 귀신도 믿는다.

나는 마리아와 성자들 그리고 대천사와 천사들이 신인지, 반신반인인지, 둘 다 아닌지는 별로 중요한 문제가 아니라고 생각한다. 천사가 반신반인인지에 대해 논쟁하는 것은 요정이 픽시pixy와 같은지 논쟁하는 것과 같다.

여러분은 아마 요정과 픽시를 믿지 않겠지만, 그럼에도 세 아브라함 종교인 유대교·그리스도교·이슬람교 중 하나를 믿으며 자랐을 가능성이 높다. 나는 어쩌다 보니 그리스도인으로 자랐다. 나는 그리스도교 학교에 다녔고, 열세 살 때 영국국교회에서 견진성사를 받았다. 그리고 열다섯 살 때 마침내 그리스도교 신앙을 포기했다. 내가 신앙을 포기한 이유 중 하나는 이랬다. 나는 아홉 살 즈음에 이미 내가 만일 바이킹 부모에게서 태어났다면 오딘과 토르를 굳게 믿었을 것이라는 생각에 이르렀다. 고대 그리스에서 태어났다면 제우스와 아프로디테를 숭배했을 테고. 현대로 와서 내가 만일 파키스탄이나 이집트에서 태어났다면, 예수가 그리스도교 성직자들이 가르치는 것처럼 신의 아들이 아니라 단지 예언자일 뿐이라고 믿었을 것이다. 그리고 유대인 부모에게서 태어났다면, 내가 다닌 그리스도교 학교에서 가르친 대로 예수를 메시아라고 믿는 대신 오래전에 약속된 구세주 메시아를 여전히 기다리고 있을 것이다. 각기 다른 나라에서 자란 사람들은 그 부모를 따라 그들 나라의 신 또는 신들을 믿는다. 이런 신앙은 서로 모순되고, 따라서 모두 옳을 수는 없다.

만일 그 신앙 중 하나가 옳다면 어째서 여러분이 태어난 나라에서 우연히 물려받은 신앙이 옳아야 하는가? 비꼬기 좋아하는 사람이 아니라도 충분히 이런 식으로 생각할 수 있다. "거의 모든 아이가 부모와 같은 종교를 따르고, 그것이 항상 옳은 종교가 된다는 게 놀랍지 않아?" 내가 세상에서 제일 싫어하는 것 중 하나가 어린아이들에게 부모가 믿는 종교로 꼬리표를 붙이는 습관이다. '가톨릭교도 어린이' '개신교도 어린이' '이슬람교도 어린이'처럼 말이다. 종교적 견해를 갖기는커녕 아직 말도 못 하는 어린아이들에게 그런 표현을 사용하는 사람들이 있다. 내게는 그게 '사회주의자 어린이' '보수주의자 어린이'라고 말하는 것만큼이나 황당해 보이고, 실제로 아무도 그런 표현을 사용하지 않는다. 나는 우리가 '무신론자 어린이'라는 말도 쓰지 말아야 한다고 생각한다.

신앙 없는 사람을 부르는 명칭이 몇 가지 더 있다. 이름 있는 신들 중 어느 누구도 믿지 않지만 '무신론자'라는 말을 피하고 싶어 하는 사람들이 꽤 있다. 어떤 사람은 단지 "나는 알지 못해. 우리는 알 수 없어"라고 말한다. 이런 사람은 흔히 자기 자신을 '불가지론자agnostic'라고 부른다. 이 단어('알 수 없다'는 뜻의 그리스어에서 유래했다)를 만든 사람은 '다윈의 불도그'로 잘 알려진 찰스 다윈의 친구 토머스 헨리 헉슬리이다. 그에게 다윈의 불도그라는 별명이 생긴 이유는 다윈이 너무 겁을 내거나 너무 바쁘거나 너무 아플 때 공개 석상에서 다윈을 위해 싸웠기 때문이다. 자신을 불가지론자라고 부르는 사람들 중 일부는 신이 존재하든 존재하지 않든 확률은 반반이라고 말한다. 나는 그건 설득력이 없는 말이라고 생각하는데, 헉슬리도 내 생각에 동의했을 것이다. 우리는 요정이 없음을 증명할 수 없지만, 그렇다고 요정이 존재할 확률과 그렇지 않을 확률이 50 대 50이라고 생각하진 않는다. 더 분별 있는 불가지론자는 확실히 알지 못한다고 말하면서도 어떤 종류든 신이 존재할 가능성은 거의 없다고 생각한다. 어떤 불가지론자는 신이 존재할 가능성이 없진 않지만 우리는 알 수 없다고 말할지도 모른다.

이름 있는 신들은 믿지 않지만 그래도 '어떤 종류의 더 높은 힘' '순수한 정신', 우주를 설계했다는 것 외에는 우리가 그에 대해 아무것도 모르는 어떤 창조적 지능이 존재할 거라고 기대하는 사람이 있다. 그들은 이렇게 말할 것이다. "나는 신을 믿지 않아요(아마 아브라함 종교의 신을 의미할 것이다). 하지만 보이는 게 전부라고 생각하진 않아요. 그 이상의 무언가가 있는 게 틀림없어요."

이런 사람들 가운데 일부는 스스로를 '범신론자'라고 부른다. 범신론자가 무엇을 믿는지는 다소 모호하다. 그들은 이런 식으로 말한다. "나의 신은 모든 것입니다." "나의 신은 자연입니다." "나의 신은 우주입니다." "나의 신은 우리가 이해하지 못하는 모든 것의 깊은 신비입니다." 위대한 알베르트 아인슈타인은 이 마지막 의미로 '신'이라는 단어를 사용했다. 그가 말한 신은—아브라함의 신이 하듯—여러분의 기도를 듣고 여러분의 속마음을 읽고 여러분의 죄를 용서하는 (또는 벌주는) 신과는 매우 다르다. 아인슈타인은 그런 일을 하는 인격신을 믿지 않는다는 사실을 분명히 했다.

스스로를 '이신론자'라고 부르는 사람도 있다. 이신론자는 역사에 존재한 수많은 이름 있는 신 중 어느 누구도 믿지 않는다. 하지만 그들은 범신론자보다는 좀 더 명확한 것을 믿는다. 그들은 우주 법칙을 창조하고 시간과 공간이 시작될 때 모든 것에 시동을 건 다음에는 물러나 아무 일도 하지 않은 어떤 창조적 지능을 믿는다. 즉, 그들이 믿는 신은 모든 걸 그가 (또는 그것이?) 정한 법칙에 따라 일어나도록 내버려둘 뿐

세계에 직접 간섭하지 않는다. 미국 건국의 아버지 토머스 제퍼슨과 제임스 매디슨 같은 사람이 이신론자였다. 나는 그들이 18세기가 아니라 찰스 다윈 이후에 살았다면 무신론자가 되지 않았을까 싶지만, 그걸 증명할 수는 없다.

사람들이 자신은 무신론자라고 말할 때 그것이 신이 없다는 걸 증명할 수 있다는 의미는 아니다. 엄밀히 말하면 무언가가 존재하지 **않는다**는 사실을 증명하는 건 불가능하다. 우리는 신이 없다고 단정할 수 없다. 요정이나 픽시, 엘프나 도깨비, 레프러콘이나 분홍 유니콘은 없다는 것을 우리가 증명할 수 없듯이 그리고 산타클로스나 부활절 토끼 또는 이tooth의 요정은 없다는 것을 증명할 수 없듯이 말이다. 여러분이 상상할 수 있지만 누구도 그것을 반증할 수 없는 수십억 가지 것들이 있다. 철학자 버트런드 러셀이 실감 나는 비유를 들어 그 점을 지적했다. 그는 이렇게 말했다. "만일 내가 여러분에게 도자기 찻주전자가 태양의 둘레를 돌고 있다고 말한다면, 여러분은 내 주장을 반증할 수 없다." 하지만 어떤 것을 반증할 수 없다는 게 그걸 믿을 충분한 이유가 되지는 않는다. 엄밀하게 따지면 우리는 모두 '찻주전자 불가지론자'가 되어야 한다. 하지만 실제로는 찻주전자 불신자이다. 여러분은 찻주전자 불신자, 요정 불신자, 픽시 불신자, 유니콘 불신자 등 여러분이 떠올릴 수 있는 모든 것의 불신자인 것과 똑같은 방식으로(즉 엄밀하게는 불가지론자이지만) 무신론자가 될 수 있다.

엄밀하게 따지면 우리 모두는 우리가 상상할 수 있지만 아무도 반증할 수 없는 수십억 가지 것들에 대해 불가지론자가 되어야 한다. 하지만 우리는 그런 것들을 **믿지** 않는다. 그리고 누군가 믿을 이유를 제시할 때까지, 일부러 믿지 않는 수고를 하느라 시간을 낭비한다. 우리 모두는 토르와 아폴로, 라와 마르두크, 미트라스와 산 위에 있는 위대한 주주Juju(서아프리카의 주술 신앙—옮긴이)에게 그렇게 접근한다. 좀 더 나아가 야훼와 알라에 대해서도 그렇게 생각하면 안 될까?

"누군가 믿을 이유를 제시할 때까지"라고 나는 말했다. 그런데 많은 사람이 이 신 또는 저 신을 믿는 자기 나름의 이유를, 아니면 어떤 종류의 특정되지 않은 '더 높은 힘' 또는 '창조적' 지능을 믿는 이유를 제시해왔다. 따라서 우리는 그런 이유를 검토해 그것이 실제로 타당한지 확인할 필요가 있다. 우리는 그 이유 중 몇 가지를 이 책을 읽어나가는 동안, 특히 진화에 대해 이야기하는 2부에서 살펴볼 것이다.

진화라는 방대한 주제에 대해 지금은 진화가 확실한 사실이라는 것만 알아두면 된다. 우리는 침팬지의 사촌이고, 원숭이의 좀 더 먼 사촌이며, 물고기의 훨씬 더 먼 사촌이다.

많은 사람이 《성경》《코란》 또는 어떤 다른 성서 때문에 자신들의 신 또는 신들을 믿는다. 이 장을 읽으면서 여러분은 이미 성서가 신을 믿을 이유가 되는지 의심하기 시작했을지도 모른다. 세계에는 수많은 신앙이 존재한다. 여러분이 읽으며 자란 성서가 진실인지 어떻게 아는가? 그리고 만일 다른 모든 것이 틀렸다면, 어째서 여러분의 성서는 틀리지 않았다고 생각하는가? 아마 이 책을 읽는 여러분은 대체로 그리스도교의 《성경》을 읽으며 자랐을 것이다. 그래서 다음 장은 《성경》에 대한 이야기가 될 것이다. 누가 그것을 썼고, 어떤 이유로 사람들은 거기에 적힌 말이 사실이라고 믿을까?

2

그런데 그것이 사실일까?

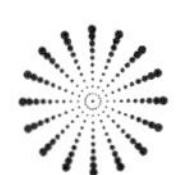

우리가《성경》에서 읽는 것이 과연 얼마나 사실일까?

역사에서 어떤 일이 실제로 일어났는지 우리는 어떻게 알까? 율리우스 카이사르가 실존했는지 어떻게 알까? 또는 정복왕 윌리엄이 실존했는지 어떻게 알까? 살아 있는 목격자는 아무도 없고, 설령 있다 해도 진술을 수집하는 경찰관이라면 누구나 알 듯이 목격자의 말은 의외로 신뢰할 수 없다. 우리가 카이사르와 윌리엄왕이 실존했음을 아는 것은 고고학자들이 반박할 수 없는 유물을 발견했기 때문이고, 그들이 살아 있을 때 적힌 문서를 통해 그 사실이 수차례 확인되었기 때문이다. 하지만 어떤 사건 또는 사람에 대한 유일한 증거가 목격자들이 죽은 지 수십 년 또는 수백 년이 지나 적혔을 때 역사학자들은 의심을 품는다. 그것은 증거로서 불충분하다. 사람들의 입에서 입으로 전달되었고 따라서 쉽게 왜곡될 수 있었기 때문이다. 특히 작가가 편향된 시각을 가지고 있었다면 더더욱 그렇다. 윈스턴 처칠은 이렇게 말했다. "역사는 내게 친절할 것이다. 내가 쓸 작정이므로!" 이번 장에서 우리는 《신약》에 나오는 예수에 관한 이야기 대부분이 문제가 있음을 알게 될 것이다. 《구약》에 대해서는 3장까지 기다려야 한다.

예수는 히브리어와 관련 있는 셈족의 언어 아람Aram어를 사용했을 것이다. 《신약》의 책들은 원래 그리스어로 쓰였다. 그리고 《구약》의 책들은 히브리어로 쓰였다. 영어 번역본은 여러 가지가 있다. 가장 유명한 것은 1611년에 나온 '킹 제임스'판으로, 잉글랜드의 제임스 1세(스코틀랜드의 제임스 6세)가 의뢰했기 때문에 그렇게 부른다. 킹 제임스판은 표현이 아름다워서 내가 좋아하는 번역이다. 그럴 수밖에 없는 것이 셰익스피어 시대의 영어이기 때문이다. 하지만 그 시대의 표현이 현대 독자에게 항상 명료한 것은 아니라서, 이 책에서는 내키지 않지만 현대 번역인 '새 국제판'을 사용하기로 했다. 《성경》 인용은 따로 밝히지 않는 한 새 국제판에서 가져온 것이다.

귓속말 전달 놀이(영국) 또는 전화기 놀이(미국)라는 파티용 게임이 있다. 예를 들어 10명이 한 줄로 늘어선다고 하자. 첫 번째 사람이 두 번째 사람에게 뭔가—어떤 이야기—를 속삭인다. 두 번째 사람은 그 이야기를 세 번째 사람에게, 세 번째 사람은 네 번째 사람에게 속삭이는 식으로 끝까지 이어간다. 마침내 이야기가 열 번째 사람에게까지 도달하면 그는 자신이 들은 이야기를 모두에게 말한다. 애초의 이야기가 특별히 간단하고 짧지 않는 한 크게 바뀌어 있기 마련이고, 대개는 우스꽝스럽게 바뀐다. 10명을 거치는 동안 바뀌는 것은 단어만이 아니다. 이야기의 중요한 내용도 바뀐다.

문자가 발명되기 전, 그리고 과학적 고고학이 시작되기 전, 구전되는 이야기는 귓속말 전달 놀이 같은 왜곡에도 불구하고 사람들이 역사에 대해 아는 유일한 방법이었다. 그런 이야기는 도무지 믿을 수가 없다. 각 세대의 전달자들이 다음 세대에 자리를 내어줌에 따라 이야기가 점점 왜곡된다. 그래서 결국 역사—실제로 일어난 일—는 신화와 전설 속으로 자취를 감춘다. 전설적인 그리스 영웅 아킬레스라든지, 1,000척의 배를 띄울 수 있는 우화 속 미녀 헬레네가 실존한 사람인지는 알기 어렵다. 시인 호메로스가 그 이야기를 마침내 글로 적을 무렵에는(우리는 그때가 언제인지, 대략 몇 세기인지조차 모른다) 이야기가 수 세대의 구전을 거치며 왜곡되어 있었다. 믿을 만한 진실은 모두 사라져버렸다. 우리는 호메로스가 누구였는지, 그가 언제 살았는지, 전설 그대로 그가 맹인이었는지, 한 사람이었는지 여러 명이었는지 모른다. 그리고 구전의 왜곡 필터를 통과하기 전, 그 이야기가 애초에 어떻게 시작되었는지도 모른다. 그것은 사실에 기반을 둔 이야기로 시작해 나중에 왜곡되었을까? 아니면 처음부터 지어낸 이야기였고 구전 과정에서 바뀌었을까?

《구약》에 나오는 이야기들도 마찬가지이다. 우리는 아킬레스나 헬레네에 관한 호메로스의 이야기를 믿을 이유가 없는 것처럼 《구약》의 이야기도 믿을 이유가 없다. 호메로스의 이야기가 그리스 전설인 것과 마찬가지로, 아브라함과 요셉의 이야기는 히브리 전설이다. 《신약》은 어떨까? 거기서는 실제 역사를 발견할 희망이 조금은 더 있다. 《구약》보다 최근인 겨우 2,000년 전의 일을 언급하기 때문이다. 하지만 우리는 예수에 대해 실제로 얼마나 알고 있을까? 그가 존재했다는 건 확신할 수 있을까? 비록 전부는 아니지만 대부분의 현대 학자들은 예수가 실존 인물이었을 것이라고 생각한다. 우리에겐 어떤 증거가 있을까?

복음서들이 증거일까? 복음서들이 《신약》 첫 부분에 실려 있어서 여러분은 그 책들이 가장 먼저 쓰였다고 생각할지도 모른다. 하지만 사실 《신약》에서 가장 오래된 책들은 끝부분에 있다. 바로 바울로의 서신들이다. 유감스럽게도 바울로는 예수의 인생에 대해 거의 아무 말도 하지 않는다. 많은 내용이 예수의 종교적 의미, 특히 그의 죽음과 부활이 갖는 종교적 의미에 대한 것이다. 하지만 역사라고 주장할 수 있을 만한 건 거의 없다. 어쩌면 바울로는 독자들이 예수의 인생 이야기를 이미 알고 있다고 생각했을지도 모른다. 하지만 바울로 본인도 예수의 인생 이야기를 몰랐을 수 있다. 이때 복음서는 아직 쓰이지 않았다는 사실을 떠올려보라. 아니면 바울로는 그것이 중요하다는 생각조차 하지 않았는지도 모른다. 바울로의 서신들에 예수에 관한 사실이 없다는 점은 역사학자들을 의아하게 만들었다. 사람들이 예수를 섬기길 바랐던 바울로가 예수가 실제로 한 말이나 한 일에 대해 거의 아무 말도 하지 않는다니 좀 이상하지 않은가?

역사학자들을 애태우는 또 한 가지 점은 복음서 말고 역사책에는 예수에 대한 언급이 거의 없다는 것이다. 유대인 역사가 요세푸스(37~100년경)는 그리스어로 이렇게 썼을 뿐이다.

> 이 무렵 예수라는 현명한 사람이 살았다. 정녕 그를 사람으로 불러야 한다면 말이다. 왜냐하면 그는 놀라운 일을 행했고, 진리를 기꺼이 받아들이는 사람들의 스승이었기 때문이다. 많은 유대인과 그리스인이 그를 따랐다. 그는 메시아였다. 그리고 우리 중에 있는 유력한 사람들의 고발로 빌라도가 그를 십자가형에 처했을 때, 처음부터 그를 사랑한 사람들은 그를 버리지 않았다. 그는 3일 만에 다시 살아나 그들 앞에 나타났다. 하느님의 예언자들이 그 일을 예언했고, 그 밖에 예수와 관련한 1,000가지 놀라운 일을 예언한 터였다. 그리고 그의 이름을 딴

그리스도인이라는 집단이 오늘날까지 사라지지 않고 있다.

많은 역사가는 이 단락이 훗날 그리스도인 작가가 끼워 넣은 날조일 거라고 의심한다. 가장 의심스러운 문구는 "그는 메시아였다"이다. 유대교 전통에서 메시아는 오래전에 약속된 유대인의 왕, 또는 유대인의 적들과 싸워 승리하기 위해 태어날 군사 지도자를 부르는 명칭이었다. 그리스도인은 예수가 메시아라고 가르쳤다('그리스도'는 메시아의 그리스어 번역이다). 하지만 독실한 유대교도에게 예수는 전혀 군사 지도자처럼 보이지 않았다. 사실 이것도 완곡하게 표현한 것이다. "누가 너를 때리면 다른 뺨도 내밀라"는 그의 평화 메시지는 우리가 군인에게 기대하는 것이 아니다. 게다가 그 시대의 로마 압제자에 대항해 유대인을 지휘하기는커녕 예수는 순순히 그들의 손에 처형당했다. 예수가 메시아라는 것은 요세푸스 같은 독실한 유대교도에게 미친 소리로 들렸을 것이다. 만일 요세푸스가 어떻게든 자신이 배운 것을 거슬러 전혀 그래 보이지 않는 인물인 예수를 메시아라고 확신했다면 아마 난리법석을 떨었을 것이다. 그저 "그는 메시아였다"라고 한마디 툭 던지고 말지는 않았을 것이다. 이 문장은 그리스도인이 나중에 날조한 것처럼 들린다. 현재 대부분의 학자들은 확실히 그렇게 믿고 있다.

그 밖에 예수를 언급한 초기 역사가로는 로마인 타키투

스(56~120)가 유일하다. 그가 썼다고 여겨지는 글은 예수의 존재를 입증하는 좀 더 설득력 있는 증거를 제시한다. 삐딱하게 보면, 타키투스가 그리스도인에 대해 좋게 말할 이유가 전혀 없기 때문이다. 그는 네로 황제(37~68)가 초기 그리스도인을 처형하는 동안 일어난 사건에 대해 라틴어로 이렇게 썼다.

> 네로는 죄인들을 묶고, 혐오스러운 행위 때문에 미움받는 무리, 즉 대중이 그리스도인이라고 부르는 사람들에게 아주 가혹한 고문을 가했다. 그리스도인이라는 명칭은 크리스투스에게서 유래한 것인데, 그는 티베리우스 황제 치하의 행정관 본디오 빌라도에게 극단적인 형벌을 받았다. 그리고 이렇게 잠시 억제되었던 매우 유해한 미신은 그것이 처음 발생한 유대 지역뿐 아니라, 전 세계의 극악무도하고 망신스러운 온갖 것이 밀려들어와 횡행하고 있는 로마에도 세력을 뻗었다.

어쨌든 이 단락도 날조로 의심받는다.

모두는 아니지만 대부분의 학자에 따르면, 확률의 저울은 예수가 실존했다는 쪽으로 기운다. 물론 확실한 건 알 수 없다. 《신약》의 네 복음서가 역사적으로 사실임을 확신할 수 있다면 모를까. 최근까지 아무도 네 복음서를 의심하지 않았다. 심지어 영어에는 "복음서에 있는 진리"라는 속담까지 있는데, 절대적 진리를 뜻한다. 하지만 19~20세기에 (특히 독일) 학자들이 연구한 뒤로, 지금은 그 속담이 공허한 메아리가 되었다.

누가 복음서들을 썼을까? 그리고 언제 썼을까? 많은 사람이 〈마태오의 복음서〉는 예수의 열두 제자 중 한 명인 세금 징수원 마태오가 썼다고 잘못 알고 있다. 그리고 〈요한의 복음서〉는 열두 제자 중 또 한 명으로 '예수가 사랑한 제자'로 알려지게 된 요한이 쓴 것이라고 생각한다. 또한 〈마르코의 복음서〉는 예수의 수제자 베드로의 젊은 벗 마르코가 썼으며, 〈루가의 복음서〉는 바울로의 친구인 의사 루가가 썼다고 알고 있다. 하지만 아무도 이 복음서들을 실제로 누가 썼는지 짐작조차 못 한다. 우리는 네 복음서 가운데 어느 것에 대해서도 설득력 있는 증거를 가지고 있지 않다. 훗날 그리스도인들이 각 복음서 윗부분에 편의상 이름을 끼워 넣었을 뿐이다. 틀림없이 A, B, C, D 같은 무미건조하고 중립적인 라벨을 붙이는 것보다는 나아 보였을 것이다. 오늘날 어떤 진지한 학자도 복음서들이 목격자에 의해 쓰였다고 생각하지 않고, 학자들은 네 복음서 중 가장 오래된 〈마르코의 복음서〉조차 예수가 죽은 지 약 35~40년 후에 쓰였다는 데 동의한다. 〈루가의 복음서〉와 〈마태오의 복음서〉는 그 이야기의 대부분을 〈마르코의 복음서〉에서 가져왔고, 일부는 'Q'라고 알려진 지금은 사라지고 없는 그리스 문서에서 가져왔다. 복음서들에 있는 모든 내용은 마침내 문자로 기록될 때까지 수십 년 동안 말로 전해지면서 귓속말 놀이의 왜곡과 과장을 겪었다.

1963년 케네디 대통령 암살 사건은 수백 명이 목격했다. 영상으로도 찍혔다. 세계 각지의 신문이 암살 당일 그 사건을 보도했다. 워런 위원회Warren Commission라는 특별 기구가 설치되어 사건의 세세한 부분까지 면밀하게 조사했고, 그 과정에서 과학자, 의사, 법의학자, 소형 화기 전문가들에게 전문적 조언을 받았다. 888쪽짜리 〈워런 보고서〉는 리 하비 오즈월드라는 사람이 단독으로 케네디를 쏘았다는 결론을 내렸다. 하지만 수년에 걸쳐 신화와 전설·음모론이 생겨났고, 목격자들이 모두 죽은 후 오랜 시간이 지나면 아마 그런 이야기들이 입에서 입으로 전해지며 지금보다 더 불어날 것이다.

뉴욕과 워싱턴D.C.에 대한 9·11 테러 공격이 일어난 것은 겨우 20년 전이다. 예수의 죽음과 가장 오래된 복음서인 〈마르코의 복음서〉가 쓰인 시점 사이에 경과한 시간에 비하면 20년은 짧은 시간이다. 9·11 관련 사실은 그동안 방대하게 기록되었고, 수많은 목격자가 보고했으며, 세세한 부분까지 철저하게 논의되었다. 하지만 그것들이 모두 일치하지는 않는다. 인터넷은 상반된 소문, 전설, 이론으로 떠들썩하다. 어떤 사람은 9·11 테러가 미국의 음모, 또는 이스라엘의 음모였다고 생각한다. 우주에서 온 외계인의 음모라는 설조차 있다. 한편 그 당시 아무런 증거도 없이 이라크 독재자 사담 후세인의 사주를 받아 일어난 일이라고 생각한 사람들도 있었다. 그들은 그것이 부시 대통령의 이라크 침공에 정당한 이유를 제공한다고 여겼다(그것이 공식적인 이유가 결코 아니었음에도 불구하고). 목격자들은 그날 뉴욕에 드리운 매캐한 먼지구름 속에서 자신들이 사탄의 얼굴이라고 생각한 것을 카메라로 찍었다.

사람들이 단순히 이야기를 지어내는 것은 유감스럽게도 사실이고, 인터넷은 그것을 뼈저리게 느끼도록 해준다. 그리고 소문과 가십은 사실 여부와 관계없이 전염병처럼 퍼져나간다. 위대한 미국 작가 마크 트웨인은 이렇게 말했다고 한다. “진실이 신발을 신는 동안 거짓말은 지구 반 바퀴를 돌 수 있다.” 악의적인 거짓말뿐 아니라, 사실이 아니지만 말하기 즐겁고 재미있는 훌륭한 이야기도 전염성이 강하다. 여러분이 선의로 이야기를 듣고, 그 이야기가 사실이 아니라는 걸 확실히 알지 못할 경우에는 특히 그렇다. 또 즐겁지는 않아도 으스스하고 괴기스러운 이야기가 있는데, 그것은 수많은 이야기가 전해지는 또 다른 이유이다.

어떻게 해서 사실이 아닌 이야기가 재미있다는 이유로, 또 사람들의 기대나 편견에 부합한다는 이유로 퍼져나가는지를 잘 보여주는 대표적 사례가 있다. 먼저 배경지식이 좀 필요하다. 여러분은 아마 '휴거'에 대해 들어봤을 것이다. 최근에 몇몇 설교자와 작가들이 《성경》 속 특정 구절을 근거로, 주로 미국에 사는 수천 명의 사람에게 다음과 같은 것들을 믿으라고 부추겼다. 착하게 살아서 선택된 소수의 운 좋은 사람들이 머지않아 갑자기 하늘로 들어 올려져 천국으로 사라질 것이다. 휴거는《성경》에서 약속한 예수의 '재림'을 예고할 것이다. 휴거되지 못한 나머지 사람들은 '남겨질' 것이다. 우리가 아는 사람들이 갑자기 흔적도 없이 사라질 것이다. 그런데 '하늘로 들어 올려'진다면, 휴거된 오스트레일리아인과 휴거된 유럽인이 서로 반대 방향으로 들어 올려진다는 뜻일까?

이제 내가 언급한 사례가 무엇인지 말해보겠다. 사실이 아니지만 많은 사람이 믿는 이 이야기는 훌륭한 이야기가 어떻게 퍼져나가는지를 보여준다. 아칸소에 사는 한 여성이 실물 크기의 사람 모양 풍선을 잔뜩 싣고 가는 트럭 뒤를 따라 차를 몰고 있었다. 그때 그 트럭이 충돌하면서 분홍색 풍선 인형들이 하늘로 떠올랐다. 헬륨이 가득 채워져 있었기 때문이다. 자신이 휴거와 예수의 재림을 목격하고 있다고 생각한 그 여성은 이렇게 외쳤다. "그분이 돌아왔어. 그분이 돌아왔다고!" 그러고는 천국으로 휴거되기 위해 달리는 자동차의 선루프를 통해 차 위로 올라갔다. 그 바람에 20중 추돌 사고가 발생해 그녀 자신뿐 아니라 13명의 무고한 사람이 죽었다.

'13명의 무고한 사람들'이라는 그럴싸한 정확함에 주목하라. 여러분은 단순한 소문이라면 그렇게 세세한 사실까지 구체적으로 말하지 않을 거라고 생각할지도 모른다. 하지만 여러분이 틀렸다.

여러분은 이 이야기가 얼마나 잘 퍼져나갈지 알 수 있을 것이다. 만일 누군가가 이 이야기를 사실인 것처럼 말한다면, 여러분은 듣자마자 다른 누군가에게 전할 게 거의 확실하다. 이야기가 퍼져나가는 것은 훌륭한 이야기이기 때문이다. 그런 이야기는 아마 재미가 있을 것이다. 훌륭한 이야기를 전할 때 누릴 수 있는 관심도 한몫할 것이다. 헬륨 인형 이야기는 실제로 일어난 것처럼 생생할 뿐 아니라, 사람들의 기대와 편견에 부합한다. 예수의 기적이나 부활에 관한 이야기도 마찬가지일지 모른다는 생각이 들지 않는가? 그리스도교라는 신생 종교의 초기 신도들은 사실인지 확인해보지도 않고 예수에 관한 이야기와 소문을 전하는 데 열을 올렸을 것이다.

9·11 테러나 케네디의 죽음에 관한 왜곡된 전설들을 생각해본 다음, 카메라도 신문도 없고 사건 이후 30년 동안 아무것도 기록되지 않았다면 상황이 속속들이 왜곡되기가 얼마나 더 쉬웠을지 상상해보라. 입에서 입으로 전해지는 가십 외에는 정보가 아무것도 없다. 그것이 예수가 죽은 뒤의 상황이었다. 팔레스타인부터 로마에 이르는 지중해 동부 곳곳에는 다

양한 종류의 그리스도인이 흩어져 살았다. 이런 작은 집단 사이의 의사소통은 드물었으며 열악했다. 복음서들은 아직 쓰이지 않았으며, 그들을 하나로 묶어줄 《신약》도 없었다. 그들은 많은 것에 대해 의견이 일치하지 않았다. 예컨대 그리스도인은 유대인이어야 하는지 (그리고 할례를 받아야 하는지), 그리스도교는 완전히 새로운 종교인지 말이다. 바울로의 서신 중 몇몇은 이런 혼돈에 질서를 부여하기 위해 고군분투하는 지도자 모습을 보여준다.

그리스도교의 공식 경전으로 합의된 책들인 정경正經이 최종적으로 정해진 것은 바울로가 죽고 나서 몇백 년 후였다. 오늘날 (개신교) 그리스도인이 읽는 《성경》은 《신약》 27권과 《구약》 39권으로 이뤄진 표준 정경이다(로마가톨릭교도와 그리스정교회 신자들은 '외경'이라 부르는 책들을 추가한다).

마태오, 마르코, 루가, 요한의 복음서가 정경에 포함된 유일한 복음서이지만, 앞으로 살펴볼 것처럼 비슷한 시기에 예수의 다른 복음서가 많이 쓰였다. 정경은 로마공의회라 불리는 교회 지도자들의 회의에서 주로 정해졌다. 이때는 서기 382년으로 콘스탄티누스 대제의 개종에 이어 로마제국에서 그리스도교가 공식 인정을 받은 후 분위기가 고조되던 시기였다. 콘스탄티누스가 아니었다면 여러분은 아마 유피테르, 아폴로, 미네르바, 그 밖의 로마 신을 섬기며 자랐을 것이다. 그보다 훨씬 뒤에 그리스도교를 남아메리카 전역에 퍼뜨린 것은 또 다른 대제국인 포르투갈(브라질)과 스페인(그 대륙의 나머지 지역)이었다. 북아프리카, 중동, 인도아대륙에 이슬람교가 널리 퍼진 것도 군사 정복의 결과이다.

내가 말했듯 〈마태오의 복음서〉 〈마르코의 복음서〉 〈루가의 복음서〉 〈요한의 복음서〉는 로마공의회가 열린 시점에 퍼지고 있던 많은 복음서 중 네 권일 뿐이었다. 나는 잠시 후 별로 유명하지 않은 복음서 중 몇 가지를 살펴볼 것이다. 그 복음서들도 모두 정경에 포함될 수 있었지만, 다양한 이유로 아무것도 정경에 들어가지 못했다. 대개는 그 복음서들이 이단으로 간주되었기 때문이다. 공의회 의원들의 '정통' 신앙과 배치되는 내용을 담고 있었다는 뜻이다. 〈마태오의 복음서〉 〈마르코의 복음서〉 〈루가의 복음서〉 〈요한의 복음서〉보다 조금 뒤에 쓰인 것도 한 가지 이유였다. 하지만 우리가 살펴본 바와 같이 〈마르코의 복음서〉조차 신뢰할 수 있는 역사로 취급하기에는 너무 늦게 쓰였다.

네 복음서가 선택된 것은 어느 정도는 역사보다 시적 상상에서 연유한 이상한 이유들 때문이다. 그리스도교 초기 역사에서 '교회의 아버지들'로 알려진 영향력 있는 인물들 가운데 한 명이던 이레나이우스는 로마공의회가 열리기 2세기 전에 살았다. 그는 더도 덜도 말고 딱 네 권의 복음서가 있어야 한다고 확신했다. 그는 땅에는 네 귀퉁이가 있고 바람도 4개가 있다고 (마치 그것이 중요하다는 듯) 지적했다. 그리고 그것만으로는 충분하지 않다는 듯 〈요한의 묵시록〉을 보면 신의 왕좌 곁에 각기 4개의 얼굴을 가진 네 생물이 나온다고 지적했다. 이 대목은 《구약》의 예언자 에스겔에게 영감을 받은 듯하다. 에스겔의 꿈에 소용돌이 속에서 네 생물이 나타났는데 저마다 4개의 얼굴을 하고 있었다. 여기도 넷, 저기도 넷. 여러분은 넷에서 벗어날 수 없고, 그러므로 정경은 네 권의 복음서를 갖춰야 한다! 유감스럽게도 이런 종류의 '추론'이 신학에서는 논리로 통한다.

그런데 〈요한의 묵시록〉은 더 나중에 정경에 추가되었고, 어쨌든 추가된 것은 유감스러운 일이다. 요한이라 불리는 어떤 남자가 파트모스라는 섬에서 어느 날 밤 기이한 꿈을 꾸었고, 그걸 기록했다. 우리 모두는 꿈을 꾸고, 많은 꿈이 상당히 기이한 내용이다. 내 꿈은 거의 항상 그렇지만 나는 그걸 적지 않는다. 그리고 물론 그런 꿈이 다른 사람에게 영향을 미칠 만큼 흥미롭다고 생각하지도 않는다. 요한의 꿈은 웬만큼 이상한 꿈이 아니었다(거의 마약에 취한 것 같았다). 그 꿈은 어쨌거나 정경에 포함되었다는 이유만으로 막대한 영향력을 갖게 되었다. 그것은 예언으로 여겨져 미국의 극성 설교자들에 의해 자주 인용된다. 바울로의 〈데살로니카인들에게 보낸 첫째 편지〉와 함께 〈요한의 묵시록〉은 휴거 개념에 영감을 준 주요 원천이다. 또한 〈요한의 묵시록〉은 간절히 기다리는 예수의 재림이 '아마겟돈 전투' 후에야 일어날 수 있다는 위험한 사상의 출처이기도 하다. 이 믿음 때문에 일부 미국인은 중동에서 이스라엘이 참여하는 전면전이 일어나길 바란다. 그들은 그 전쟁이 '아마겟돈'이 될 거라고 생각한다.

지구 최후의 날을 소재로 한 책들인 이른바 '남겨진 사람들' 시리즈가 놀라운 인기를 끌면서, 특히 미국에서는 수천 명의 사람이 휴거가 실제로 일어날 것이라는 미친 소리를 진지하게 믿었다. 게다가 곧 일어난다고 믿었다. 육신이 사전 경고도 없이 하늘 '위로' 들어 올려질 경우 고양이를 돌봐줄 유료 서비스를 광고하는 웹사이트까지 생겼다. 어떤 책이 정경에 포함되고 어떤 책이…… 남겨졌는지는 우연에 지나지 않았다는 사실을 사람들이 깨닫지 못하는 게 안타까울 따름이다.

예수의 죽음과 복음서들이 쓰인 시점 사이에 긴 공백이 있다는 사실은 우리에게 그 복음서들이 과연 역사의 믿을 만한 길잡이인지를 의심할 한 가지 이유를 제공한다. 또 하나의 이유는 복음서들이 서로 모순된다는 것이다. 예수를 따라다닌 12명의 제자가 있었다는 데는 모든 복음서가 일치하지만, 그들이 누구였는지에 대해서는 의견이 다르다. 〈마태오의 복음서〉와 〈루가의 복음서〉는 마리아의 남편 요셉이 다윗왕의 직계 자손이라고 주장하지만, 그 사이의 조상들은 두 책에서 완전히 다르다. 〈마태오의 복음서〉의 경우는 25명이고, 〈루가의 복음서〉는 41명이다. 설상가상으로 예수는 처녀인 어머니에게서 태어났다고 여겨지므로 그리스도인은 요셉이 다윗왕의 직계 자손임을 이용해 예수가 다윗왕의 자손임을 입증할 수 없다. 복음서와 알려진 역사적 사실이 불일치하는 부분도 있다. 예컨대 로마 통치자와 그들의 행적에 관한 사실이 그렇다.

복음서를 역사적 사실로 받아들이는 데 따른 또 다른 문제는 《구약》의 예언을 실현하려는 집착이다. 특히 〈마태오의 복음서〉가 그렇다. 마태오가 단지 예언을 실현하기 위해 어떤 사건을 지어내 자신의 복음서에 적어 넣는 일도 충분히 가능했을 것 같지 않은가. 가장 눈에 띄는 예는 마리아가 예수를 낳았을 때 처녀였다는 전설을 지어낸 것이다. 그리고 이 전설은 자체 생명력을 가지고 불어났다. 마태오는 어떻게 천사가 요셉의 꿈에 나타나 그의 약혼녀 마리아가 다른 남성이 아닌 신의 아이를 임신한 것이라고 요셉을 안심시키는지 이야기한다(루가가 하는 이야기는 다른데, 천사가 마리아에게 직접 나타난다). 어쨌든 마태오는 조금의 부끄러운 기색도 없이 독자들에게 뻔뻔하게 말한다.

이 모든 일로써 주께서 예언자를 시켜 "동정녀가 잉태하여 아들을 낳으리니 그 이름을 임마누엘이라 하리라" 하신 말씀이 그대로 이루어졌다. 임마누엘은 '하느님께서 우리와 함께 계시다'는 뜻이다.

어쩌면 '부끄러움'은 적절한 단어 선택이 아닐지도 모르겠다. 그가 누구였든 마태오는 역사적 사실에 대해 우리와는 다른 개념을 가지고 있었다. 그에게는 예언을 실현하는 것이 실제로 일어난 일보다 더 중요했다. 그는 왜 내가 "부끄러운 기색도 없이"라고 말했는지 이해하지 못할 것이다.

다른 한편으로, 마태오는 그 예언을 완전히 오해했다. 예언은 〈이사야〉 7장에 있다. 그리고 〈이사야〉에 적힌 내용으로 보면 분명히—마태오에게는 분명하지 않았겠지만—이사야는 먼 미래가 아니라 자기 시대에 임박한 미래에 대해 이야기하고 있었다. 그는 아하스왕에게 그들 면전에 있는 한 젊은 여인에 대해 이야기했는데, 그녀는 이사야가 말하는 그 순간에 임신한 상태였다.

마태오가 인용한 '동정녀'라는 단어는 이사야가 사용한 히브리어로는 알마almah였다. '알마'에는 동정녀라는 뜻이 있지만 '젊은 여인'이라는 뜻도 있다. 영어 단어 'maiden'과 비슷한데, 이 단어도 두 가지 뜻을 갖고 있다. 그리스어로 번역된 《구약》 번역본인 《70인역》에서—아마 마태오도 이걸 읽었을 것이다—알마는 '파르테노스parthenos'로 번역되었다. 이 단어는 실제로 '동정녀'를 뜻한다. 요컨대 단순한 번역 오류가 세계적인 '성모 마리아' 신화를 낳고, 로마가톨릭교도들이 마리아를 일종의 여신, 즉 천상의 여왕으로 숭배하게 만든 것이다.

마태오와 루가가 예수를 베들레헴에서 태어나게 한 것도 예언을 실현하겠다는 결심 때문이다. 《구약》에 등장하는 또 한 명의 예언자 미가는 유대인의 메시아가 '다윗의 도시' 베들레헴에서 태어날 것이라고 예언했다. 〈요한의 복음서〉는 충분히 합리적이게도, 예수가 그의 부모가 살았던 나자렛에서 태어났다고 추정한다. 요한은 예수가 실제로 메시아라면 어떻게 나자렛에서 태어날 수 있는지 놀라는 사람들에 대해 이야기한다. 마르코는 예수의 출생에 대해 전혀 언급하지 않는다. 하지만 마태오와 루가는 둘 다 미가의 예언을 실현하고 싶었고, 둘 다 예수의 출생지를 나자렛에서 베들레헴으로 옮길 방법을 허둥지둥 찾았다. 불행히도 그들은 서로 모순되는 두 가지 다른 방법으로 문제를 해결했다.

루가의 해결책은 로마 황제 아우구스투스가 징수하는 세금이었다. 루가에 따르면 이 세금은 인구조사 때 징수되었다. 여기서 루가는 날짜를 뒤죽박죽 섞어버렸다. 현대 역사가들이 알기로, 그 이야기에 딱 맞는 시점에 로마에는 인구조사가 없었기 때문이다. 하지만 이 부분은 그냥 넘어가자. 인구조사에 제대로 반영되기 위해서는 모든 사람이 '자신의 출신 도시'로 가야 했다. 요셉은 실제로 나자렛에 살았지만 그의 출신 도시는 루가에 따르면 베들레헴이었다. 왜일까? 그는 남성 계보에서 다윗왕의 자손이었고, 다윗은 베들레헴 출신이었기 때문이다. 이것 자체가 말이 안 된다. 루가 본인의 말에 의하면 다윗은 요셉의 41대조였다. 한 남자의 출신 도시를 그의 41대조가 태어난 도시로 정하는 법이 어디 있는가? 여러분 중 남성 계보에서 누가 여러분의 41대조인지 짐작이라도 가는 사람이 있는가? 엘리자베스 여왕도 모를 거라고 생각한다. 어쨌든 루가에 따르면 이런 연유로 예수는 베들레헴에서 태어났다. 그의 부모가 인구조사를 위해 나자렛에서 요셉의 41대조가 태어난 장소로 옮겨왔기 때문이다.

미가의 예언을 실현하는 마태오의 방법은 달랐다. 그는 베들레헴이 마리아와 요셉의 고향이고, 그렇기 때문에 예수가 그곳에서 태어났다고 추정한 것 같다. 마태오의 문제는 나중에 그들을 어떻게 나자렛으로 옮기는가였다. 그래서 그는 사악한 헤로데왕의 귀에 예수가 베들레헴에서 태어났다는 소문이 들어가게 했다. 예언자가 말한 새로운 '유대인의 왕'이 자신을 왕좌에서 몰아낼까 봐 두려웠던 헤로데는 베들레헴에서 태어난 모든 사내아이를 죽이라고 명령했다. 신은 천사를 내려보냈고, 그 천사는 요셉의 꿈에 나타나 마리아와 예수를 데리고 이집트로 도망치라고 말했다. 여러분은 아마 이런 크리스마스캐럴을 불러본 적이 있을 것이다.

> 헤로데는 두려움으로 가득 찼지
> 유대 민족의 왕자가 태어났구나!
> 그는 격분하여 베들레헴에서 태어난
> 모든 사내아이를 죽였다네.

마리아와 요셉은 그 경고를 귀담아듣고, 헤로데가 죽을 때까지 이집트에서 돌아오지 않았다. 하지만 그런 다음에도 그들은 베들레헴을 피했는데, 신이 요셉의 또 다른 꿈에 나타나 그곳에 가면 헤로데의 아들 아르켈라오에게서 무사하지 못할 것이라고 경고했기 때문이다. 그래서 그들은 대신……

> 나자렛이라는 동네에서 살았다. 이리하여 예언자를 시켜 "그를 나자렛 사람이라 부르리라" 하신 말씀이 이루어졌다.

이렇게 해서 마태오는 문제를 깔끔하게 해결했다. 그는 예수를 안전하게 나자렛으로 데려다놓았을 뿐 아니라, 그 과정에서 또 다른 예언을 실현하는 성과를 올렸다.

나는 약 50권쯤 되는 다른 복음서에 대해서도 이야기하겠다고 했다. 그 복음서들도 마태오, 마르코, 루가, 요한의 복음서와 함께 정경에 포함될 수 있었을지도 모른다. 그 복음서들은 대체로 1~3세기에 쓰였지만, 네 권의 공식 복음서와 마찬가지로 글로 적힌 최종 버전은 더 오래된 구전 전통에 기초했다('귓속말 전달'에서와 같은 왜곡이 없었을 리 없다). 그런 복음서로는 〈베드로의 복음서〉 〈필립보의 복음서〉 〈막달라 마리아의 복음서〉 〈도마의 콥트어 복음서〉 〈도마의 유년기 복음서〉 〈이집트인의 복음서〉 그리고 〈이스가리옷 유다의 복음서〉 등이 있다.

왜 정경에서 빠졌는지 쉽게 알 수 있는 경우도 있다. 〈이스가리옷 유다의 복음서〉를 예로 들어보자. 유다는 예수 이야기를 통틀어 최악의 악당이다. 그는 예수를 대사제들에게 팔아넘겼고, 그들은 예수를 체포해 재판하고 처형했다. 〈마태오의 복음서〉에 따르면 그의 동기는 탐욕이었다. 그는 예수를 배반한 대가로 은전 서른 닢을 받았다. 마태오의 문제는 우리가 이미 살펴보았듯 그가 《구약》의 예언에 집착하고 있었다는 것이다. 마태오는 예수에게 일어난 모든 일이 예언의 실현이길 원했다. 그렇다면 우리는 이런 의문이 든다. 탐욕 때문에 그런 짓을 했다고 여겨지는 유다가 실은 마태오의 예언 강박의 희생양이 아니었을까? 단서가 몇 가지 있는데, 나는 그것을 성서 역사학자 바트 에어먼Bart Ehrman에게서 들었다.

예언자 즈가리야(11장 12절)는 품삯으로 은 30세겔을 받았다. 여기까지는 별로 특별할 것 없는 우연의 일치이다. 하지만 〈즈가리야〉의 이어지는 구절을 보라.

> 그랬더니, 그들은 은 30세겔을 품삯으로 내놓았다. 야훼께서 나에게 그 후하게 받은 품삯을 "옹기장이에게 던져라"고 하시기에 나는 그 은 30세겔을 야훼의 전殿 금고에 넣었다.

'옹기장이'와 '던지다'를 머릿속에 넣고 〈마태오의 복음서〉 27장으로 돌아가보자. 유다는 자신이 받은 은전 서른 닢을 대사제들과 원로들에게 가져갔다.

> 그때에 배반자 유다는 예수께서 유죄판결을 받으신 것을 보고 자기가 저지른 일을 뉘우쳤다. 그래서 은전 서른 닢을 대사제들과 원로들에게 돌려주며 "내가 죄 없는 사람을 배반하여 그의 피를 흘리게 하였으니 나는 죄인입니다" 하였다. 그러나 그들은 "우리가 알 바 아니다. 그대가 알아서 처리하여라" 하고 말하였다. 유다는 그 은전을 성소에 던지고 물러가서 스스로 목매달아 죽었다. 대사제들은 그 은전을 주워 들고 "이것은 핏값이니 헌금 궤에 넣어서는 안 되겠소" 하며 의논한 끝에 그 돈으로 옹기장이의 밭을 사서 나그네의 묘지로 사용하기로 하였다.

대사제들은 핏값을 받고 싶지 않았다. 그래서 그 대신 은전 서른 닢으로 이른바 '옹기장이의 밭'을 샀다. 예상대로 마태오는 또 한 명의 예언자로 이야기를 마무리한다. 이번에는 예레미야이다.

> 이리하여 예언자 예레미야를 시켜 "이스라엘의 자손들이 정한 한 사람의 몸값, 은전 서른 닢을 받아서 주께서 나에게 명하신 대로 옹기장이의 밭값을 치렀다" 하신 말씀이 이루어졌다.

〈유다의 복음서〉는 20세기에 발견된 가장 놀라운 문서 중 하나였다. 사람들은 그런 복음서가 쓰였다는 사실은 알고 있었다. 왜냐하면 초기 교부들이 그것을 언급하며 비난했기 때문이다. 하지만 모두가 그것이 사라졌다고 생각했고, 이설異說이라서 파기된 것이라고 짐작했다. 그런데 1978년 그것이 문서와 파편 뭉치로 나타났다. 약 1,700년 동안 동굴 안에 파묻혀 있다가 이집트 농부들이 우연히 발견한 것이다. 그런 발견에서 늘 그렇듯 이 귀한 문서가 그걸 다룰 수 있는 적절한 학자들의 손에 들어오기까지는 시간이 좀 걸렸고, 도중에 약간 훼손되었다. 그 문서는 방사성 탄소연대 측정 결과 서기 280년 ±60년의 것으로 밝혀졌다.•

재발견된 문서는 고대 이집트 언어인 콥트어로 적혀 있

다. 하지만 그것은 더 이른 시대에 쓰인, 아직 발견되지 않은 그리스어 문서를 번역한 것으로 여겨진다. 아마 정경에 포함된 네 복음서와 거의 같은 시기에 쓰였을 것이다. 네 복음서와 마찬가지로 그것 역시 거명된 저자가 아닌 다른 누군가에 의해 쓰였다. 요컨대 유다 본인이 쓰지는 않았을 것이라는 말이다. 그 책은 주로 유다와 예수 사이에 오간 대화로 이루어져 있다. 배반 이야기가 나오지만 유다의 관점에서 서술되고, 유다에 대한 비난은 찾아보기 어렵다. 이는 유다가 열두 제자 중 예수의 임무를 진정으로 이해한 유일한 사람이었음을 암시한다. 4장에서 살펴보겠지만, 그리스도인은 예수가 체포되어 죽음을 당한 것은 신의 계획이었다고 믿는다. 그래야 신이 인간의 죄를 용서할 수 있으니 말이다. 유다의 배반은 사실상 예수가 신의 계획을 실현하도록 도운 것이었다. 그는 예수와 신의 부탁을 들어주고 있었다. 이 말이 이상하게 들린다면(실제로 이상하게 들린다), 예수의 죽음은 신이 계획한 꼭 필요한 희생이었다는 그리스도교의 중심 사상을 탓하라. 여러분은 로마공의회가 왜 〈유다의 복음서〉를 정경에 넣고 싶어 하지 않았는지 알 수 있을 것이다.

• **방사성 탄소연대 측정은 고고학 표본의 연대를 밝히는 영리한 과학 기법이다. 나는 《현실, 그 가슴 뛰는 마법》에서 그 원리를 설명했다.**

〈유다의 복음서〉와 이유는 다르지만, 로마공의회가 〈도마의 유년기 복음서〉를 정경에 넣고 싶어하지 않았던 것도 놀랍지 않다. 보통 그렇듯 누가 그것을 썼는지는 아무도 모른다. 소문과 달리 '의심하는 도마'가 쓴 것은 아니다. 예수의 부활을 믿기 전에 증거를 원했던 바로 그 제자 말이다(그는 과학자들의 수호성인이 되어야 마땅할 것이다). 그 복음서에는 공식 정경에는 거의 완전하게 빠져 있는 예수의 어린 시절에 대한 놀라운 이야기가 들어 있다. 그 복음서에 따르면 예수는 자신의 마법 같은 힘을 과시하는 데 거리낌이 없는 짓궂은 아이였다. 다섯 살 때 냇가에서 놀던 그는 냇물의 진흙으로 살아 있는 참새 열두 마리를 빚었다.

참새는 1,000억 개가 넘는 세포로 이뤄져 있다. 신경세포, 근육세포, 간세포, 혈액세포, 뼈세포를 비롯해 수백 가지 유형의 세포가 있다. 그 세포들 하나하나는 어마어마하게 복잡한 기계의 축소판이다. 참새의 깃털 2,000개 하나하나는 그야말로 정교한 건축의 극치이다. 예수가 살던 시대에는 아무도 이런 자세한 사실들을 알지 못했다. 그렇다 해도 어른들은 어린 예수가 한 일에 깊은 인상을 받았을 것이다. 그 모든 걸 진흙으로 뚝딱 만들어내는 것은 놀라운 마법일 테니까. 하지만 요셉은 예수를 꾸짖는 게 더 먼저였는데, 예수가 안식일에 그 일을 했기 때문이다. 유대 율법에 따르면 안식일에는 아무

일도 해서는 안 된다. 지금도 어떤 유대인들은 안식일에 전등 스위치를 켜는 일조차 하지 않는다. 그들은 대신 전등을 켜주는 타임스위치를 갖고 있다. 그리고 안식일에 엘리베이터 버튼 누르는 '일'을 할 필요가 없도록 층마다 엘리베이터가 서는 아파트도 있다.

꾸중을 들은 예수는 손뼉을 치며 이렇게 말했다. "가버려라." 그러자 참새들은 짹짹거리며 날아올랐다.

〈도마의 유년기 복음서〉에 따르면 어린 예수는 자신의 마법 같은 힘을 별로 안 좋은 방법으로 사용하기도 했다. 한번은 마을을 걷고 있는데 한 아이가 달려오다 예수의 어깨에 부딪쳤다. 예수는 화가 나서 이렇게 말했다. "너는 가던 길을 더는 가지 못할 것이다." 그 소년은 바로 그날 밤 넘어져 죽었다. 당연히 비탄에 잠긴 부모가 요셉을 찾아와 하소연하며 예수가 마법을 사용하는 걸 자제하게 해달라고 부탁했다. 하지만 그 부부는 하나는 알고 둘은 몰랐다. 예수는 그 즉시 그들의 눈을 멀게 했다. 그 전에는 예수가 어떤 소년에게 짜증이 나서 저주를 퍼붓자 소년의 몸이 바싹 말라버린 일도 있었다.

다 나쁘기만 한 것은 아니었다. 놀이 친구 중 한 명이 지붕에서 떨어져 죽었을 때 예수는 그 친구를 되살렸다. 예수는 같은 방법으로 많은 사람을 살렸고, 실수로 자기 발을 도끼로 찍은 남자를 치료해준 일도 있다. 하루는 목수인 아버지를 돕고 있었는데 각목 하나가 너무 짧았다. 예수는 그런 사소한 문제가 훌륭한 작품을 망치도록 놔두지 않았다! 그는 마법으로 각목의 길이를 늘였다.

〈도마의 유년기 복음서〉에 묘사된 놀라운 기적들이 실제로 일어났다고 생각하는 사람은 아무도 없다. 예수는 진흙으로 참새를 빚지도, 자신과 부딪친 소년을 죽이지도, 소년의 부모를 눈멀게 하지도, 목공소에서 각목을 늘이지도 않았다. 그렇다면 왜 사람들은 물을 포도주로 바꾸고, 물 위를 걷고, 죽었다가 다시 살아나는 등 정경의 복음서들에 나오는 똑같이 황당한 기적을 믿을까? 만일 〈도마의 유년기 복음서〉가 정경에 들어갔다면 사람들은 참새 기적이나 각목을 늘이는 기적도 믿었을까? 아니라면, 이유가 뭘까? 382년 로마에 모인 주교들과 신학자들 덕분에 운 좋게 정경에 포함된 네 복음서는 뭐가 그렇게 특별한가? 왜 이중 잣대를 들이대는가?

이중 잣대의 또 다른 예가 있다. 마태오는 예수가 십자가에 못 박혀 죽는 바로 그 순간 예루살렘 성전에 쳐져 있던 거대한 휘장이 위에서 아래까지 두 폭으로 찢기고 땅이 흔들렸으며, 무덤이 열려 죽은 사람들이 거리로 나와 걸어 다녔다고 말한다. 그 공식 복음서에 따르면 당시 예수가 부활한 것은 특별한 일이 아니었다. 예수가 부활하기 불과 사흘 전에 많은 사람이 무덤에서 나와 예루살렘 거리를 걸어 다녔으니 말이다.

그리스도인은 그 말을 정말로 믿을까? 만일 믿지 않는다면 왜 그럴까? 그것을 믿을 이유는 예수의 부활을 믿을 이유만큼이나 충분하다(더 정확히 말하면, 둘 다 믿을 이유가 별로 없지만). 신자들은 말도 안 되는 이야기 중 어느 것을 믿고 어느 것을 무시할지 무엇으로 판단할까?

이미 말했듯 비록 전부는 아니지만 대부분의 역사학자는 예수가 실존했다고 생각한다. 하지만 그 자체는 크게 의미가 없다. '예수'는 여호수아Joshua 또는 Yeshua라는 히브리어 이름의 라틴어 어형이다. 이것은 흔한 이름이었고, 떠돌아다니는 설교자도 흔했다. 그러므로 여호수아라는 설교자가 있었을 가능성이 있다. 그런 사람이 많았을 가능성도 있다. 믿을 수 없는 대목은 그들 중 누군가가 물을 포도주로 바꾸고(또는 진흙으로 참새를 빚고), 물 위를 걷고(또는 각목을 늘이고), 처녀로부터 잉태되고, 죽었다가 다시 살아났다는 것이다. 여러분이 그런 걸 믿고 싶다면 지금 있는 것보다 훨씬 더 나은 증거를 찾는 게 좋을 것이다. 천문학자 칼 세이건이 말했듯 "비범한 주장에는 비범한 증거가 필요하다". 세이건은 아마 유명한 프랑스 수학자 라플라스에게 영감을 얻었을 것이다. 라플라스는 이렇게 말했다. "비범한 주장에 필요한 증거의 무게는 그 주장의 이상함에 비례해야 한다."

예수라 불리는 떠돌이 설교자가 있었다는 것은 비범한

주장이 아니다. 그리고 그 증거는 비록 불충분하긴 해도 '비례'의 원리에 부합한다. 즉 작은 주장에는 작은 증거가 있으면 된다. 여호수아는 아마 실존했을 것이다. 하지만 그의 어머니가 처녀였다든지, 무덤에서 일어났다든지 하는 주장은 실제로 매우 비범하다. 그러므로 그 증거는 훌륭해야 한다. 그런데 그렇지 않다.

18세기의 위대한 스코틀랜드 철학자 데이비드 흄은 기적에 대해 할 말이 있었다. 그 말은 중요하기 때문에 여기서 이야기해보고 싶다. 내 말로 풀어서 설명하면 이렇다. 만일 누군가가 기적을 봤다고 주장한다면—예컨대 예수가 무덤에서 일어났다거나, 어린 예수가 진흙으로 참새를 빚었다는 놀라운 주장을 한다면—두 가지 가능성이 있다.

가능성 1: 정말 일어났다.

가능성 2: 목격자가 착각했거나 거짓말을 하고 있거나, 환각에 빠졌거나, 잘못 전해 들었거나 마술 묘기를 본 것이다.

여러분은 이렇게 말할지도 모른다. "이 목격자는 정말 믿을 만한 사람이다. 나는 그에게 생명을 맡길 수도 있다. 그리고 다른 증인도 많았다. 그가 거짓말을 하거나 착각했다면 그것이 기적이다." 하지만 흄은 이렇게 반박할 것이다. "좋다. 하지만 가능성 2를 기적으로 생각한다 해도, 당신은 가능성 1이 훨씬 더 기적적인 일임을 분명히 인정할 것이다. 두 가능성 중 하나를 고를 때는 항상 덜 기적적인 것을 선택하라."

정말 감쪽같이 속이는 대단한 마술사를 본 적이 있는가? 예컨대 데런 브라운, 제이미 이언 스위스, 데이비드 코퍼필드, 제임스 랜디, 펜 & 텔러 같은? 너무 감쪽같아서 여러분은 속으로 이렇게 외친다. "저건 기적임이 틀림없어. 초자연적 현상이 아니라면 설명이 안 돼." 하지만 그때 그 마술사가 정직하다면 여러분에게 침착하고 부드럽게 진실을 말해줄 것이다. "아닙니다. 이건 그냥 속임수일 뿐이에요. 어떻게 한 것인지 말할 수는 없어요. 그랬다가는 마술계에서 쫓겨날 테니까요. 하지만 단언컨대 이건 그냥 속임수일 뿐이에요."

그런데 모든 마술사가 정직하지는 않다. 이른바 초능력으로 숟가락을 구부리고, 그런 다음 똑같은 초능력을 사용해 어느 곳을 파면 되는지 알려줄 수 있다며 광산업자를 꾀어 떼돈을 버는 사람도 있다. 그런 사기꾼이 쉽게 사기를 칠 수 있는 것은 피해자들이 기적을 믿고 싶어 하기 때문이다.

가끔은 속임수가 어떻게 이루어지는지 뻔히 보이기도 한다. 영국에 초능력—텔레파시 같은 것—의 '놀라운' 묘기를 선보이는 텔레비전 쇼가 있었다. 실제로는 평범한 마술사들이 나와 데이비드 프로스트라는 이름의 프로그램 진행자를 속이는 것뿐이었다. 데이비드 프로스트는 정말 속았을지도 모르지만, 아마 시청률을 위해 일부러 속는 척했을 것이다. 한번은 이스라엘에서 온 아버지와 아들 콤비가 출연한 적이 있는데, 아들은 아버지의 생각을 텔레파시로 읽는다고 주장했다. 아버지가 비밀 숫자를 보고 무대 건너편에 있는 아들에게 '생각의 파동'을 보내면, 아들은 정확하게 아버지의 생각을 읽었다. 아버지는 엄청나게 집중력을 발휘한 다음 "알아챘니?" 같은 말을 외쳤다. 그러면 아들은 "5!"라고 소리쳤다. 관객은 열화와 같은 박수를 보내고, 속은 척하는 진행자는 열광적인 분위기를 더욱 부추겼다. "놀랍습니다! 섬뜩합니다! 정말 신비롭습니다! 텔레파시가 증명되었습니다!"

알아챘나? 힌트를 하나 주겠다. 비밀 숫자가 8이었다면 아버지는 "할 수 있겠어?"라고 외쳤을 것이다. 3이라면 "알아들었어?"였을 것이다. 그리고 4였다면 "아직 모르겠어?"였을 것이다. 하지만 내가 지적하고 싶은 점은 설령 마술사가 (그 아버지하고 아들 콤비와 달리) 실제로 훌륭하다 해도, 그리고 어떻게 된 일인지 도저히 추측할 수 없다 해도 그건 여전히 속임수라는 것이다. "기적임이 틀림없어"라고 말해야 할 이유가 전혀 없다. 흄처럼 생각하라.

흄의 추론을 몇 가지 유명한 마술 묘기에 적용해보자. 이번에는 두 '가능성'을 '기적'으로 바꾸겠다.

기적 1: 그 마술사는 정말 톱을 가지고 여자를 반으로 썰었다. 펜 & 텔러는 정말 서로의 권총에서 날아오는 총알을 이로 붙잡았다. 데이비드 코퍼필드는 정말 에펠탑을 사라지게 했다. 제임스 랜디는 정말 환자의 복부를 맨손으로 뚫고 내장을 끄집어냈다.

기적 2: 뭔가를 놓쳤다면 그게 더 '기적'일 정도로 그 마술사의 일거수일투족을 매의 눈으로 지켜보고 있었다 해도, 그건 눈속임이었다.

여러분은 아무리 부정하고 싶어도 기적 2가 기적 1보다는 덜 기적적인 일이라는 데 동의할 수밖에 없을 것이다. 여러분은 더 작은 기적을 선택하고, 흄처럼 기적 1은 결코 일어나지 않았다고 결론 내려야 한다. 여러분은 속은 것이다.

때로는 진짜 기적이라고 일컬어지는 기적 1이 순전히 목격자의 수로 확인되는 것처럼 보일 경우가 있다. 가장 유명한 사례는 파티마에서의 성모 발현일 것이다.

1917년 포르투갈 파티마에서 세 아이가 성모 마리아의 환영을 보았다고 주장했다. 그중 한 명인 루치아는 마리아가 자신에게 말을 걸었고, 10월까지 매달 13일 같은 장소에 나타날 것이며, 10월에 기적을 행해 자신이 누구인지 증명하겠다는 약속을 했다고 말했다. 소문은 포르투갈 전역에 퍼졌다. 그리고 10월 13일, 7만 명의 구름 같은 군중이 그 기적을 목격하기 위해 모였다. 목격자들에 따르면 기적은 정말 일어났다. 성모 마리아는 (누구도 아닌) 루치아에게 나타났고, 루치아는 흥분에 들떠 태양을 가리켰다. 그러자……

> 태양이 하늘을 찢고 나와 공포에 질린 군중을 덮칠 것처럼 보였다. …… 불덩이가 떨어져 그들을 파괴할 것처럼 보일 때 기적이 멈추었고, 태양은 제자리인 하늘로 돌아가 여느 때와 같이 평화롭게 빛났다.

로마가톨릭교도들은 이 이야기를 진지하게 믿었다(지금도 많은 사람이 진지하게 믿는다). 그들은 그 일을 공식적인 기적으로 선언했다. 교황 요한 바오로 2세는 1981년의 암살 기도에서 살아남았는데, 자신이 죽지 않도록 "총알을 유도한" "파티마의 성모 마리아" 덕분이라고 믿었다. 그냥 성모 마리아가 아니라, 구체적으로 파티마의 성모 마리아 덕분이었다. 이는 가톨릭교도들이 여러 명의 성모 마리아를 믿는다는 뜻일까? 그들은 내가 1장에서 말한 것보다 훨씬 더 다신론자일까? 딱 한 명의 마리아가 아니라, 어떤 언덕 비탈이나 동굴 또는 토굴에서 나타날 때마다 한 명씩 수많은 마리아를 믿는 걸까?

2017년 뉴욕의 로마가톨릭교회 보좌주교 도미니크 라고니그로는 설교하던 중 파티마의 목격자인 자기 숙모의 말을 인용했다. 그녀의 목격담에 따르면 이렇다.

> 태양이 마치 춤을 추듯 위아래로 오르내리고 앞뒤로 왔다 갔다 했다. "성모 마리아가 아니면 누가 태양을 춤추게 할 수 있겠습니까"라고 (라고니그로 주교가) 웃으며 말했다. 그런 다음 태양이 커지며 "땅으로 내려오기 시작했답니다"라고 주교가 이어서 말했다. "숙모는 '마치 모든 사람의 옷이 태양에서 나오는 황금빛으로 물든 것처럼 보였다'고 회상했습니다. 태양은 몇 분 동안 계속 땅으로 떨어졌답니다. 그러고는 멈추었다가" 다시 궤도로 되돌아갔다.

'궤도'라고? 무슨 궤도를 말하는 걸까? 게다가 태양이 "**몇 분** 동안 계속 땅으로 떨어졌다"고 했다. 몇 분 동안이나 말이다! 이 사례에 흄의 추론을 적용해보자.

> **기적 1**: 태양은 실제로 하늘에서 왔다 갔다 움직였고, 그런 다음 군중을 향해 추락하기 시작해 몇 분 동안 누구나 알아볼 수 있을 정도로 움직였다.

기적 2: 7만 명의 목격자는 착각했거나 거짓말을 했거나, 잘못 전해 들은 것이다.

기적 2는 실제로 기적처럼 보인다. 안 그런가? 7만 명의 사람이 모두 동시에 똑같은 허깨비를 보았다고? 아니면 모두가 똑같은 거짓말을 했다고? 그렇다면 정말 굉장한 기적 아닌가? 그렇게 보일 것이다. 하지만 그 대안인 기적 1을 검토해보자. 만일 태양이 실제로 움직였다면, 전 세계의 낮인 장소에 있던 모든 사람이 보았어야 하지 않나? 포르투갈의 한 마을 외곽에 모인 사람들만 봤을 리 있는가? 그리고 만일 태양이 실제로 움직였다면(또는 지구가 움직여서 마치 태양이 움직인 것처럼 보였다면), 이는 다른 행성들까지는 아니더라도 지구를 파괴할 재앙이었을 것이다. 특히 태양이 **몇 분** 동안 떨어졌다면 말이다!

따라서 우리는 덜 기적적인 쪽을 선택하라는 흄의 말에 따라, 파티마의 유명한 기적은 일어난 적이 없다고 결론 내려야 한다.

사실 나는 기적 2를 실제보다 더 기적적으로 보이게 하려고 무진장 애썼다. 그곳에 정말 7만 명이 있었을까? 그렇게 많은 사람이 모였다는 역사적 증거는 무엇인가? 우리 시대에 그런 수치는 종종 과장된다. 도널드 트럼프는 자신의 대통령

취임식에 150만 명이 참석했다고 주장했다. 사진 증거는 그게 엄청난 과장임을 보여준다. 설령 1917년 10월에 정말로 7만 명이 파티마에 모였다 해도 그중 과연 몇 명이 태양이 움직이는 걸 봤다고 실제로 주장했을까? 겨우 몇 사람이었을 테고, 그 수치는 귓속말 전달 효과로 부풀려졌다. 그날 루치아가 사람들에게 말한 대로 태양을 응시하면(그런데 시도는 하지 말라. 시력에 좋지 않다), 태양이 약간 움직이는 듯한 환각을 볼 수도 있다. 그렇다면 그걸 본 사람들의 수뿐만 아니라 그 움직임의 규모도 귓속말 효과로 과장될 수 있다.

그런데 우리는 그런 문제들까지 신경쓸 필요가 없다. 설령 7만 명 전부가 실제로 태양이 움직이다가 땅으로 추락하는 것을 보았다고 주장했다 해도, 그 일이 실제로 일어나지 않았음을 우리는 확실히 안다. 왜냐하면 지구는 파괴되지 않았고, 파티마 밖에서는 아무도 태양이 움직이는 걸 본 사람이 없기 때문이다. 기적이라 할 만한 일은 확실히 일어나지 않았고, 그 기적을 공식적으로 인정한 로마가톨릭교회는 매우 어리석었다.

우연히도 비슷한 기적이 〈여호수아〉에 기록되어 있다. 어쩌면 루치아는 이것을 보고 그런 이야기를 지어냈을지도 모른다. 이스라엘 백성의 지도자 여호수아는 라이벌 부족들과 많은 전투를 치렀다. 그중 한 전투에서 승리를 굳히기 위해서는 시간이 좀 더 필요했다. 어떻게 해야 할까? 확실한 방법이 있다! 그 시절에는 신에게 직접 말할 수 있었다. 여호수아는 신에게 하늘에서 태양을 멈춰 밤이 오는 걸 미뤄달라고 부탁하기만 하면 되었다. 신이 부탁을 들어주어 태양이 멈추었고, 여호수아는 전투에서 이기기 위해 필요한 긴 하루를 얻을 수 있었다.

어떤 진지한 학자도 그런 일이 일어났다고 생각하지 않는다. 하지만《성경》에 적힌 모든 말이 문자 그대로 사실이라고 믿고 싶어 하는 원리주의 그리스도인들이 있다. 여호수아의 긴 하루의 기적을 사실로 만들 방법을 필사적으로 찾아 헤매는 원리주의 웹사이트도 있다.

〈여호수아〉는 물론《구약》의 책들 중 하나이다. 이제《구약》으로 넘어가 그 이야기들 중 어떤 것이 사실인지 질문해보자.

3

신화와 그 기원

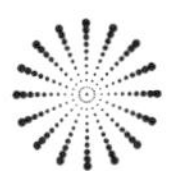

2장에서 나는 주로 《신약》에 대해 이야기했다. 《구약》보다 더 최근의 시대를 다룬다는 점에서, 그나마 《신약》까지는 《성경》을 역사로 봐줄 수 있다. 나는 《구약》에는 많은 시간을 들이지 않을 것이다. 《구약》은 신화와 전설이라는 가공의 영역으로 한 걸음 더 들어가고, 성서학자들은 그것을 역사로 진지하게 취급하지 않는다. 하지만 신화는 그 자체로 흥미롭고 중요하므로 이 장에서는 《구약》을 출발점으로 삼아 신화에 대해 살펴보고, 신화가 어떻게 시작되는지 알아보겠다.

아브라함은 유대 민족의 시조이고, 오늘날 세계 3대 일신교 신앙—유대교, 그리스도교, 이슬람교—의 창시자였다. 하지만 그는 실제로 존재했을까? 아킬레스와 헤라클레스의 경우처럼, 그리고 로빈후드와 아서왕의 경우처럼 진실은 알 수 없고, 그가 실존했다고 생각할 확실한 이유는 전혀 없다.

다른 한편으로, 아브라함의 존재는 어떤 증거를 필요로 하는 특별한 주장이 아니다. 여호수아의 긴 하루, 예수의 부활, 큰 물고기의 배 속에서 사흘을 지낸 요나와 달리 아브라함의 존재—또는 존재하지 않음—는 중대 사안이 아니다. 어느 쪽으로든 증거는 전혀 없다. 유대 역사의 또 다른 위대한 영웅 다윗왕도 마찬가지이다. 다윗은 고고학에나 《성경》 이외의 기록된 역사에 아무런 영향을 미치지 않았다. 이 사실로 미루어, 다윗은 실존했다 한들 전설과 노래의 위대한 왕이라기보다 비중 없는 지방 족장이었을 가능성이 높다.

노래에 대한 이야기가 나왔으니 말인데 〈솔로몬의 노래〉(〈아가Song of Songs〉라고도 부르는데, 이것이 더 좋은 제목이다. 솔로몬왕이 쓰지 않은 게 확실하기 때문이다)는 《성경》에서 유일하게 성性적인 내용을 담은 책이다. 로마공의회가 그걸 정경에 포함시킨 것은 상당히 뜻밖이다. 그래서 다소 웃긴 상황도 벌어진다. 가장 유명한 영어 번역본 《킹 제임스 성경》에는 페이지마다 꼭대기에 주석이 실려 있다. 〈아가〉는 남녀 간의 성적 사랑을 시적으로 아름답게 표현한 것이다. 그런데 그 페이지 위에 달린 그리스도인의 주석에는 뭐라고 적혀 있을까? "그리스도와 그의 교회의 상호 사랑"이라고 적혀 있다. 어처구니가 없다. 그런데 이것이 신학자들의 전형적인 사고방식이다. 실제로 무슨 말을 하는지는 무시하고, 모든 걸 상징이나 비유로 해석하는 것이다.

《킹 제임스 성경》에는 아름다운 영어 문장이 더러 있다. 〈전도서〉는 그 시적 정서가 암울하고 염세적이긴 하지만 적어도 〈아가〉만큼 훌륭하다. 《성경》에서 다른 것은 읽지 않더라도 〈전도서〉와 〈아가〉 두 권은 추천한다. 하지만 꼭 킹 제임스판으로 읽어야 한다. 현대 영어로 번역한 것은 별로다. 어디까지나 '시'로서 말이다. 히브리인 원작자가 한 말을 진실에 더 가깝게 알고 싶다면 현대 영어가 좋다. 그리고 종교 지도자들이 여러분은 모르길 바라는 것들을 이해하는 데도 도움이 될 것이다! 내 말이 무슨 뜻인지 모르겠으면 4장까지 기다려라.

《성경》에서 내가 가장 좋아하는 두 권의 책 〈전도서〉와 〈아가〉는 역사인 척하지 않는다. 《구약》의 다른 책들, 예컨대 〈창세기〉 〈출애굽기〉 〈열왕기〉 〈역대기〉는 역사인 척한다. 〈창세기〉 〈출애굽기〉 〈레위기〉 〈민수기〉 〈신명기〉를 모세5경이라고 부른다(그리스도인은 펜타튜크Pentateuch, 유대인은 토라Torah라고 부른다). 모세가 그 책들을 썼다고 전해지지만, 진지한 학자라면 누구도 그렇게 생각하지 않는다. 로빈후드와 그를 따르는 무법자 무리 또는 아서왕과 원탁의 기사들에 관한 이야기처럼 모세5경에도 어떤 모호한 진실의 조각들이 묻혀 있을지 모르지만, 거기에 실제 역사라 부를 만한 것은 전혀 없다.

유대 민족의 시조 신화는 이집트에 포로로 끌려갔다가

약속의 땅으로 과감하게 탈출하는 이야기이다. 약속의 땅은 이스라엘이었다. 젖과 꿀이 흐르는 땅, 신이 이르길 '너희 땅이니 그곳에 이미 살고 있는 부족들과 싸워 쟁취하라'고 했던 땅 말이다. 《성경》은 이 전설을 강박적으로 되풀이한다. 그리고 이집트에서 유대인을 이끌고 약속의 땅으로 갔다고 여겨지는 지도자가 바로 《성경》의 첫 다섯 권을 쓴 사람이라고 유대인이 믿은 그 모세였다.

민족 전체가 노예로 살았던 것이나 몇 세대 뒤 대규모 이주를 한 것은 큰 사건이었다. 여러분은 그 정도로 큰 사건이라면 고고학 기록과 이집트 역사 기록에 흔적이 남아 있을 거라고 생각할 것이다. 하지만 불행히도 두 가지 사건 모두 증거가 전혀 없다. 유대인이 이집트에 포로로 잡혔다는 증거는 전혀 없다. 그런 일은 일어나지 않았을 확률이 높지만, 그럼에도 그 전설은 유대 문화에 깊이 새겨져 있다. 《성경》에서 신이나 모세를 언급할 때, 그들의 이름 앞에는 흔히 "너희를 이집트에서 이끌어낸" 또는 이에 상당하는 수식어가 붙는다.

매년 유월절마다 유대인은 이른바 '이집트 탈출'을 기념한다. 그것이 허구이든 사실이든 재미있는 이야기는 아니다. 신은 이집트 왕 파라오가 이스라엘 노예들을 풀어주길 바랐다. 파라오의 마음을 기적적으로 바꾸는 것쯤은 신의 힘으로 얼마든지 할 수 있는 일이라고 여러분은 생각할지도 모른다. 그런데 곧 살펴보겠지만, 신은 도리어 파라오가 마음을 바꾸지 않게 만들었다. 그러고는 먼저 이집트에 열 가지 재앙을 잇달아 퍼뜨려 파라오를 압박했다. 파라오는 점점 더 심해지는 재앙을 견디다 못해 결국 포기하고 노예들을 풀어주었다. 재앙 중에는 개구리 소동, 고통스러운 종기, 메뚜기 소동, 사흘 동안 온 땅을 뒤덮은 암흑이 있었다. 마지막 재앙이 결정타였고, 유월절은 바로 이 일을 기념하는 것이다. 신은 이집트의 모든 집에 있는 맏이들을 죽였지만 유대인의 집은 그냥 '넘어감passed over'으로써 그들의 자식들은 재앙을 모면하게 했다. 이스라엘 백성은 문설주에 양의 피를 바르라는 얘기를 들었다. 죽음의 천사가 이 무차별적 아동 살인에서 어느 집을 피해야 하는지 알 수 있도록 말이다. 그토록 현명하고 모든 것을 아는 신이라면 어디가 유대인의 집인지 식별할 수 있지 않았을까. 하지만 〈출애굽기〉 저자는 양의 피가 이야기에 멋진 색채를 더해줄 것이라고 생각한 모양이다. 어쨌든 그것이 지금도 전 세계 유대인이 기념하는 전설적인 유월절 사건이다.

사실 파라오는 일찍이 포기하고 이스라엘 백성을 풀어주려 했다. 그랬다면 좋았을 것이다. 죄 없는 아이들이 살았을 테니 말이다. 하지만 신은 일부러 마법의 힘으로 파라오가 고집을 부리도록 만들었다. 그래야 더 많은 재앙을 내릴 수 있고, 그것은 이집트인에게 누가 주인인지 보여주는 '증표'가 될

터였기 때문이다. 다음은 신이 모세에게 한 말이다.

> 그러나 나는 파라오로 하여금 고집을 부리게 하고, 여러 가지 놀라운 일을 베풀어 내가 얼마나 강한지 그 증거를 이집트 땅에서 드러내리라. 하지만 파라오는 너희의 말을 듣지 않을 것이다. 그러면 나는 손을 들어 이집트를 호되게 쳐서 나의 군대, 나의 백성 이스라엘 자손을 이집트 땅에서 나오게 하리라. 내가 손을 들어 이집트를 치고 이스라엘 백성을 그들 가운데서 이끌어내는 것을 보고서야 이집트인들은 내가 야훼임을 알리라. _〈출애굽기〉 7장 2~3절

가엾은 파라오. 신은 파라오가 이스라엘 백성을 풀어주지 않도록 "고집을 부리게 했다". 물론 유월절 계략을 쓰기 위해서였다. 신은 파라오가 고집을 부리도록 만들겠다고 모세에게 미리 일러두기까지 했다. 그 결과 이집트에서 맏이로 태어난 죄 없는 아이들이 모두 죽었다. 그것도 신의 손에 의해 말이다. 이미 말했듯 이건 재미있는 이야기가 아니고, 그런 일이 실제로 일어나지 않아 정말 다행이다.

이집트에 유대인이 포로로 잡혀 있었다는 주장보다 훨씬 더 진실에 가까운 것은 그 뒤에 일어난 바빌론 유수이다. 이 사건에 대한 증거는 많다. 기원전 605년 바빌로니아왕국의

왕 네부카드네자르가 예루살렘을 포위하고 많은 유대인을 수도 바빌론으로 잡아갔다(이 사건을 '바빌론 유수'라고 부른다—옮긴이). 그로부터 약 60년 후 바빌로니아도 페르시아제국의 키루스 대왕에게 정복당했다. 키루스는 유대인이 고향으로 돌아갈 수 있도록 허락했고, 그들 중 일부는 그렇게 했다. 바빌론 유수 동안, 또는 그즈음에 대부분의 《구약》이 쓰였다. 그러므로 만일 여러분이 모세나 다윗, 노아나 아담의 이야기가 해당 사건을 잘 아는 사람들에 의해 쓰인 것이라고 믿는다면 다시 생각해보라. 《구약》에 있는 (역사처럼 보이는) 이야기는 대부분 훨씬 더 나중, 그러니까 저자들이 기술하는 사건이 일어난 때로부터 수 세기 뒤인 기원전 600~500년에 쓰였다.

우리는 《구약》이 실제로 쓰인 시점에 대한 단서를 문장의 시대착오에서 얻을 수 있다. 시대착오는 뭔가가 엉뚱한 시대에 튀어나오는 것을 말한다. 예컨대 고대 로마에 관한 시대극에 출연하는 배우가 손목시계를 풀어놓는 걸 깜박한 경우와 같다. 〈창세기〉에 그런 시대착오가 나온다. 〈창세기〉는 아브라함이 낙타를 소유했다고 말한다. 하지만 고고학 증거에 따르면 낙타는 아브라함이 죽었다고 추정되는 때로부터 수 세기가 지난 뒤에 가축화되었다. 바빌론 유수 시점에는 낙타가 이미 가축화되어 있었으니, 〈창세기〉가 실제로 쓰인 시점은 바로 이때다.

그러면 〈창세기〉 첫 부분에 나오는 신화들에 대해서는 뭐라고 말할 수 있을까? 아담과 이브 이야기는? 노아의 홍수 이야기는? 노아 이야기는 바빌로니아 신화인 우트나피시팀 전설에서 직접 유래했다. 〈창세기〉가 바빌론 유수 때 쓰였다는 것을 생각하면 놀라운 일은 아니다. 그 이야기는《길가메시 서사시》에 나오는데, 전설상의 수메르 왕 길가메시가 죽지 않는 방법을 찾아 나선 여행길에서 우트나피시팀으로부터 직접 들은 대홍수 이야기를 들려준다. 바빌로니아인은 수메르인처럼 다신론자였다.《길가메시 서사시》의 바빌로니아 버전에 따르면 신들은 대홍수를 일으켜서 모든 사람을 물에 빠뜨려 죽이기로 결심한다. 하지만 신들 중 한 명인 물의 신 에아(수메르의 신 엔키)가 우트나피시팀에게 거대한 배를 만들라고 알려준다. 나머지 이야기는 노아 버전과 거의 같다. 방주의 자세한 모양과 치수를 꼼꼼하게 명시한 것, 모든 종류의 동물이 배에 오르는 것, 비둘기·제비·까마귀를 밖으로 내보내 물이 빠지고 있는지 확인하는 것, 방주가 산꼭대기에 멈추는 것 등등. 고대 메소포타미아의 또 다른 홍수 신화에서는 노아 역할을 아트라하시스라는 인물이 맡는데, 신들이 인간을 물에 빠뜨려 죽이려 한 이유는 인간이 너무 시끄러웠기 때문이다. 이야기마다 세부 사항은 다르지만 본질은 비슷하다.

그리스 신화에도 비슷한 이야기가 있다. 신들의 왕 제

우스는 몹시 화가 나서 인류를 끝장내겠다고 결심한다. 그리고 온 세계에 홍수를 일으켜 모든 사람을 물에 빠뜨려 죽인다. 단, 예외가 한 쌍 있었는데, 데우칼리온과 그의 아내 피라였다. 그들은 물에 뜬 큰 상자 안에서 살아남았고, 그 상자는 결국 파르나소스산 위에 얹힌다. 오직 한 가족만이 살아남은 비슷한 대홍수 신화가 전 세계에 존재한다. 고대 멕시코의 아즈텍 전설에서는 유일한 생존자인 콕스콕스 부부가 속이 빈 나무줄기 안에 탄 채 둥둥 떠다니다가 마침내 노아처럼 산꼭대기에 도착하고, 거기서 내려와 온 세상을 채운다.

《성경》을 신봉하는 켄터키주의 그리스도인들은 노아 이야기가 바빌론의 다신교에 뿌리를 두고 있는 줄은 까맣게 모른 채 (세금이 면제되는) 돈을 걷어 거대한 나무 방주를 지었고, 사람들은 입장료를 내고 그곳을 방문한다. 여러분은 그 사람들이 노아 이야기를 찬찬히 검토해보았다면 좋았을 것이라는 생각이 들지도 모른다. 만일 노아 이야기가 사실이라면, 각각의 동물 종류가 발견되는 장소는 물이 빠졌을 때 노아의 방주가 마침내 멈춰 선 장소—터키에 있는 아라라트산—에서부터 바깥으로 퍼져나가는 패턴을 보여야 한다. 그런데 우리가 실제로 보는 모습은 각 대륙과 섬마다 그곳만의 독특한 동물이 살고 있는 것이다. 오스트레일리아·남아메리카·뉴기니에는 유대류有袋類가 살고, 남아메리카에는 개미핥기와 나무늘보가 살고, 마다가스카르에는 여우원숭이가 산다. 그 켄터키주 사람들은 어떤 생각을 하고 있었을까? 캥거루 한 쌍이 방주에서 나와 도중에 자손을 전혀 남기지 않은 채 오스트레일리아까지 껑충껑충 뛰어갔다고 상상했을까? 그뿐 아니라 웜뱃, 태즈메이니아주머니늑대, 태즈메이니아주머니너구리, 빌비(토끼처럼 생긴 작은 동물—옮긴이), 오스트레일리아 말고는 아무 데서도 발견되지 않는 많은 유대 동물은? 모두 합쳐 101쌍인 여우원숭이는 아무 데도 들르지 않고 마다가스카르로 직행했을까? 그리고 나무늘보는—아주 천천히—남아메리카까지 터덜터덜 걸어갔을까? 실제로는 물론 모든 동물과 그 화석이 진화의 원리에 따라 있어야 할 곳에 정확히 있다. 이 사실은 찰스 다윈이 사용한 중요한 증거 조각들 중 하나였다. 유대 동물의 조상은 오스트레일리아에서 수백만 년에 걸쳐 따로 진화해 많은 다른 유대 동물—캥거루, 코알라, 주머니쥐, 쿼카, 쿠스쿠스 등등—로 갈라졌다. 다른 집단의 포유류는 남아메리카에서 진화해 수백만 년에 걸쳐 나무늘보, 개미핥기, 아르마딜로와 그 친척들로 갈라졌다. 또 다른 집단은 아프리카에서 진화했고, 여우원숭이를 포함한 또 다른 집단은 마다가스카르에서 진화했다.

아담과 이브 이야기, 노아와 방주 이야기는 역사가 아니다. 교양 있는 신학자들 가운데 그것을 역사라고 생각하는 사람은 아무도 없다. 세계 각지의 수많은 비슷한 이야기처럼 그 이야기들도 그야말로 '신화'다. 신화에는 아무 문제가 없다. 어떤 신화는 아름답고, 대부분의 신화가 흥미롭다. 하지만 신화는 역사가 아니다. 불행히도, 특히 미국과 이슬람 세계의 교육받지 못한 많은 사람이 그것을 역사라고 생각한다. 모든 민족은 신화를 가지고 있다. 내가 앞서 언급한 두 가지는 유대인의 신화인데, 그 이야기들이 전 세계에 매우 잘 알려진 것은 우연히 유대교·그리스도교·이슬람교의 신성한 정경에 담겼기 때문이다.

고대 신화가 어떻게 시작되었는지는 좀처럼 분명하지 않다. 어쩌면 실제 일어난 일에 대한 원작이 있었을지도 모른다. 예컨대 아킬레스나 로빈후드 같은 지역 영웅의 용감한 행동이 소재가 되었을 것이다. 어쩌면 상상력 풍부한 이야기꾼이 과장된 이야기로 모닥불 둘레에 모인 사람들을 즐겁게 해주었을지도 모른다. 그것은 실제 일어난 일의 왜곡된 버전이었을 수도 있고, 《신드바드의 모험》처럼 단지 재미로 꾸며낸 허구였을 수도 있다. 그런 이야기꾼은 청중이 이미 잘 알고 있는 옛 신화 속의 헤라클레스, 아킬레스, 아폴로, 테세우스 같은 인물들을 활용했을 것이다. 우리 시대로 오면, 브러 래빗Brer Rabbit(조엘 챈들러 해리스Joel Chandler Harris의 《엉클 리머스》에 나오는 캐릭터—옮긴이), 슈퍼맨, 스파이더맨이 있다. 더구나 이야기꾼은 자신의 이야기를 그저 재미를 위한 허구로만 생각하지 않았을지도 모른다. 자신의 이야기가 교훈적 이야기로 들리게끔 의도했을지도 모른다. 예수의 선한 사마리아인 우화나 이솝우화처럼.

신화는 흔히 꿈같은 성질을 띠고, 때로는 원작자가 꿈 이야기를 들려주었을지도 모른다. 그동안의 역사에서 많은 사람이 자신의 꿈에는 의미가 있다고 믿었으며, 꿈은 미래를 예언한다고 생각했다. 오스트레일리아 원주민은 조상들이 살았던 먼 옛날 그들이 '꿈의 시대'라 부르는 신비에 싸인 여명기가 있었다고 믿는다.

애초의 이야기가 사실이었든 허구였든, 우화였든 꿈이었든 귓속말 전달 효과가 일어나게 마련이고, 그리하여 이야기는 세대에서 세대로 전달되며 바뀐다. 고귀한 행위는 종종 초인적 수준까지 과장된다. 때로는 등장인물의 이름이 바뀌기도 한다. 예컨대 수메르 전설의 등장인물 우트나피시팀은 히브리어로 다시 만들어진 이야기에서 노아가 되었다. 세부 장치도 바뀐다. 다음 세대의 이야기꾼은 이야기를 더 재미있게 만들기 위해, 또는 기존에 갖고 있던 믿음이나 희망적 사고에 맞추기 위해, 아니면 단지 이야기 속 사건을 이미 사랑받고 있는 인물에 더 걸맞게 만들기 위해 세부 내용을 바꿈으로써 이야기를 '개선'한다. 그래서 이야기가 마침내 문자로 쓰일 때쯤에는 원형이 거의 남지 않는다. 신화가 된 것이다.

신화의 발전은 매우 빠를 수 있다. 우리는 우리 시대에 시작된 덕분에 그 탄생과 발달 과정을 직접 지켜볼 수 있었던 흥미진진한 사례를 통해 그 사실을 알고 있다. 엘비스 프레슬리가 살아 있다는 수많은 가짜 목격담들은 예수의 부활을 주장하는 비슷한 이야기들에 대해 다시 생각해보게 한다.

내가 가장 좋아하는 현대 신화의 예는 태평양에 있는 뉴기니를 비롯한 멜라네시아의 다양한 섬에서 유행하는 화물 숭배cargo cults이다. 제2차 세계대전 때 많은 섬이 일본, 미국, 영국, 오스트레일리아 군대에 점령되었다. 이런 군사 전초기지에는 물자—식량, 냉장고, 라디오, 전화기, 자동차 등—가 풍부하게 공급되었다. 19세기 이래로 식민지 행정관, 선교사 등을 위한 보급품이 들어오면서 비슷한 상황이 이어졌다. 하지만 그중에서도 특히 전시에 배달되는 물품의 규모가 태평양의 섬 주민들을 현혹시켰다. 그들이 볼 때 어떤 외국인도 농작물을 재배하거나, 자동차나 냉장고를 만들거나, 그 밖에 유용한 일을 거의 하지 않았다. 그런데도 그 놀라운 물건들이 하늘에서 계속 도착했다. 전쟁 동안에는 말 그대로 하늘에서 떨어졌다. 그 물자들이 큰 화물 수송기에 실려 왔기 때문이다. 섬사람들은 그 모든 멋진 화물이 신들, 또는 조상들(조상들도 신처럼 숭배를 받았다)로부터 오는 게 분명하다고 생각했다. 그리고 외국인 침입자들은 그런 물자를 얻기 위해 어떤 유용한 일도 하지 않았기 때문에 그들이 종교의식을 하는 것이 틀림없다고 결론 내렸다. 분명 화물신cargo gods을 기쁘게 해 하늘에서 더 많은 물건을 내려달라고 부탁하기 위한 의식일 터였다. 그래서 섬 주민들은 화물신을 기쁘게 하기 위해 그 의식을 모방하기로 했다.

그들은 어떻게 했을까? 공항이야말로 신성하고 거룩한 장소임이 틀림없었다. 화물 수송기가 도착하는 장소였기 때문이다. 따라서 섬 주민들은 숲의 빈터에 모조 관제탑, 모조 신호탑, 모조 활주로와 모조 비행기를 완비한 그들만의 '공항'을 만들기로 했다. 전쟁이 끝나 군사 기지가 철수되고 하늘에서 화물이 더 이상 도착하지 않자 섬 주민들은 '재림'을 기대했다. 그들은 화물신을 기쁘게 해서 추억으로 남은 잃어버린 풍요의 시대를 되찾기 위해 두 배의 노력을 기울였다.

화물 숭배는 서로 멀찌감치 떨어져 있는 많은 섬에서 수십 차례에 걸쳐 독립적으로 생겨났다. 그중 몇몇은 여전히 건재하다. 타나섬(바누아투)에서는 '존 프룸'을 숭배하는 비슷한 신앙이 아직도 존재한다. 존 프룸은 메시아 같은 가공의 인물로, 타나섬 주민들은 언젠가 그가 예수처럼 자신의 백성을 돌보기 위해 돌아올 거라고 믿는다. 존 프룸이라는 이름은 '미국에서 온 존John from America'으로 알려진 군인에게서 유래한 듯하다(미국 영어 'from'은 '프롬'처럼 들리고 'come'과 운이 맞는다). 또 다른 화물 신앙은 '톰 네이비Tom Navy'를 숭배한다. 각각의 경우 신의 이름은 오래된 부족 신에서 유래한 인물에 접목되었을 것이다. 우트나피시팀이 노아가 되었을 때처럼.

타나섬에서 유행하는 또 다른 신앙은 '프린스 필립'을 신으로 숭배한다. 이 경우는 화물이 아니라, 훤칠하고 잘생긴 해군 장교이다. 흰 제복을 입은 그는 눈부시게 찬란해 보였음이 틀림없고, 신이라고 해도 믿을 정도로 멋있어서 올 때마다 군중에게 환호를 받았다. 그것이 귓속말 전달 과정의 시동을 건 듯하다. 그가 타나섬을 방문한 1974년 이래 프린스 필립 신화는 줄곧 성장해왔고, 일부 주민은 2018년에도 여전히 그의 재림을 고대했다.

이런 현대 사이비 종교를 보면 신화가 얼마나 쉽게 생길 수 있는지 알 수 있다. 혹시 몬티 파이선의 영화 〈브라이언의 일생〉을 본 적이 있는가? 영웅 브라이언은 불행히도 메시아로 오해받는다. 그는 자신을 숭배하는 군중에게서 미친 듯 도망치다가 그만 호리병박을 떨어뜨리고 샌들 한 짝을 잃어버린다. 그러자 숭배자들이 두 라이벌 집단으로 갈리는 '종파 분립'이 일어난다. 한 집단은 신성한 샌들을 추종하고, 다른 집단은 신성한 호리병박을 추종한다. 기회가 되면 꼭 관람해보라. 엄청 재미있는 데다 종교가 시작되는 방식에 대한 완벽한

풍자이다.

내가 가장 좋아하는 사람 중 한 명(분명 모든 이가 좋아하는 사람일 것이다)인 데이비드 애튼버러는 타나섬에서 샘이라는 이름의 존 프룸 숭배자와 나눈 대화를 들려준다. 그가 샘에게 19년이 지났는데도 존 프룸의 재림은 아직 일어나지 않았다고 지적하자,

> 샘은 땅에서 눈을 들어 나를 보았다. "당신이 오기로 해놓고 오지 않는 예수를 2,000년 동안 기다릴 수 있다면, 나는 존을 19년보다 더 오래 기다릴 수 있습니다."

샘의 말은 일리가 있다(하지만 그는 데이비드 애튼버러가 그리스도인이라고 잘못 생각했다). 초기 그리스도인은 예수의 재림이 그들 자신의 일생 동안 일어날 것이라 믿었고, 복음서에 나오는 예수 본인의 말은 예수도—또는 적어도 그의 가르침을 기록한 사람들도—그렇게 생각했음을 암시한다.

모르몬교는 비교적 최근에 생긴 또 다른 사이비 종교이다. 존 프룸, 화물 숭배 또는 엘비스의 부활을 믿는 집단과 달리 그 종교는 전 세계로 퍼져나가 부와 권력을 얻었다. 창시자는 뉴욕주 출신의 조지프 스미스라는 남성이다. 그는 1823년 '모로니'라는 천사가 자신 앞에 나타나 어디를 파면 고대 문

자로 쓰인 금판들이 있는지 알려주었다고 주장했다. 스미스는 자신이 그렇게 했으며 고대 이집트어로 적힌 문자를 영어로 번역했다고 말했다. 번역할 때는 마법의 모자 안에 든 마법의 돌의 도움을 받았다고 했다. 그가 모자 안을 들여다보면 돌이 단어의 뜻을 알려주었다는 것이다. 그는 1830년 자신의 영어 '번역'을 출판했다. 그런데 어찌 된 일인지 그 번역본의 영어는 그의 시대 영어가 아니라 200년 이상 앞선 시대의 영어, 즉《킹 제임스 성경》의 영어였다. 마크 트웨인은 반복되는 상투적 문구인 "일이 이렇게 되었나니"를 모두 빼면《모르몬경》이 팸플릿으로 줄어들 것이라고 농담했다.

왜 그랬을까? 그는 무슨 생각으로 그랬을까? 신이 영어를 사용한다고 생각한 걸까? 그것도 16세기 영어를? 텍사스주 지사를 역임한 미리엄 A. 퍼거슨의 이야기(아마 거짓일 테지만 헬륨을 채운 인형 이야기처럼 전염성이 강하다)가 떠오른다. 스페인어를 텍사스주 공용어로 지정하자는 생각이 마음에 들지 않았던 그녀는 이렇게 말했다고 한다. "예수님이 영어로 충분하다면, 나도 그래요."

여러분은 조지프 스미스가 옛날 영어를 사용한 것만으로도 사기꾼이라는 의심을 불러일으키기에 충분했으리라고 생각할 것이다. 게다가 그는 일찍이 사기죄로 유죄판결을 받은 일도 있었다. 그럼에도 그는 머지않아 신도들을 모을 수 있었고, 지금은 신도가 수백만 명에 이른다. 1844년 스미스가 살해당하고 얼마 지나지 않아, 그가 만든 사이비 종교는 브리검 영이라는 이름의 카리스마 있는 지도자 밑에서 큰 규모의 신흥종교로 성장했다. 브리검 영은 모세처럼(여기서 여러분은 신화가 더 오래된 신화를 어떻게 빌려오는지 알 수 있다) 신도들을 이끌고 약속의 땅을 찾아가는 순례길에 올랐다. 그 약속의 땅은 유타주였다. 현재 유타주는 모르몬교 교인들이 운영한다고 해도 과언이 아니다. 그리고 모르몬교는 현재 '예수 그리스도 후기 성도교회LDS'라는 이름 아래 전 세계로 퍼져나갔다. 솔트레이크시티에는 거대한 모르몬교 성전이 있고, 미국을 비롯한 세계 각지에 큰 성전이 적어도 100개는 더 있다. 모르몬교는 더 이상 바누아트의 존 프룸 숭배 같은 지역 신앙이 아니다. 모르몬교인 중에는 미국 산업을 이끄는 성공한 지도자, 대학 학위를 받은 관료도 있다. 한 명은 미국 대통령까지 될 뻔했다. 모르몬교인은 수입의 10퍼센트를 교회에 내야 하는데, 이로 인해 모르몬 교회는 엄청난 부자가 되었다. 여러분이 그 으리으리한 성전들을 직접 본다면 무슨 말인지 알 수 있을 것이다.

하지만 사회적으로 성공한 모르몬교도 신사들은 과학적 증거를 통해 확실하게 알려진 사실을 어처구니없다고 여긴다. 완전히 조작된 헛소리라는 것이다. 예컨대 《모르몬경》은 아메리카 원주민이 기원전 600년경 북아메리카로 이주한 이스라엘인의 자손임을 자세하게 설명한다. 마치 명백하지 않은 문제였기라도 한듯 DNA 증거는 그것이 거짓임을 확실하게 보여준다. 이번에도 여러분은 이 정도면 스미스가 사기꾼임을 모르몬교도에게 보여주기에 충분하다고 생각할지 모른다. 하지만 전혀 아니었다.

오히려 갈수록 태산이었다. 《모르몬경》을 내놓고 몇 년 후, 스미스는 이집트 테베 근처에서 발견된 후 어떤 수집가가 사들인 고대 이집트 문서를 번역했노라고 주장했다. 스미스는 1842년 그 번역물을 《아브라함서》라는 제목으로 펴내고, 그것이 아브라함의 생애와 이집트로의 여정을 기술한 책이라고 주장했다. 그 책에는 아브라함의 초기 생애와 이집트 역사 및 천문학에 대한 많은 세세한 사항이 여러 페이지에 걸쳐 적혀 있다. 1880년 스미스의 《아브라함서》는 모르몬 교회에 의해 정경으로 인정받았다.

이집트 상형문자를 연구하는 전문가들은 스미스의 번역이 날조라는 의심을 품었다. 뉴욕 메트로폴리탄 박물관의 한 큐레이터가 1912년에 쓴 편지 내용을 빌리면, 《아브라함서》는 "전적으로 날조이고 …… 처음부터 끝까지 헛소리 범벅"이었다. 그럼에도 독실한 모르몬교도가 그것을 계속 믿을 수 있었던 이유는 1871년에 원본인 파피루스 고문서를 보관하던 시카고 박물관에 불이 났을 때 그 문서가 사라진 줄 알았기 때문이다. 그런데 조지프 스미스에게는 안된 일이지만, 모든 파피루스가 파괴된 것은 아니었다. 1966년 그중 일부가 재발견되었다. 이때쯤 학자들은 그 문서에 사용된 언어를 해독할 수 있었다. 그 언어를 아는 (모로몬교도와 교인이 아닌) 학자들이 공동으로 문서를 제대로 번역했을 때 거기에 적힌 것이 전혀 다른 내용임이 밝혀졌다. 아브라함과는 아무런 관계도 없었다. 조지프 스미스의 번역은 정교하면서도 명백히 고의적인 날조였다.

따라서 우리는 스미스의 《아브라함서》가 실존했던 원고를 거짓으로 번역한 것임을 확실히 알고 있다. 그렇다면 그에 앞서 마법의 모자 안에 든 마법의 돌을 이용하고, 불가사의하게 '사라지는' 바람에 스미스 외에는 아무도 볼 수 없었던 '금판'을 가지고 작업한 《모르몬경》의 번역도 날조였을 가능성이 충분히 있지 않을까? 여러분은 모르몬교인들이 이 점을 간파했을 것이라고 생각할지도 모른다. 하지만 스미스의 《아브라함서》가 명백히 부정직한 날조라는 사실도 그들의 믿음을 흔들기에는 역부족이었다.

나는 이것이 유년기 세뇌의 놀라운 힘을 보여주는 사례가 아닐까 생각한다. 특정 종교 속에서 성장한 사람들은 그것을 뿌리치는 데 큰 어려움을 겪는다. 그리하여 자신의 종교를 다음 세대에 전한다. 그리고 이 과정이 계속 반복된다. 후기성도교회는 현재 세계에서 가장 빠르게 성장하고 있는 종교 중 하나이다. 이걸 생각하면 예수가 죽고 나서 수십 년 동안 신문도 인터넷도 책도 없이 있는 건 오직 입에서 입으로 전해지는 가십뿐이던 그 옛날, 그리스도 숭배—처녀 잉태, 기적, 부활, 승천을 포함해—가 어떻게 유행할 수 있었는지 짐작할 수 있을 것이다.

모르몬교나 존 프룸의 신화와 달리, 에덴동산 이야기 같은 《구약》의 신화는 너무 오래전에 지어진 것이라 우리는 그것들이 어떻게 시작되었는지 모른다. 모든 부족에는 창조 신화가 있다. 그건 놀라운 일이 아닌데, 인간은 타고나길 자신이 어디서 왔고, 그 모든 동물은 어디서 왔으며, 세계·태양·달·별이 어떻게 생겨났는지 알고 싶어 하는 존재이기 때문이다. 에덴동산 이야기는 유대인의 창조 신화이다. 세계 각지의 수천 가지 창조 신화 중 유대인의 창조 신화가 그리스도교 성서인 《성경》에 포함된 것은 단순히 두 가지 역사적 우연 때문이다. 예수가 유대인이었다는 것과 콘스탄티누스 황제가 그리스도교로 개종했다는 것이다. 노아 이야기와 달리 아담과 이브 신화는 바빌로니아 신화에서 비롯된 것 같지는 않다. 재미있게도 그것은 중앙아프리카 숲속에 사는 키 작은 사람들인 피그미족의 창조 신화와 비슷하다.

유대인 신화에서 아담이 '땅의 흙'으로 창조되었다는 걸 기억할 것이다. 신이 "그의 콧구멍에 생명의 숨을 불어넣었더니 사람이 되어 숨을 쉬었다". 그런 다음 신은 아담의 갈비뼈 한 개로 마치 정원사가 꺾꽂이를 하듯 이브를 재배했다. 말이 나온 김에 덧붙이자면, 이 신화를 근거로 남자는 갈비뼈 하나가 없다는 말을 진지하게 받아들이는 사람이 얼마나 많은지 알면 여러분은 깜짝 놀랄 것이다.

아담과 이브는 아름다운 정원인 에덴동산에서 살았다. 신은 그들에게 에덴동산에서 먹고 싶은 것은 뭐든 먹어도 좋다고 말하면서 딱 한 가지 중요한 예외를 두었다. 동산 한가운데에 있는 '선악을 알게 하는 지혜의 나무'는 건드리면 안 되었다. 그 나무의 열매는 무슨 일이 있어도 먹지 말아야 했다. 한동안은 괜찮았다. 하지만 어느 날 말하는 뱀이 이브에게 살그머니 다가와 지혜의 나무에 열린 금지된 열매를 먹으라고 꼬드겼다. 그녀는 그걸 먹었고, 그런 다음 아담에게도 한 입 먹어보라고 권했다. 아뿔싸! 그 즉시 그들은 금지된 지식으로 가득 찼고, 자신들이 벌거벗고 있다는 사실도 깨달았다. 벌거벗은 꼴이 부끄러워 그들은 나뭇잎으로 가리개를 만들었다. "날이 저물어 바람이 서늘할 때 동산을 거닐고 있던"(아름다운 구절이다) 신은 그들의 가리개를 수상히 여겼다. 그들이 먹지 말라는 열매를 먹은 게 틀림없었다. 신은 격노했다. 불쌍한 아담과 이브는 그 아름다운 동산에서 영원히 추방되었다. 아담과 그의 남성 자손들은 평생 등골이 휘도록 일해야 하는 벌을 받았다. 이브와 그녀의 여성 자손들은 출산의 고통이라는 벌을 받았다. 그리고 뱀과 그 자손들은 다리 없이 땅을 기어 다녀야 하는 벌을 (아울러 아마도 말하는 능력을 잃는 벌도) 받았다.

이제 유대인의 창조 신화를 피그미족의 창조 신화와 비교해보자. 이 둘이 비슷하다고 지적한 사람은 벨기에 인류학자였는데, 그는 이투리 숲의 피그미족과 함께 살면서 그들의 언어를 연구하고, 그들에게 전해지는 창조 신화의 다양한 버전을 번역했다. 다음은 그중 하나이다.

> 화창한 어느 날, 하늘에서 신이 자신의 가장 높은 조수에게 최초의 인간을 만들라고 말했다. 달의 천사가 내려왔다. 그는 흙으로 최초의 인간을 빚고, 흙을 피부로 감싸고, 피부 안에 피를 붓고, 코·눈·귀·입을 위한 구멍을 뚫었다. 그리고 최초 인간의 아랫부분에 구멍을 또 하나 내어 모든 장기를 집어넣었다. 그런 다음 흙으로 빚은 그 작은 조각상에 자신의 생명력을 불어넣었다. 그는 그 몸 안으로 들어갔다. 그것은 움직이고 …… 앉고 …… 일어서고 …… 걸었다. 그것이 에페, 즉 최초의 인간이자 그 뒤를 이은 모든 사람의 아버지였다.
>
> 신은 에페에게 말했다. "자식을 낳아 내 숲을 가득 채워라. 나는 그들이 행복해지는 데 필요한 모든 것을 주겠다. 일은 하지

않아도 될 것이다. 그들은 땅의 주인이 될 것이다. 그리고 영원히 살 것이다. 내가 금지하는 것은 단 한 가지이다. 지금부터 잘 들어라. 내 말을 자식들에게 전하고, 그들에게 이 명령을 모든 세대에 전하라고 일러라. 타후나무는 인간이 절대 손대서는 안 된다. 무슨 일이 있어도 이 법을 어겨서는 안 된다."

에페는 이 지시를 따랐다. 그와 그의 자식들은 그 나무 근처에는 얼씬도 하지 않았다. 몇 년이 흘렀다. 그때 신이 에페를 불렀다. "하늘로 올라오너라. 네 도움이 필요하구나!" 그래서 에페는 하늘로 올라갔다. 그가 떠난 후 선조들은 아주 오랫동안 그의 법과 가르침에 따라 살았다. 그러던 어느 끔찍한 날, 한 임신한 여자가 남편에게 말했다. "여보, 타후나무 열매를 먹고 싶어요." 남편이 "그러면 안 된다는 걸 알지 않소"라고 말하자 아내가 물었다. "왜요?" 남편은 "법에 어긋나오"라고 말했다. 그랬더니 아내가 말했다. "그건 바보 같은 옛날 법이에요. 당신은 뭐가 더 중요해요? 나예요, 아니면 바보 같은 옛날 법이에요?" 그들은 옥신각신 다투었다. 마침내 남편이 손을 들고 말았다. 깊고 깊은 숲속으로 살며시 들어갈 때 그의 심장은 두려움으로 쿵쾅거렸다. 그는 점점 더 가까이 다가갔다. 거기에 신이 금지한 나무가 있었다. 죄인은 타후 열매를 하나 땄다. 그는 타후 열매의 껍질을 벗겼다. 그리고 껍질을 나뭇잎 더미 밑에 감추었다. 그런 다음 마을로 돌아가 그 열매를 아내에게 주었다. 그녀는 맛을 보았다.

아내는 남편에게도 맛을 보라고 재촉했다. 그는 그렇게 했다. 피그미족의 다른 모든 이도 한 입씩 맛보았다. 모두가 금지된 열매를 먹었고, 모두가 신이 절대 모를 거라고 생각했다.

그동안 달의 천사가 위에서 지켜보고 있었다. 그는 신에게 급히 전갈을 보냈다. "사람들이 타후나무 열매를 먹었습니다!"

신은 격노했다. "너희가 내 명령을 어겼구나." 신은 선조들에게 말했다. "이 일로 인해 너희는 죽을 것이다!"

자, 여러분은 어떻게 생각하는가? 우연의 일치일까? 이 정도 비슷한 것으로는 확실하게 말할 수 없다. 어쩌면 인간의 무의식에는 신화의 형태로 튀어나오는 깊이 파묻힌 패턴이 있을지도 모른다. 스위스의 유명한 심리학자 카를 G. 융은 이런 무의식의 패턴을 '원형archetypes'이라고 불렀다. 융에게 물어봤다면, 금지된 열매는 피그미족의 마음과 유대인의 마음에 숨어 있다가 그들의 두 창조 신화에 독립적으로 영감을 준 보편적 인간 원형이라고 말했을지도 모른다. 어쩌면 우리는 세계 각지의 신화가 시작되는 경위에 융의 원형을 추가할 필요가 있을지도 모른다. 널리 퍼져 있는 대홍수 신화도 융이 말한 원형일까?

여러분도 이미 떠올렸을지 모를 또 하나의 가능성은 피

그미족 신화가 순수하게 피그미족의 것이 아니라는 점이다. 혹시 어느 시점에 그리스도교 선교사들을 통해 피그미족 신화가 오염되었을 가능성이 있을까? 선교사들이 피그미족에게 아담과 이브 이야기를 가르쳐주었고, 깊은 숲속에서 몇 세대에 걸쳐 전해지는 동안 왜곡된 후 《성경》의 금지된 열매라는 개념이 피그미족의 창조 신화에 편입되었을지도 모른다. 나는 그럴 가능성이 충분히 있다고 생각한다. 그 신화를 번역한 벨기에 인류학자 장피에르 할레Jean-Pierre Hallet—어쨌거나 대단한 사람이다. 구글에서 그의 이름과 '상남자badass'를 함께 검색해보라—는 이런 가능성을 부정하며, 영향은 반대로 갔다고 확신했다. 그는 금지된 열매 전설이 피그미족에서 기원한 다음 이집트를 거쳐 중동으로 퍼졌다고 생각했다. 두 가설 중 하나가 맞는다면, 두 신화의 차이는 한 신화가 다른 신화로 바뀔 때 일어나는 귓속말 전달 효과의 힘을 다시 한번 입증한다.

아담과 이브 신화를 포함해 많은 부족 신화는 시적인 아름다움을 지니고 있다. 하지만 너무 많은 사람이 깨닫지 못하는 까닭에 유감스럽게도 반복할 수밖에 없는 말이 있다. 바로 신화는 사실이 아니라는 것이다. 신화는 역사가 아니다. 대부분의 신화는 조금의 역사적 근거도 갖고 있지 않다. 우리는 미국이라는 나라가 교육 수준이 높은 선진국이라고 생각하는 경향이 있다. 그리고 이는 어느 정도 맞는 말이다. 하지만 그 위대한 나라에 사는 사람들의 거의 절반이 아담과 이브 이야기를 문자 그대로 믿는다는 건 놀라운 사실이다. 다행히 나머지 절반이 있고, 그들은 미국을 역사상 가장 위대한 과학 강국으로 만들었다. 만일 《성경》의 모든 말이 문자 그대로 사실이라고 믿는 과학적으로 무지한 절반이 발목을 잡지 않는다면 미국이 얼마나 더 앞으로 나아갈 수 있을지 궁금하지 않은가.

오늘날 교양 있는 사람은 누구도 아담과 이브 신화 또는 노아의 방주 신화가 문자 그대로 사실이라고 생각하지 않는다. 하지만 많은 사람이 예수 신화(무덤에서 살아난 예수), 이슬람 신화(날개 달린 말을 타는 무함마드), 모르몬 신화(금판을 번역한 조지프 스미스)를 믿는다. 여러분은 그들이 그렇게 하는 것이 옳다고 생각하는가? 그런 신화를 에덴동산 신화, 노아 신화, 또는 존 프룸과 화물 숭배보다 더 믿을 타당한 이유가 있을까? 그리고 만일 여러분이 우연히 그곳에 태어난 바람에 믿게 된 종교의 신화를 믿는다면, 그것이 다른 사람들이 똑같이 열심히 믿는 다른 종교의 신화보다 진실에 더 가까울 이유가 있을까.

지금까지 우리는 《성경》이 역사인지 생각해봤다. 대체로 그렇지 않다. 그리고 우리는 《성경》이 신화인지 살펴봤다. 대부분이 그렇고, 거기엔 잘못된 것이 전혀 없다. 신화는 당연히 가치가 있다. 하지만 《성경》의 신화를 북유럽인, 그리스인, 이집트인, 폴리네시아와 오스트레일리아 원주민, 아프리카나 아시아 또는 아메리카 대륙의 수많은 부족 신화보다 더 가치 있게 취급할 근거는 전혀 없다. 하지만 《성경》은 또 한 가지 중요한 주장을 한다. 요컨대 그것은 '선한 책'으로 불린다. 도덕적 지혜를 담은 책, 우리가 선하게 살도록 돕는 책이라는 것이다. 많은 사람, 특히 미국인은 《성경》 없이는 선한 사람이 될 수 없다고까지 생각한다.

《성경》이 선한 책이라는 아름다운 평판을 누릴 자격이 과연 있을까? 다음 장을 읽고 나서 판단하는 게 좋겠다.

4

선한 책?

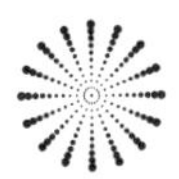

"동물들은 둘씩 방주로 들어갔다." 우리는 노아의 방주 이야기를 사랑한다. 기린 한 쌍, 코끼리 한 쌍, 펭귄 한 쌍, 그 밖의 모든 동물이 한 쌍씩 인내심 있게 트랩을 건너 나무로 지은 큰 배로 걸어 올라가고 노아 부부가 환한 웃음으로 그들을 맞이한다. 사랑스러운 이야기이다. 그런데 잠깐만. 온 세계를 잠기게 한 홍수는 애초에 왜 일어났을까? 신이 인류의 죄에 화가 났기 때문이다. 단, 노아만은 "하느님의 마음에 들었다". 그래서 신은 모든 남자·여자·아이뿐 아니라, 종류마다 한 쌍씩을 뺀 모든 동물을 물에 빠뜨려 죽이기로 했다. 결국 그렇게 사랑스러운 이야기는 아니지 않나?

신을 완전히 허구적 인물이라고 생각하든 아니든, 우리는 여전히 그가 선한 인물인지 악한 인물인지 판단할 수 있다. 볼드모트(소설 《해리 포터》의 등장인물—옮긴이), 다스 베이더(영화 〈스타워즈〉의 등장인물—옮긴이), 롱 존 실버(소설 《보물섬》의 등장인물—옮긴이), 모리어티 교수(《셜록 홈스》 시리즈의 등장인물—옮긴이), 크루엘라 드빌(영화 〈101 달마시안〉의 등장인물—옮긴이)을 판단할 수 있는 것과 마찬가지이다. 따라서 이번 장에서 내가 "신이 이러이러한 일을 했다"고 말할 때 그것은 "신이 이러이러한 일을 했다고 《성경》에 적혀 있다"는 뜻이다. 그리고 거기 적혀 있는 내용을 근거로 우리는 신이라는 **작중 인물**이 좋은 인물인지 아닌지를 그에 대한 이야기가 사실인지 허구인지에 관계없이 판단할 수 있다. 나는 그렇게 할 것이고, 물론 여러분도 그럼에도 불구하고 신을 사랑할 수 있을지 각자 자유롭게 판단하면 된다. 《성경》에 나오는 다음 이야기에서 욥이라는 사람은 어떤 일이 있어도 신을 사랑할 수 있었다.

욥은 신을 사랑하는 선량하고 의로운 사람이었다. 이를 매우 흡족하게 여긴 신은 욥을 두고 사탄과 일종의 내기를 했다. 사탄은 욥이 착하고 행실 바르며 신을 사랑한 것은 그저 그가 복이 많은 사람이기 때문이라고 생각했다. 욥은 부유하고 건강했으며, 상냥한 아내와 사랑스러운 자식이 열이나 있었다. 신은 사탄에게 욥은 자신의 모든 복을 잃어도 계속해서 착하게 살 것이며, 신을 사랑하고 섬길 것이라고 장담했다. 그리고 사탄에게 욥의 모든 것을 빼앗아 욥을 시험해봐도 좋다고 허락했다. 그래서 사탄은 정당하게 그 일에 착수했다. 가엾은 욥! 그의 소와 양이 모조리 죽고, 하인들도 모두 죽고, 낙타는 도둑맞았으며, 집이 돌풍에 쓰러지고, 10명의 자식마저 모두 죽었다. 하지만 신은 내기에서 이겼다. 그런 도발에 직면해서도 욥은 결코 신에게 화내지 않았으며, 신을 사랑하고 섬기길 멈추지 않았다.

그래도 사탄이 패배를 인정하지 않으려 하자 신은 사탄에게 욥을 좀 더 시험해봐도 좋다고 허락했다. 사탄은 이번에는 신이 이집트인에게 내린 종기처럼 욥의 온몸을 종기로 뒤덮었다(지금의 우리는 종기의 원인이 세균이라는 걸 알지만 〈욥기〉의 저자는 몰랐다. 아마 신과 사탄은 알지 않았을까). 그래도 욥의 믿음은 굳건했다. 그는 신에 대한 사랑을 멈추지 않았다. 그래서 신은 마침내 욥에게 상으로 종기를 치료해주고 더 많은 재산을 주었다. 그의 아내는 더 많은 아이를 낳았다. 그리고 오래오래 행복하게 살았다. 10명의 죽은 아이와 내기 때문에 죽은 다른 모든 사람만 불쌍하게 된 것이다. 하지만—사람들이 흔히 말하듯—달걀을 깨뜨리지 않고는 오믈렛을 만들 수 없다.

노아의 신화처럼 이것은 그냥 이야기일 뿐 실제로 그런 일은 일어나지 않았다. 《성경》에 있는 대부분의 책이 그렇듯 우리는 누가 〈욥기〉를 썼는지 모른다. 그리고 〈욥기〉의 저자가 욥이라는 이름의 실제 남성이 있다고 생각했는지도 알 수 없다. 그는 교훈을 주기 위해 허구를 이용했을지도 모른다. 그럴 가능성이 꽤 높은데, 〈욥기〉의 대부분이 욥과 그의 친구들('욥의 위안자들'이라고 알려져 있다)이 주고받는 도덕적 질문과 신에 대한 의문에 관한 긴 대화로 이루어져 있기 때문이다. 하지만 저자의 의도가 무엇이든 엄청나게 많은 독실한 그리스도인과 유대인이 그것을 욥이라는 고통받는 실존 인물에 대한 실제 이야기라고 생각한다. 독실한 이슬람교도 역시 《코란》에 있는 욥 이야기를 그렇게 생각한다. 노아의 이야기도 마찬가지이다. 그리고 똑같은 이들은 그러한 성서가 선한 사람이 되는 방법을 알려주는 최고의 지침이라고 믿는다. 이 모든 독실한 사람들은 신을 더없이 훌륭한 롤모델로 여긴다.

여기 또 하나의 이야기가 있다. 이번에도 신이 자신에 대한 사랑을 확인하기 위해 누군가를 시험하는 아주 불편한 이야기이다. 여러분이 어릴 때, 어느 날 아침 아버지가 여러분을 깨우며 이렇게 말했다고 상상해보라. "날씨가 좋구나. 나와 함께 시골길로 산책 가지 않으렴?" 여러분은 아버지의 제안이 아주 마음에 든다. 그래서 좋은 날씨를 함께 즐기기 위해 길을 나선다. 잠시 후, 아버지가 걸음을 멈추더니 장작을 모은다. 아버지는 그것을 쌓아 올리고, 여러분은 모닥불을 즐길 생각으로 그 일을 돕는다. 하지만 모닥불에 불을 붙일 준비를 마쳤을 때 끔찍한 일이 벌어진다. 전혀 예상치 못한 일이다. 아버지가 여러분을 붙잡아 장작더미 위에 올리고 움직이지 못하게 묶는 것이 아닌가. 여러분은 무서워서 비명을 지른다. 아버지가 나를 모닥불에 올려놓고 구울 작정인가? 사태는 더 심각해진다. 아버지는 칼을 꺼내더니 자신의 머리 위로 치켜든다. 여러분은 이제 확신한다. '아버지가 곧 저 칼로 나를 베겠구나. 나를 죽인 다음 몸에 불을 붙이겠구나. 내 아버지, 어릴 때 침대맡에서 이야기를 들려주고, 꽃과 새의 이름을 알려주고, 내게 선물을 주고, 무서운 밤이면 괜찮다고 위로해주던 아버지가 어떻게 이럴 수 있지?'

그런데 갑자기 아버지가 멈춘다. 그러고는 이상한 표정을 지으며 하늘을 올려다본다. 마치 머릿속에서 자신과 대화를 나누는 듯하다. 아버지는 칼을 거두고 여러분을 풀어준 다음 방금 벌어진 일을 설명하려 한다. 하지만 여러분은 공포와 두려움에 사로잡혀 아버지의 말이 귀에 들어오지 않는다. 결국 아버지는 여러분을 이해시킨다. "모두 신이 한 일이었다. 신이 너를 죽여서 번제로 바치라고 명령했다. 하지만 알고 보니 그저 장난일 뿐이었다. 내가 신에게 충성하는지 시험한 것이었다." 여러분의 아버지는 신을 너무 사랑한 나머지 신의 명령이라면 자식을 죽일 각오까지 되어 있음을 신에게 증명해야 했다. 귀여운 자식보다 신을 더 사랑한다는 것을 증명해야 했다. 그런데 여러분의 아버지가 **정말로** 신의 명령대로 하려는 걸 보자마자 신이 늦지 않게 가로막았다. "알았어! 장난이야!

정말로 그럴 생각은 아니었어! 어때, 장난치곤 제법 그럴듯하지 않았어?"

누군가를 데리고 장난치는 방법으로 이보다 더 나쁜 것을 상상할 수 있겠는가? 아이한테 평생 상처를 남기고 부자 관계를 영원히 망치는 고의적인 장난. 하지만 신이 그렇게 했다고 《성경》에 적혀 있다. 〈창세기〉 22장에 나오는 전체 이야기를 읽어보라. 아버지는 아브라함이고, 아이는 그의 아들 이사악이었다.

《코란》(37장 99~111절)에도 같은 이야기가 나온다. 여기서는 아들의 이름을 언급하지 않지만, 한 이슬람 전통에 따르면 아브라함의 (어머니가 다른) 다른 아들 이스마엘이다. 《코란》 버전에서는 아브라함이 자신의 아들을 제물로 바치는 꿈을 꾼다. 꿈만으로도 알라가 뭘 원하는지 알아들은 그는 아들의 의견을 묻는다. 놀랍게도 아들은 아버지에게 어서 자신을 제물로 바치라고 한다. 또 다른 이슬람 전통에 따르면—《코란》에는 이 버전이 없다—셰이탄(사탄)이 이 끔찍한 행동을 하지 말라고 아브라함을 설득한다. 이것만 보면 악마가 선한 역할인 것처럼 보인다. 하지만 아브라함은 꿈을 따르기로 하고, 돌을 던져 악마를 쫓아낸다. 이슬람교도들은 매년 열리는 '이드Eid' 축제 때 이 돌팔매질을 상징적으로 재연한다.

만일 여러분이 이사악(이스마엘)이라면 아버지를 용서할

수 있겠는가? 만일 여러분이 아브라함이라면 신을 용서할 수 있겠는가? 이런 일이 현대에 일어난다면 아브라함은 끔찍한 아동 학대죄로 감옥에 갇힐 것이다. 재판정에서 한 남자가 "저는 그저 명령을 따랐을 뿐입니다"라고 호소한다면 판사는 뭐라고 말할까? "누구의 명령입니까?" 그 남자는 "재판장님, 제 머릿속에서 목소리가 들렸습니다" 또는 "꿈을 꾸었습니다"라고 답변한다. 만일 여러분이 그 재판에 배심원으로 참여한다면 무슨 생각이 들겠는가? 충분한 변명이라고 생각하겠는가? 아니면 아브라함을 감옥에 보내겠는가?

다행히 그 일이 실제로 일어났다고 생각할 이유는 없다. 2장과 3장에서 살펴보았듯 《성경》에 나오는 대부분의 이야기처럼 그것을 뒷받침하는 어떤 확실한 증거도 없다. 실은 아브라함과 이사악이 실존 인물이었다는 증거조차 없다. 《빨간 모자를 쓴 아이》가 실제로 일어난 일이 아닌 것과 마찬가지이다(모든 사람이 허구임을 알고 있음에도 이것 역시 상당히 불쾌한 이야기이다). 하지만 요점은 허구이든 사실이든 《성경》은 우리에게 '선한 책'으로 제시된다는 것이다. 그리고 주인공인 신은 더없이 선한 인물로 제시된다. 많은 그리스도인이 여전히 《성경》을 문자 그대로 역사적 사실로 받아들인다. 5장에서 살펴보겠지만 그들은 신 없이는 선한 사람이 될 수 없고, 심지어 선이 무엇을 의미하는지 아는 것조차 불가능하다고 생각한다.

두 이야기—신이 아브라함과 욥을 시험하는 이야기—에서 나는 《성경》 속의 신이 잔인할 뿐 아니라—뭐랄까—불안정한 인물이라는 느낌을 지울 수 없다. 마치 소설에 나오는 질투심 많은 아내를 보는 것 같다. 남편이 바람을 피울까 봐 불안한 나머지 일부러 남편을 시험한다. 예컨대 남편이 바람을 피우지 않는다는 걸 확인하기 위해 매력적인 친구에게 남편을 유혹해달라고 부탁하는 것이다. 그런데 만일 신이 모든 것을 안다면, 아브라함이 시험에 처할 때 어떻게 행동할지도 미리 알 수 있지 않았을까.

《성경》 속에서 신은 자신이 질투심이 많다는 말을 자주 한다. 심지어 자신의 **이름이** "질투하는 신"이라고 말한 적도 있다! 그런데 보통 사람들이 연적이나 사업 경쟁자를 질투한다면, 신은 라이벌 신들을 질투한다. 타당한 이유가 있을 때도 있다. 1장에서 살펴보았듯 초기 히브리인은 현대적 의미에서 완전한 일신론자가 아니었다. 그들은 자신의 부족 신인 야훼에게 충성했지만, 그렇다고 라이벌 부족들이 섬기는 신의 존재를 의심한 것은 아니었다. 그들은 단지 자신의 야훼가 더 강하고, 그래서 섬김을 받을 자격이 더 있다고 생각했을 뿐이다. 그래도 이따금 그들은 다른 신을 섬기고 싶은 유혹에 빠졌는데, 그들의 신이 그것을 볼 경우 끔찍한 대가가 따랐다.

《성경》에 따르면 한번은 이스라엘 백성의 전설적 지도자 모세가 신과 이야기하러 산 위로 올라갔다. 모세가 꽤 오랫동안 내려오지 않자 사람들은 그가 돌아오기나 할지 궁금했다. 그래서 모세의 형 아론을 찾아가 모든 사람에게서 많은 금을 긁어모아 그것을 녹여 모세가 없는 동안 새로운 신을 만들자고 설득했다. 그게 금송아지였다. 그들은 금송아지한테 절하고 그걸 숭배했다. 이상하게 보일지 모르지만, 황소를 포함한 동물의 상을 숭배하는 것은 당시 지역 부족들 사이에서 꽤 흔한 일이었다. 모세는 자신의 백성이 신을 배신할 생각을 하고 있는 줄 몰랐지만, 신은 이스라엘 백성이 정확히 무엇을 할 작정인지 알았다. 질투에 눈이 먼 신은 그들을 중단시키기 위해 모세를 당장 내려보냈다. 모세는 금송아지를 가져다 불에 태운 다음 빻아서 가루로 만들었다. 그리고 그것을 물에 타 이스라엘 백성들에게 마시게 했다. 이스라엘의 씨족 중 하나인 레위족은 금송아지에 홀리지 않았다. 그래서 신은 (모세를 통해) 모든 레위 사람에게 칼을 들고 다른 부족을 닥치는 대로 죽이라고 명했다. 그날 칼에 맞아 죽은 자가 대략 3,000명에 이르렀다. 질투에 사로잡힌 신은 이것으로도 분이 풀리지 않았다. 그래서 이번에는 역병을 보내 살아남은 사람들을 유린했다. 봉변당하기 싫으면 이런 신은 건드리지 않는 편이 좋다. 무엇보다 누가 됐든 다른 신은 쳐다보지도 마라!

모세는 산 위에서 신과 함께 무엇을 하고 있었을까? 그는 돌판에 새긴 저 유명한 '십계명'을 인도받고 있었다. 모세는 그것을 가지고 내려왔다. 하지만 금송아지를 보고 너무 화가 나서 돌판을 내던져 깨뜨려버렸다. 걱정하지 말라. 신은 나중에 그에게 여분의 돌판을 주었고, 그래서 우리는 《성경》의 두 곳에서 그 돌판에 새겨진 말을 들을 수 있다. 오늘날 그리스도인에게 왜 당신네 종교가 선한 힘이라 생각하느냐고 물으면 십중팔구는 십계명을 언급한다. 하지만 십계명이 실제로 무엇이냐고 물으면, 대부분 딱 한 가지 "살인하지 못한다"밖에 기억하지 못한다.

그것은 선하게 살려면 당연히 지켜야 하는 빤한 규칙이다. 돌판에 새길 필요도 없다. 하지만 5장에서 살펴보겠지만, 이 규칙은 알고 보니 "너희 부족 사람들을 살인하지 말라"는 뜻일 뿐이었다. 신은 이방인을 죽이는 건 개의치 않았다. 이번 장 뒷부분에서 살펴보겠지만, 《구약》의 신은 자신이 선택한 백성에게 다른 부족을 도륙하라고 끊임없이 다그친다. 그것도 여느 소설 작품에서 비슷한 예를 찾기 어려울 정도로 잔인하고 무자비하게 말이다. 하지만 어쨌거나 "살인하지 못한다"는 십계명에서 가장 눈에 띄는 자리를 차지하지 않는다. 종교 전통마다 십계명의 순서가 조금씩 다르지만, 하나같이 첫 번째 계명인 "나 외에 다른 신을 섬기지 마라"를 맨 앞에 놓는다. 또 다시 질투다.

> 야훼는 질투하시며 원수를 갚으시는 신이시다. 야훼께서는 원수를 갚고야 마신다. 적에게 분풀이를 하고야 마신다. _〈나훔〉 1장 2절
>
> 너희는 다른 신을 숭배해서는 안 된다. 나의 이름은 질투하는 야훼, 곧 질투하는 신이다. _〈출애굽기〉 34장 14절

《성경》 속의 신이 보여주는 또 다른 야비한 면은 고기 태우는 냄새를 무척 좋아한다는 것이다. 보통은 동물의 고기이지만 항상 그런 것은 아니다. 신이 모닥불 위에 이사악을 묶으라고 시켰을 때, 아브라함은 신이 또 향긋한 연기 냄새를 맡고 싶은 것이라고 이해했다. 마지막 순간 이사악을 구한 신은 그 후 숫양을 보내 근처 덤불에 뿔이 걸리게 했다. 아브라함은 신의 의중을 알아채고 그 불쌍한 동물을 죽여 신에게 이사악의 연기 대신 양고기의 연기를 바쳤다. 느닷없는 숫양의 출현에 대한 주일학교의 공식 해석은 이렇다. 즉, 인간을 번제물로 바치지 말고 그 대신 동물을 바치라는 뜻을 신이 그런 식으로 전한 것이다. 하지만 그 이야기 속의 신은 당시만 해도 사람들에게 말을 거는 습관이 있었다. 따지고 보면 아브라함에게 이사악을 죽이라는 지시도 말로 했다. 따라서 여러분은 신이 사람 대신 양을 번제물로 바치라고 그냥 말로 했다면 좋았을 거라고 생각할 것이다. 왜 불쌍한 이사악에게 그런 끔찍한 시련을

겪게 했을까? 《성경》을 읽다 보면, 메시지를 솔직하고 분명하게 전달하기보다는 그런 식으로 우회적이고 '상징적인' 방법을 쓰는 일이 흔히 있음을 알 수 있다. 나는 정말로 좋은 신이라면 양도 번제물로 바치지 말라고 했을 거라는 생각을 떨칠 수 없다.

왜 신은 더 이상 아브라함에게 한 것처럼 사람들에게 말을 걸지 않을까? 《구약》의 어느 부분을 보면 신은 도무지 입을 다물고 있을 수 없는 것처럼 보인다. 그는 거의 날마다 모세에게 말을 거는 것 같다. 하지만 요즘은 신에게 소식을 듣는다는 사람을 찾아볼 수 없다. 만일 그런 사람을 본다면 우리는 정신 치료가 필요하다고 생각할 것이다. 여러분은 그것 자체가 그 오래된 이야기가 사실이 아님을 보여준다고 생각해본 적 없는가?

신이 정말 좋은 인물인지 의문을 품게 만드는 또 다른 이야기가 있다. 〈판관기〉(또는 〈사사기〉) 11장에는 '입다'라는 이스라엘 장군 이야기가 나온다. 그는 라이벌 부족인 암몬족을 반드시 이겨야 했다. 절실하게 이기고 싶었던 입다는 신에게 암몬인과 싸워 승리하게만 해준다면 전투를 마치고 집으로 돌아갈 때 뭐든 처음 보는 것을 번제물로 바치겠다고 약속했다. 신은 입다의 부탁대로 적을 '마구 짓부수어' 그가 원하는 승리를 안겨주었다. 여러분은 암몬 사람들이 불쌍하다고 생각할지도 모른다. 하지만 비극은 따로 있었다. 공교롭게도 입다의 승리를 축하하기 위해 집 밖으로 나온 첫 번째 사람은 그가 사랑하는 외동딸이었다. 그녀는 승리한 아버지를 맞이하기 위해 기쁨에 겨워 춤을 추며 밖으로 나왔다. 입다는 신에게 한 약속을 기억하고는 공포에 질렸다. 하지만 선택의 여지가 없었다. 그는 딸을 불에 태워야 했다. 신은 입다가 약속한 고기 타는 냄새를 몹시 고대하고 있었다. 입다의 딸은 자신을 번제물로 바치는 것에 순순히 동의하며, 그러기 전에 두 달 동안 산으로 들어가 "처녀로 죽는 것을 한탄하며 실컷 울게" 해달라고 청했을 뿐이다. 두 달 후 그녀는 할 일을 마치고 돌아왔다. 입다는 약속대로 신이 향긋하고 기분 좋은 연기를 마실 수 있도록 딸을 불에 태웠다. 이번에는 신이 아브라함과 이사악의 교훈을 깜박했는지 개입하지 않았다. 미안하다, 딸아. 착하게 따라줘서 고맙구나. 그리고 지금껏 처녀인 것도 고맙구나! 처녀라는 사실은 어떤 이유에서인지 번제에 중요하게 취급되었다(39절).

왜 입다는 애초에 암몬 사람들과 싸웠을까? 그리고 왜 신은 그가 승리하도록 도왔을까? 《구약》은 피비린내 나는 전투로 가득하다. 그리고 이스라엘 백성이 이길 때마다 공적은 그들의 피에 굶주린 전투의 신에게 돌아간다. 〈여호수아〉와 〈판관기〉는 주로 모세가 이집트에 포로로 잡힌 이스라엘 백성을 데리고 나온 후 그들이 약속의 땅을 차지하기 위해 치른 전투에 관한 이야기이다. 약속의 땅은 이스라엘 땅, "젖과 꿀이 흐르는 땅"이었다. 신은 이스라엘 백성이 이미 그 땅에 살고 있는 불운한 사람들을 죽이고 그 땅을 차지하는 것을 도왔다. 여기서 신의 명령은 우회적이기는커녕 섬뜩할 정도로 분명하다.

> 너희가 요르단강을 건너 가나안 땅에 들어가거든, 그 땅에서 주민을 모조리 쫓아내라. 돌로 새긴 우상과 부어 만든 우상을 깨뜨려버려라. 산당들도 모조리 허물어버려라. 너희는 그 땅을 차지하고 거기에서 살아라. 그 땅은 내가 너희에게 소유하라고 주는 것이다. _〈민수기〉 33장 51~53절

"너희에게 소유하라고 주는 것이다." 뭐라고? 그게 전쟁을 일으키는 타당한 동기란 말인가? 제2차 세계대전 당시 아돌프 히틀러는 폴란드, 러시아 그리고 그 동쪽에 있는 다른 지역을 침공하는 걸 정당화하기 위해 우수한 지배자 인종인 독일인에게는 레벤스라움Lebensraum, 즉 '생활권'이 필요하다고 말했다. 신이 자신의 '선택받은 백성'에게 전쟁을 치러 빼앗으라고 재촉한 게 바로 그것이다. 신은 참 친절하게도 약속의 땅으로 가는 여정에 방해가 될 뿐인 부족들과 약속의 땅에서 이미 살고 있는 부족들을 구별했다. 첫 번째 집단에게는 평화를

제안하도록 했다. 그들이 동의하면 가볍게 넘어갔다. 그리고 최악의 경우에도 남자들만 죽이고 여자들은 성노예로 취했다.

하지만 신이 자신의 선택을 받은 백성에게 약속한 레벤스라움에 실제로 살고 있는 불운한 사람들 앞에는 만만찮은 처사가 기다리고 있었다.

> 그러나 너희 하느님 야훼께 유산으로 받은 이 민족들의 성읍들에서는 숨 쉬는 것을 하나도 살려두지 마라. 그러니 헷족, 아모리족, 가나안족, 브리즈족, 히위족, 여부스족은 너희 하느님 야훼께서 명령하신 대로 전멸시켜야 한다. _〈신명기〉 20장 16절

신이 한 말은 진심이었고, 그의 인정머리 없는 소망은 글자 그대로 이뤄졌다. 약속의 땅을 정복하는 동안뿐만 아니라 《구약》 전체에 걸쳐 죽 그랬다.

> 당장에 가서 아말렉을 치고 그 재산을 모조리 없애라. 남자와 여자, 아이와 젖먹이, 소 떼와 양 떼, 낙타와 나귀 할 것 없이 모조리 죽여야 한다. _〈사무엘상〉 15장 2절

신의 명령은 아이들까지 죽이라는 것이었다. 특히 소년들은 당장 죽여야 했다. 소녀들은 살려둘 가치가 있었는

데……. 왜 그런지는 직접 읽고 여러분의 상상력을 동원해보라(큰 상상력은 필요하지 않을 것이다).

> 아이들 가운데서도 사내 녀석들은 당장 죽여라. 남자와 동침한 적이 있는 여자도 다 죽여라. 다만 남자와 동침한 적이 없는 처녀들은 너희를 위하여 살려두어라. _〈민수기〉 31장 17~18절

오늘날 우리는 그것을 인종 청소와 아동 학대라고 부른다.

신학자들은 이런 구절과 《성경》에 있는 많은 비슷한 구절에 당황한다. 그들은 《구약》의 이런 이야기들이 역사적으로 사실이라는 증거를 현대 고고학과 학문이 찾아내지 못한 것에 감사해야 한다. 신학자들은 많은 끔찍한 이야기가 역사라기보다 상징을 담은 신화, 이솝우화 같은 교훈적 이야기라고 둘러댄다. 좋다. 하지만 여러분은 폭력적 살인 충동, 레벤스라움을 위한 전투, 대학살과 인종 청소, 여성과 소녀를 남성의 소유물로 취급해 강간하고 성노예로 이용하는 것에 관한 끔찍한 이야기들 중 어디에서 훌륭한 교훈을 하나라도 찾을 수 있는지 궁금할 것이다.

현대 그리스도교 신학자들은 때때로 《구약》 전체를 가치 없다고 여긴다. 그들은 안도하며 《신약》을 가리킨다. 거기서 예수는 하늘에 계신 그의 무서운 아버지보다 훨씬 친절해 보인

다. 정작 예수 자신은 두 존재가 다르다고 생각한 것 같지 않지만 말이다. 〈요한의 복음서〉에서 예수는 이렇게 말한다. "아버지와 나는 하나이다." "아버지께서 내 안에 계시고 또 내가 아버지 안에 있다." "나를 본 자는 누구든 아버지를 본 것이다." 어쨌든 복음서들에 등장하는 예수라는 인물은 꽤 좋은 말을 몇 마디 했다. 〈마태오의 복음서〉에 나오는 산상 설교는 예수가 시대를 한참 앞선 훌륭한 사람임을 보여준다. 혹은 소수파 학자들이 생각하듯 만일 그가 실존하지 않았다면, 예수라는 허구적 인물은 꽤 괜찮은 캐릭터이다. 하지만 산상 설교가 아무리 좋은 말이라 해도, 그리스도교를 설계한 장본인인 사도 바울로가 설파한 중심 교리는 그렇지 않다.

사도 바울로—사실상 거의 모든 현대 그리스도인—의 그리스도교는 여러분과 나를 포함해 지금까지 살았고 앞으로 살아갈 모든 사람이 "죄를 가지고 태어난다"고 간주한다. 2장에서 살펴보았듯 마리아의 '무원죄 잉태'는 거의 유일하게 마리아만이 원죄를 가진 잉태로부터 자유로웠음을 상징한다. 바울로는 죄에 집착했다. 여러분은 바울로의 그런 집착에서, 신이 자신이 창조한 팽창하고 있는 거대한 우주보다는 하나의 작은 행성에 사는 한 종의 죄에 훨씬 더 관심이 많다는 인상을 받게 된다. 바울로와 그 밖의 초기 그리스도인은 우리 모두가 말하는 뱀의 유혹에 넘어간 최초의 여성 이브의 꾐에 빠진 최초의 남성 아담의 죄를 물려받는다고 믿었다. 3장에서 살펴보았듯 그들의 죄는 신이 특별히 금지한 열매를 먹은 것이었다. 우리는 너나 할것 없이 이 끔찍한 죄—신이 화가 나서 그들을 에덴동산에서 내쫓고, 그들과 그 자손을 평생에 걸친 힘든 노동과 출산의 고통에 처하게 만들 정도로 끔찍한 죄—를 물려받는다. 그리스도교에서 가장 존경받는 신학자 중 한 명인 성 아우구스티누스에 따르면, '원죄'는 정자를 실어 나르는 액체인 정액을 통해 아담에서부터 남성 계통을 따라 전해진다.

너무 어려서 잘못은 고사하고 어떤 것도 할 수 없는 신생아가 그 작은 어깨에 죄라는 무거운 짐을 짊어지고 태어나는 것이다. 바울로와 그의 그리스도교 신도들은 죄Sin가 어떤 종류의 음침한 정신이라고 생각하는 듯하다. 특정 사람들이 때때로 저지르는 나쁜 짓이라기보다는 어두운 유전의 얼룩 같은 것이랄까. 죄를 가지고 태어난 우리가 불지옥 속의 영원한 저주에서 벗어날 수 있는 유일한 방법은 세례를 받고, 예수의 희생적 죽음으로 '구원받는' 것이다. 예수의 죽음은 《구약》에 나오는 번제처럼 신을 달래어 모든 인간의 죄, 특히 에덴동산에서 아담이 지은 원죄를 용서해달라고 청하기 위한 희생이었다.

오늘날 우리는 아담이 실존하지 않았음을 알고 있다. 지금까지 살았던 모든 사람에게는 부모가 있었고, 부모의 부모

의 부모로 죽 거슬러 올라가다 보면 다양한 유인원과 초기 원숭이를 거쳐 물고기·벌레·세균에 이른다. 최초의 부부 따위는 없었다. 그러니까 아담과 이브도 없었다. 우리 모두가 죄의식을 공유하고 있는 그 끔찍한 죄를 저지른 사람은 애초에 없었다. 설령 바울로와 초기 그리스도인은 몰랐다 해도, 신은 아마 그걸 알았을 것이다. 그리고 사람들은 말하는 뱀을 정말로 믿었을까? 내 생각으로는 그랬을 것 같다. 왜냐하면 지금도, 특히 미국에서 걱정스러울 정도로 많은 사람이 그것을 믿기 때문이다. 하지만 그건 그렇다 치고 예수의 죽음이 아담으로부터 줄곧 이어져 내려온 죄로부터 인류를 '구원'하는 것, 또는 그 죄를 '속죄'하는 것이라는 개념은 어떻게 생각하는가? 이것은 사실상 그리스도교를 관통하는 핵심 개념으로, 예수가 우리의 죄를 위해 죽었다는 생각이다. 예수는 자신의 목숨으로 우리 죄를 대신 갚았다.

속죄란 잘못에 대한 값을 치르는 것이다. 신이 우리를 용서하고 싶었다면 왜 그냥 용서해주지 않았는지 여러분은 궁금할지도 모른다. 하지만 신이라는 인물은 그것으로 충분하지 않았다. 누군가는 괴로움을 겪어야 했다. 이왕이면 고통스럽고 치명적이면 더 좋다. "피를 흘리지 않고는 용서도 없다." 〈히브리인들에게 보낸 편지〉에는 이렇게 적혀 있다(9장 22절). 사도 바울로는 그것을 다른 말로 "그리스도는 우리의 죄를 위해 죽었다"(〈고린도전서〉 15장 3절)고 설명했다.

속죄 개념을 이렇게 정리할 수 있다(나는 단지 그리스도인의 공식 신앙을 전하고 있을 뿐이니 나를 탓하지 마시라). 그러니까 신은 인류의 죄, 무엇보다 인류가 물려받은 (존재한 적도 없는) 아담의 죄를 용서하고 싶었다. 하지만 그냥 용서할 수는 없었다. 그건 너무 간단했고, 너무 뻔했다. 누군가는 희생으로 용서에 대한 대가를 치러야 했다. 그런데 인류의 죄는 너무 엄청나서 평범한 희생으로는 불가능했다. 신 자신의 아들인 예수의 고문과 고통스러운 죽음 말고는 무엇으로도 불가능했다. 그래서 예수가 땅으로 내려왔다(내려왔다고?). 매 맞고, 박해받고, 나무 십자가에 못 박혀 고통 속에 죽고, 그럼으로써 인류의 죗값을 치를 수 있도록. 오직 신 자신—예수는 인간 모습을 한 신으로 간주되므로—이 치르는 피의 희생만이 인류의 목에 걸린 무거운 죄의 값을 충분히 치를 수 있었다.

여러분에겐 어떻게 비칠지 모르겠지만, 정말 끔찍한 발상이라고 생각한다 해도 무리가 아니다. 전능한 신이라면 예수가 십자가에서 죽는 그 순간에 이르기까지 언제든 개입할 수 있었을 것이다. 아브라함이 이사악을 번제물로 바치려 했을 때 그랬던 것처럼. "얘들아, 그만해. 그거면 됐어. 내 사랑하는 아들의 손에 못을 박을 것까지는 없어. 아무튼 너희를 용서할게. 자, 모두 긴장을 풀고 인류가 죄를 용서받은 것을 축하하자."

하지만 뻔히 보이는 그 해결책이 신에게는 충분하지 않았다. 만일 내가 이 사건에 대한 희곡을 쓴다면, 신에게 다음과 같은 대사를 읊게 할 것이다.

어디 보자. 나는 저들을 그냥 용서할 수는 없어. 저들의 죄가 너무 커. 금송아지로 나를 언짢게 했을 때 그랬던 것처럼 3,000명을 죽이면 어떨까? 아니야. 3,000명으로도 부족해. 3,000명의 평범한 사람으로는 안 돼. 평범한 사람 3,000명을 죽여서 씻길 죄가 아니야. 좋은 생각이 있어. 내 아들을 인간으로 변신시켜서 모든 인간을 대신해 고문당해 죽게 하면 어떨까? 그래, 그 정도면 가치 있는 희생이라고 할 만해. 아무나가 아니라, 인간의 모습을 한 신을 죽이는 거지! 좋았어. 바로 그거야. 그 정도면 인류의 모든 죄를 벌충할 수 있을 거야. 아담의 죄를 포함해서(오, 이런. 저들에게 말하는 걸 계속 깜빡하는데, 아담은 존재하지 않았어). 가거라, 아들아. 미안하구나. 하지만 더 나은 방법을 모르겠구나. 그리고 너는 불의 전차를 탈 수 없단다. 나는 너를 여자의 자궁에 넣을 것이다. 너는 아기로 태어나 자라고 교육받고, 10대의 불안을 포함해 모든 것을 겪어야 할 거야. 그러지 않으면 너는 완전한 인간이 되지 못해. 저들을 구원하기 위해 너를 십자가에 못 박을 때 네가 인류를 진정으로 대표한다는 느낌이 들지 않을 것 같구나. 그런데 잊지 말거라. 십자가에 못 박히는 것은 나 자신이기도 하다는 것을. 나는 너이고 너는 나이니까.

조롱하는 거냐고? 그렇다. 무례하다고? 그럴지도. 부당하다고? 나는 정말로 그렇게 생각하지 않고, 내가 사과하지 않는 이유를 부디 이해해주기 바란다. 그리스도인이 아주 진지하게 받아들이는 속죄 교리는 너무나도 **심하게** 고약해서 무례하게 조롱당해 마땅하다. 신은 이른바 전능한 존재다. 그는 팽창하는 우주, 서로에게서 쏜살같이 멀어지는 은하들을 창조했다. 그는 과학 법칙을 알고, 수학 법칙을 안다. 결국 그 법칙들은 그가 만든 것이고, 그러니 그는 아마 양자 중력과 암흑 물질도 어느 과학자보다 잘 이해할 것이다. 그는 규칙을 만드는 장본인이다. 규칙을 만드는 자에게는 규칙을 깨는 사람을 마음대로 용서할 힘도 있다. 하지만 인간의 죄(특히 존재하지 않았으므로 죄를 지을 수도 없는 아담의 죄)를 용서하도록 다른 누구도 아닌 **자기 자신을** 설득하기 위해 그가 생각해낸 유일한 방법이 인류를 대신해 자기 아들(자기 자신이기도 하다)에게 고문과 십자가형을 받게 하는 것이었음을 우리더러 믿으라고 한다. 비록《구약》이《신약》보다 끔찍한 이야기의 개수는 더 많은지 모르지만《신약》의 중심 메시지인 속죄 교리야말로 '가장 끔찍함'이라는 어두운 훈장의 강력한 후보라 할 만하다.

예수의 열두 제자 중 한 명인 유다는 예수를 배반했다. 그는 대사제들과 원로들을 데리고 예수에게로 가서 미리 짠 대로 입맞춤으로 그가 예수임을 알려주었다. 자기 당을 배신한 정치인을 '유다'라고 부른다. 갈라파고스제도에서 자연의 균형을 망치고 있는 외래종 염소를 제거하는 작전에 동원된 것도 '유다 염소들'이었다. 무선 목걸이가 장착된 이 암컷 염소들은 박멸해야 할 무리의 위치를 알려줌으로써 동족을 '배반'했다. 옛날부터 유다의 이름은 배반 행위를 상징했다. 하지만 우리가 2장에서 던진 질문을 반복하면, 이것이 유다에게 공정할까? 신의 계획을 완성하려면 예수가 십자가에 못 박혀야 하고, 그러기 위해서는 예수가 체포당해야 했다. 유다의 배반은 그 계획에 꼭 필요했다. 왜 그리스도인은 예로부터 유다의 이름을 증오해왔을까? 그는 단지 인류의 죄를 갚으려는 신의 계획에서 자신의 역할을 했을 뿐인데!

설상가상으로 유대인 전체가 수 세기 동안 박해를 받아왔는데, 그건 그리스도인들이 예수의 죽음을 유대인 탓으로 여겼기 때문이다. 1938년 비오 12세는 (교황이 되기 1년 전) 유대인에 대해 "입술로는 (그리스도를) 저주하고 가슴으로는 오늘날까지도 그를 거부하는" 사람들이라고 말했다. 4년 뒤 전쟁 중(이탈리아는 히틀러 편에 섰다)에 교황 비오는 예루살렘이 "신을 살해하는 죄의 길"로 이끈 바로 그 "경직된 맹목성과 완고한 배은망덕함"을 지니고 있다고 말했다. 가톨릭만 그런 게 아니었다. 개신교를 창시한 독일인 마르틴 루터는 유대교 예배당과 유대인 학교에 불을 지르는 행위를 옹호했다. 유대인에 대한 루터의 병적 증오는 1922년 아돌프 히틀러에 의해 그대로 되풀이되었다.

> 그리스도인으로서 나는 나의 주님이자 구세주를 전사로 느낍니다. 나는 그를, 소수의 추종자에 둘러싸인 고독한 상황에서 유대인이 어떤 사람들인지 알아차리고 그들에 맞서 싸울 사람들을 소집한 분으로 느낍니다. 고행자가 아닌 전사로서 가장 위대했던 분으로 느낍니다. 나는 그리스도인으로서, 그리고 한 인간으로서 주님께 무한한 사랑을 느끼며, 마침내 주님이 어떻게 온 힘을 다해 일어나 채찍을 쥐고 독사와 살무사 같은 무리를 사원에서 쫓아냈는지 들려주는《성경》구절을 통독했습니다. 세계를 위해 악독한 유대인과 맞섰던 주님의 싸움은 정말 격렬했습니다. 2,000년이 지난 지금, 주님이 십자가에서 피를 흘려야 했던 이유를 비로소 알 것 같습니다. 그리스도인으로서 내 의무는 가만히 앉아 당하는 게 아니라, 진리와 정의를 위한 전사가 되는 것입니다. …… 그리고 우리가 올바로 행동하고 있다는 것을 증명할 수 있는 뭔가가 있다면, 그것은 바로 나날

이 성장하고 있는 그 골칫덩이들입니다. 그리스도인으로서 나는 내 민족에게도 의무가 있습니다.

그런데 자신이 그리스도인이라는 히틀러의 주장을 너무 심각하게 받아들이지 말라. 히틀러가 뭐라고 말했든 그는 상습적인 거짓말쟁이였다. 연설에서는 자신이 그리스도인이라고 주장했지만, 이른바 '식탁 담화'에서는 때때로 반그리스도인이었다. 하지만 그는 무신론자는 아니었고, 성장할 때의 신앙인 가톨릭을 버리지 않았다. 그가 진지한 그리스도인이 아니었다 해도, 어쨌든 가톨릭교와 루터파의 유대인에 대한 수백 년 동안의 증오에 길들여진 독일 대중은 그의 연설에 기꺼이 호응했다. 그리고 이 모든 것은 유럽의 나머지 지역에서처럼 예수의 죽음이 유대인 탓이라는 전설에서 시작되었다.

결국 예수의 처형을 승인한 로마 총독 본디오 빌라도는 물을 달라고 해 손을 공개적으로 씻음으로써 자신은 그 일에 어떤 책임도 없음을 알렸다. 유대인은 "그 사람의 피에 대한 책임은 우리와 우리 자손들이 지겠습니다"(〈마태오의 복음서〉 27장 25절)라고 외쳤을 때 책임을 인정한 것이라고 여겨진다. 그동안의 역사에서 유대인이 겪은 잔인한 박해는 대체로 이 말에 기인한다. 하지만—다시 반복하지만—예수의 십자가형은 신의 계획의 중심축이었다. 유대인이 그의 죽음을 요구했다고 하는데, 그들은 단지 신이 원하는 일을 요구했을 뿐이다. 그건 그렇고 "그 사람의 피에 대한 책임은 우리와 우리 자손들이 지겠습니다"는 말은 누군가 실제로 했다기에는 현실감이 없다는 생각이 들지 않는가? 마치 편견에 사로잡힌 사람이 나중에 추가한 것 같지 않은가?

이번 장에서 나는 《성경》의 이야기들은 아마 사실이 아닐 거라고 여러 번 반복해서 말했다. 2장에서 살펴보았듯 《성경》에 포함된 책들은 거기에 기술된 사건들이 일어나고 나서 한참 후에 쓰였다. 목격자들이 있었다 해도 그것을 쓸 시점에는 대부분 죽었을 것이다. 하지만 그것은 이번 장의 요지에 아무런 영향을 미치지 않는다. 신이 허구이든 실제이든, 우리는 그가 유대교·그리스도교·이슬람교의 지도자들이 모두 그래야 한다고 말하듯 우리가 사랑하고 따르고 싶은 부류의 인물인지 아닌지 결정할 자격이 있다. 여러분은 어떤 선택을 하겠는가?

5

선해지기 위해 신이 필요할까?

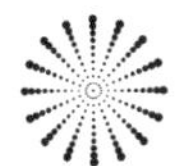

유난히 뜨거웠던 2016년 미국 대통령 선거전에서 민주당은 유력한 두 후보 버니 샌더스와 힐러리 클린턴 중 한 사람을 선택하려 하고 있었다. 고위 당직자 브래드 마셜은 힐러리를 원했다. 그는 버니의 평판을 떨어뜨릴 방법을 찾았다고 생각했다. 버니가 무신론자일 거라고(마치 그게 잘못인 것처럼) 의심한 것이다. 그는 두 명의 다른 고위 당직자에게 편지를 써서(힐러리 본인은 그 일에 대해 아무것도 몰랐다) 버니한테 종교를 밝히라고 공개적으로 요구할 것을 제안했다. 전에 같은 질문을 받았을 때 버니는 "유대인 혈통"이라고 말한 적이 있었다. 하지만 그가 정말 신을 믿었을까? 마셜은 이렇게 썼다.

> 내 생각엔 그가 무신론자인 것 같습니다. …… 우리 주 사람들에게 이것이 몇 포인트 차이를 만들어낼 수 있을지도 모릅니

다. 남부 침례교회 사람들은 유대인과 무신론자의 차이를 크게 생각할 겁니다.

"우리 주 사람들"이란 켄터키주와 웨스트버지니아주의 유권자를 말한다. 그리고 "몇 포인트 차이"는 두 주의 득표수에 미치는 중요한 영향을 뜻한다. 그는 (유감스럽지만 타당한 이유로) 많은 그리스도인이 무신론자보다는 뭐든 종교를 가진 사람에게 투표할 거라고 생각했다. 설령 그게 자신과는 다른 신앙을 가진 사람, 이 경우는 유대교도에게 투표하는 것을 뜻한다 해도 말이다. 어떤 종류의 '더 높은 힘에 대한 믿음'이면 된다. 그게 자신들이 믿는 것과는 다른 종류의 더 높은 힘이라 해도 상관없다. 여론조사도 같은 사실을 거듭 보여주었다. 가톨릭교도, 이슬람교도, 또는 유대교도에게 투표하는 것을 다소 꺼리는 유권자들이 있다. 하지만 그들은 그래도 무신론자보다는 그런 교인들 중 한 사람을 택한다. 무신론자는 선호도의 밑바닥을 차지한다. 무신론자가 다른 모든 점에서 높은 자질을 갖추고 있다 해도 그렇다. 치사한 짓이긴 하지만 브래드 마셜이 자신이 지지하지 않는 후보가 무신론자임을 폭로하고 싶어 한 것도 무리는 아니다.

미국 헌법에는 "미국의 어떤 공직 또는 위임직에도 종교가 그 자격 요건이 될 수 없다"고 나와 있다. 물론 마셜은 무신론자의 대통령 선거 출마에 대한 법적 금지를 요구하지 않았다. 그랬다면 정말로 법을 위반했을 것이다. 물론 유권자들은 자신의 한 표를 행사할 때 후보자의 종교를 눈여겨봐도 된다. 그러나 마셜은 고의적으로 유권자의 편견에 호소했고, 이는 헌법 정신에 위배된다. 무신론은 단지 초자연적인 무언가를 믿지 않는 것이다. 비행접시를 믿지 않는 것, 혹은 요정을 믿지 않는 것과 같다. 정치인은 경제, 외교, 보건과 사회복지, 법률 문제 같은 일들에 대해 결정을 내려야 한다. 초자연적 현상에 대한 믿음이 더 나은 정치적 결정을 내리게 만들 이유가 있을까?

유감스럽게도 많은 이가 어떤 종류의 신, 어떤 종류의 더 높은 힘을 믿지 않으면 도덕적인 사람, 즉 선한 사람이 될 가망이 없다고 생각하는 듯하다. 또는 더 높은 힘에 대한 믿음이 없는 사람은 옳고 그름, 선과 악, 도덕과 부도덕을 구별할 기준을 가지고 있지 않다고 생각한다. 이번 장에서는 '도덕'과 '도덕률'의 문제를 살펴보겠다. 즉 '악'의 반대인 '선'이 무엇을 의미하는지, 그리고 우리가 선한 사람이 되기 위해 신이나 신들 또는 어떤 종류의 더 높은 힘을 믿을 필요가 있는지 말이다.

왜 누군가는 여러분이 선한 사람이 되는 데 신이 필요하다고 생각할까? 내가 생각할 수 있는 이유는 딱 두 가지뿐인데, 둘 다 나쁜 이유이다. 한 가지 이유는 《성경》과 《코란》 또는 다른 어떤 성서가 우리에게 선한 사람이 되는 방법을 알려주며, 그런 규칙집이 없다면 우리는 무엇이 옳고 그른지 알 수 없기 때문이라는 것이다. 우리는 앞 장에서 '선한 책'에 대해 살펴봤는데, 이번 장에서는 그 책을 따라야 하는가의 문제를 다룰 것이다. 또 하나의 이유는 사람들이 인간을 너무 낮게 평가한다는 데 있다. 그래서 정치인을 포함해 우리 모두는 누군가가—아무도 없다면 신이—지켜보고 있을 때만 선하게 행동한다고 생각한다. 일명 '하늘에 계신 위대한 경찰' 가설이다. 약간 업데이트하면 '하늘의 위대한 스파이 카메라(또는 감시 카메라)' 가설이라고 할 수 있겠다.

유감스럽게도 그런 주장에는 어느 정도 진실이 있을지도 모른다. 모든 나라가 경찰력을 보유하는 게 필요하다고 생각한다. 그리고 범죄자는 경찰이 지켜보고 있다고 생각하면 도둑질이나 다른 범죄를 저지를 가능성이 적다. 요즘 길거리와 상점에는 비디오카메라가 설치되어 있어 물건을 슬쩍하는 것처럼 해서는 안 되는 짓을 하는 사람을 종종 잡아낸다. 물건을 슬쩍하려던 사람도 자신을 지켜보는 카메라가 있다는 사실을 알면 실제로 시도할 가능성이 분명히 낮을 것이다. 그러면 이제 신이 매일 매초 자신의 행동을 지켜본다고 믿는 범죄자가 있다고 상상해보자. 많은 신앙인이 신은 심지어 우리의 생각도 읽어내어 우리가 나쁜 짓을 하려고 **고민할** 때 그걸 미리 알 수 있다고 생각한다. 이들이 (신을 두려워하는 정치인을 포함해) 신을 두려워하는 사람은 무신론자보다 나쁜 짓을 할 가능성이 낮다고 생각하는 이유가 뭔지 짐작할 수 있을 것이다. 무신론자는 하늘에 있는 위대한 스파이 카메라를 두려워할 필요가 없다는 얘기이다. 이 논법에 따르면 무신론자는 단지 실제 카메라와 실제 경찰을 두려워하기만 하면 된다. 여러분은 아마 "양심은 무언가가 지켜보고 있다는 걸 아는 것이다"라는 냉소적인 농담을 들어본 적이 있을 것이다.

누군가 지켜보고 있을 때 선해지는 경향은 심지어 우리 뇌에 깊숙이 박혀 있는 아주 원시적인 것일지도 모른다. 내 동료 멜리사 베이트슨 교수(옥스퍼드대학에서 내 학부생 제자였다)가 주목을 끄는 실험을 했다. 그녀는 자신이 재직하는 뉴캐슬대학 과학 학부에 학과 사람들이 매일 먹는 커피, 차, 우유, 설탕에 값을 지불하는 '양심 상자'를 비치했다. 판매하는 사람은 없었다. 가격표는 벽에 붙여놓았고, 각자 양심껏 적당한 액수의 돈을 상자에 넣으면 되었다. 누군가 보고 있을 때 사람들이 정직하다는 것은 실험해보지 않아도 알 수 있는 사실이다. 하지만 혼자 있다면? 여러분이라면 보는 사람이 아무도 없다는 걸 알고도 상자에 돈을 넣겠는가? 나는 여러분이 그러리라 확신하지만, 모두가 그렇게 양심적이지는 않다. 이 실험은 바로 그 점에 착안한 것이었다.

멜리사는 매주 가격표를 붙였다. 그리고 매주 그 종이 윗부분에 그림을 그려 넣었다. 꽃을 그려 넣기도 했다. 항상 같은 꽃은 아니지만 여러 송이를 그렸다. 다른 주에는 한 쌍의 눈을 그려 넣었다. 매번 다르게 생긴 눈을 그렸다. 실험 결과는 흥미로웠는데, 가격표 위에 눈 그림이 있던 주에 사람들이 더 정직했다. 양심 상자에 들어 있는 돈이 꽃들만 지켜보고 있던 '대조군' 주간보다 세 배 가까이 늘었다. 이상하지 않은가? 눈이 진짜 스파이 카메라였다면 설명하기 쉬울 것이다. 하지만 커피를 마시는 사람들은 그 눈이 종이 위의 잉크일 뿐이라는 사실을 아주 잘 알고 있었다. 그 눈은 꽃과 마찬가지로 그곳에서 일어나고 있는 일을 볼 수 없다. 그건 "누가 지켜보고 있으니 정직하게 행동하는 게 좋아" 같은 이성적인 계산이 아니었다. 비이성적이었다. 내가 뉴욕 고층 빌딩 꼭대기 층에서 밑을 내려다볼 때와 같다. 나는 내가 떨어지지 않는다는 걸 안다. 심지어 나는 두꺼운 안전유리 뒤에 서 있다. 하지만 그래도 소름이 돋고 등골이 오싹해진다. 이건 비이성적 반응이다. 이 경우는 어쩌면 조상들에게 물려받은 유전자가 우리 뇌에 심어놓은 반응일지도 모른다. 과거에 우리는 높은 나무 위에 있는 것이 위험한 일임을 인식할 필요가 있었기 때문이다. 어쩌면 여러분은 "신의 눈이 나를 지켜보고 있으니 선하게 행동하는 게 좋아"라고 스스로에게 말할 필요조차 없을지도 모른다. 아마 그건 자동으로 일어나는 잠재의식적 효과일 것이다. 종이 위에 멜리사가 그려놓은 눈의 효과처럼 말이다(여러분이 궁금해할까 봐 말하는데, 멜리사는 그 결과가 우연일 가능성이 없다는 걸 증명하기 위해 필요한 계산을 했다).

비이성적이든 아니든 신이 자신의 일거수일투족을 지켜보고 있다고 진심으로 믿으면 선하게 행동할 가능성이 높다는 주장은 유감스럽게도 설득력이 있어 보인다. 솔직히 나는 그 생각이 싫다. 나는 인간이 그보다는 나은 존재라고 믿고 싶다. 나는 누가 지켜보든 말든 나 자신이 정직하다고 믿고 싶다.

그런데 신에 대한 두려움이 단순히 그를 화나게 하는 것에 대한 두려움이 아니라 더 나쁜—훨씬 더 나쁜—결과에 대한 두려움이라면? 예로부터 그리스도교와 이슬람교는 죄지은 사람은 죽은 후 지옥에서 영원히 고통받는다고 가르쳐왔다. 〈요한의 묵시록〉은 '유황이 타오르는 불바다'에 대해 이야기한다. 선지자 무함마드는 최소한의 징벌을 받는 사람의 경우 그의 두 발은 타다 남은 불덩이에 놓이게 되며, "그의 머리는 지글지글 끓게 될 것"이라고 말했다. 《코란》(4장 56절)은 그 가르침을 믿지 않는 사람들에 대해 이렇게 말한다. "그들의 피부가 불에 익으면 다른 피부로 변하니 그들은 계속해서 고통을 맛보리라." 많은 설교자에 따르면 여러분은 딱히 나쁜 짓을 하지 않아도 불지옥에 던져질 수 있다. 믿지 않는 것만으로도 충분하다! 위대한 화가들은 지옥을 주제로 누가 더 끔찍한 악몽 같은 그림을 그리는지 겨루기도 했다. 이탈리아어로 쓰인 가장 유명한 문학 작품인 단테의 《신곡: 지옥 편》은 처음부터 끝까지 지옥에 관한 이야기이다.

여러분은 어릴 때 불지옥에 떨어진다는 위협을 받은 적이 있는가? 그 위협을 실제로 믿었는가? 정말 무서웠는가? 이런 질문에 아니라고 답할 수 있다면 여러분은 운이 좋은 셈이다. 불행히도 많은 사람이 그런 위협을 죽을 때까지 계속 믿고, 그것이 그들의 인생, 특히 말년을 비참하게 만든다.

나는 처벌의 위협에 대한 이론을 세웠다. 어떤 위협은 그럴듯하다. 예컨대 도둑질한 죄로 유죄판결을 받으면 감옥에 간다는 말이 그렇다. 전혀 그럴 듯하지 않은 위협도 있다. 신을 믿지 않으면 죽은 후 불바다에서 영영 헤어날 수 없다는 위협이 그렇다. 내 이론은 위협이 그럴듯할수록 끔찍하지 않아도 된다는 것이다. 죽은 후 벌을 받는다는 위협은 너무나 터무니없어서 그러한 터무니없음을 덮으려면 정말로 소름 끼치는 위협이 필요하다. 불바다 정도는 되어야 한다. 살아 있을 때 벌을 받는다는 위협은 그럴듯하므로(감옥은 실제로 있는 장소이니까), 피부에 관한 극악무도한 고문을 끌어들일 필요가 없다.

죽은 후 영원히 불지옥에서 헤어날 수 없다고 어린이를 위협하는 사람들에 대해 어떻게 생각하는가? 이 책에서 나는 보통 그런 질문에 대해 나 자신의 답을 제시하지 않는다. 하지만 여기서는 예외를 두지 않을 수 없다. 내 대답은 이렇다. 그런 사람들은 지옥 같은 장소가 없는 것을 천만다행으로 알아야 한다. 아이들에게 지옥에 간다고 협박하는 사람보다 더 지옥에 가도 싼 사람은 없기 때문이다.

지옥이 아무리 끔찍하다 해도 종교가 사람을 더 착하게 또는 더 악하게 만든다는 분명한 증거는 별로 없는 것 같다. 몇몇 연구에 따르면 종교를 믿는 사람이 자선단체에 기부를 더 많이 한다고 한다. 많은 사람이 십일조(수입의 10분의 1을 뜻한다) 형태로 교회에 기부를 한다. 그리고 교회는 종종 그 돈의 일부를 기근 구제 같은 가치 있는 자선 활동에 전달하기도 한다. 또는 지진처럼 끔찍한 재난이 일어났을 때 위기 지원 단체에 전달한다. 하지만 교회가 거두어들인 많은 돈은 선교사의 활동 기금으로 쓰인다. 교회는 이것을 자선 기부라고 부른다. 하지만 그게 기근 구제나 지진으로 집을 잃은 사람들을 돕는 것과 같은 의미의 자선일까? 교육을 위해 기부하는 것은 좋은 일처럼 보인다. 하지만 그 교육이 순전히 《코란》을 암송하는 것이라면? 또는 선교사가 아이들에게 부족의 유산을 잊고 대신 《성경》을 배우도록 가르치는 것이라면?

종교가 없는 사람도 인심이 후할 수 있다. 세계에서 세 손가락 안에 꼽히는 자선 기부자들인 빌 게이츠, 워런 버핏,

조지 소로스는 모두 종교가 없다. 2010년 끔찍한 지진이 발생해 가뜩이나 가난한 아이티섬을 초토화시켰다. 고통은 끔찍했다. 종교가 있든 없든 전 세계 사람이 힘을 합쳐 도움과 금전을 제공했다. 내가 운영하는 '이성과 과학을 위한 리처드 도킨스 재단'은 '비종교인 기부 구호 재단Non-Believers Giving Aid, NBGA'이라는 특별 자선단체를 서둘러 꾸렸다. 그리고 우리와 함께할 10여 개의 다른 비종교 단체와 세속주의자 단체 그리고 회의주의자 단체를 모집해 무신론자, 불가지론자, 기타 비종교인에게 기부를 호소했다. 수천 명의 비종교인이 함께했다. NBGA는 3일 만에 30만 달러를 모금했다. 우리는 그 돈을 전부 아이티에 보냈고, 그다음 몇 주 동안 더 많은 돈을 보냈다. 물론 종교 자선단체도 기부금을 모으고 있었다. 그리고 많은 선량한 사람이 아이티로 직접 가서 도왔다. 나는 비종교인이 종교인보다 인심이 더 후하다고 자랑하기 위해 NBGA 이야기를 하는 게 아니다. 오히려 위기가 닥치면 전 세계 대부분의 사람이 종교가 있든 없든 친절하고 관대하게 행동한다고 생각한다.

하늘의 거대한 감시 카메라 이론은 우울하긴 해도 어느 정도 일리가 있다. 혹시 그런 게 실제로 범죄자를 단념시킬 수 있을까? 여러분은 만일 그렇다면 교도소에 비종교인의 비율이 높을 거라고 생각할지도 모른다. 2013년 7월에 조사한 수치가 있다. 미국 연방교도소에 수감된 기결수들을 대상으로 소속 종교를 조사한 것이다. 수감자의 28퍼센트가 개신교 그리스도인이고, 24퍼센트가 가톨릭 그리스도인이며, 5퍼센트가 이슬람교도였다. 나머지 대부분은 불교도, 힌두교도, 유대교, 아메리카 원주민, '모름'이었다. 그러면 무신론자는? 겨우 0.07퍼센트였다. 유죄판결을 받은 수감자는 무신론자보다 그리스도인일 확률이 750배나 높았다. 물론 우리는 지금 수감자들이 스스로 그리스도인 또는 무신론자라고 **말한** 수치에 대해 이야기하고 있다. '모름'에 무엇이 숨어 있을지 누가 알겠는가? 더 중요한 것은 미국엔 그리스도인이 무신론자 인구보다 많다는 점이다. 하지만 750배는 아니다. 죄수들이 종교가 있다고 주장하면 더 빨리 석방될 수 있다는 사실 때문에 그리스도인의 수가 다소 부풀려질 가능성이 있다. 또한 이런 수감자 수치는 어쩌다 보니 종교를 갖거나 갖지 않게 된 사실을 반영할 뿐이라는 의견도 있다. 교육을 제대로 받지 못한 사람은 교도소에 갈 가능성이 높고, 무신론자가 될 가능성이 낮다. 하지만 이 통계 수치를 어떻게 받아들이든 하늘의 위대한 감시 카메라 이론은 유력해 보이지 않는다.

설령 위대한 스파이 카메라 이론에 어떤 진실이 있다 해도, 그것은 분명 신이 실제로 존재하다고 믿을 타당한 이유가 되지 못한다. 사실인 어떤 것을 믿을 타당한 이유는 증거뿐이다. 위대한 스파이 카메라 이론은 **다른 사람들**이 신을 믿기를 바라는 (다소 수상한?) 이유일지도 모른다. 그렇게 하면 범죄율을 낮출 수 있을지도 모르니 말이다. 또한 실제 스파이 카메라를 설치하거나 더 많은 경찰 순찰대를 배치하는 비용보다 훨씬 싸다. 여러분은 어떻게 생각할지 모르지만, 나는 그런 태도가 거만한 생색내기처럼 보인다. "너와 나는 똑똑해서 신을 믿지 않지만, **다른 사람들**이 신을 믿는 것은 좋은 생각인 것 같아!" 내 친구인 철학자 대니얼 데닛은 그것을 '믿음에 대한 믿음'이라고 부른다. 신을 믿는 게 아니라, 신에 대한 믿음은 좋은 것임을 믿는 것이다. 이스라엘 총리 골다 메이어는 신을 믿는지 믿지 않는지 말하라는 요구를 받았을 때 이렇게 답했다. "나는 유대인을 믿습니다. 그리고 유대인은 신을 믿습니다."

하늘에 계신 위대한 스파이 카메라 이론은 이쯤 해두고, 지금부터는 왜 사람들이 무신론자보다 종교가 있는 정치인에게 투표하는 게 좋다고 생각하는지 설명할 수 있는 또 하나의 이유를 살펴보겠다. 이건 앞에 말한 이유와는 전혀 다르다. 우리 중에는 종교가 좋은 이유가《성경》이 우리에게 올바로 행동하는 방법을 알려주기 때문이라고 생각하는 사람들이 있다. 규칙집이 없으면 불확실성의 바다에서 표류하게 된다는 것이다. 또한《성경》은 우리가 모방할 만한 훌륭한 롤모델, 즉 신이나 예수처럼 존경받는 인물을 제시한다고 여겨진다.

하지만 모든 신자가 《성경》을 따르는 것은 아니다. 어떤 신자들은 전혀 다른 성서를 가지고 있고, 성서가 아예 없는 신자도 있다. 나는 여기서 유대교와 그리스도교의 《성경》에 대해서만 이야기할 텐데, 그것이 내가 잘 아는 유일한 성서이기 때문이다. 하지만 《코란》에 대해서도 거의 같은 이야기를 할 수 있을 것이다. 여러분은 이런 성서가 선하게 살기 위한 훌륭한 길잡이라고 생각하는가? 여러분은 《성경》의 신이 좋은 롤모델이라고 생각하는가? 그렇게 생각한다면 4장을 다시 한번 읽어보는 게 좋겠다. 《코란》은 훨씬 더 나쁜데, 이슬람교도는 그것을 문자 그대로 받아들이라고 배우기 때문이다.

십계명은 흔히 선하게 사는 방법을 알려주는 길잡이로 제시되곤 한다. 미국의 여러 주, 특히 이른바 '바이블 벨트'에 있는 주들은 십계명에 대한 격렬한 논쟁으로 분열되어 있다. 한쪽에는 법원 청사 같은 공공건물 벽에 십계명을 붙이고 싶어 하는 그리스도교 정치인들이 있다. 반대쪽에 있는 사람들은 습관적으로 미국 헌법을 인용한다. 미국 수정 헌법 1조는 다음과 같이 명시하고 있다.

> 연방의회는 국교를 정하거나 자유로운 신앙 행위를 금지하는 법률을 제정할 수 없다.

오해할 여지가 없는 말이다. 그렇지 않은가? 핵심은 종교를 금지한다는 게 아니다. 여러분은 자신이 좋아하는 종교를 자기만의 방식으로 가질 수 있다. 헌법은 단지 국교를 정하는 걸 금지할 뿐이다. 누구든 자기 집에 십계명을 걸어두는 것은 자유이다. 헌법은 그런 사적인 자유를 정당하게 보장한다. 하지만 **공공건물**인 주 법원 청사 벽에 십계명을 붙이는 것이 헌법에 부합할까? 많은 법률 전문가는 그렇지 않다고 생각한다.

법적 문제는 한쪽으로 치워놓고, 십계명 자체를 검토하면서 우리가 그것에 대해 어떻게 생각하는지 살펴보자. 십계명은 선하게 사는 방법과 악하지 않게 사는 방법을 알려주는 유익한 길잡이가 맞을까? 《성경》에는 두 버전의 십계명이 있다. 하나는 〈출애굽기〉에 있고, 하나는 〈신명기〉에 있다. 거의 같지만, 서로 다른 종교 전통(유대교, 로마가톨릭, 루터파 등)은 순서를 약간 다르게 매긴다. 또한 모세가 금송아지에 격분해 애초의 돌판을 던져 깨뜨리는 바람에 신은 나중에 모세에게 새로운 돌판을 주었다. 여기서 소개하는 것은 모세가 던지지 않은 돌판의 한 버전으로 〈출애굽기〉 20장에 열거되어 있다. 신은 시나이산 기슭으로 모든 백성을 불러 모은 다음, 천둥이 치고 나팔 소리가 크게 울려 퍼지는 가운데 등장해 위대한 연극 작품을 공연하는 것처럼 십계명을 발표했다. 나는 각 계명 뒤에 내 코멘트를 달았는데, 아마 여러분도 자신의 코멘트를 덧

붙이고 싶을 것이다.

> 너희 하느님은 나 야훼다. 바로 내가 너희를 이집트 땅의 종살이하던 집에서 이끌어낸 하느님이다.

계명이라기보다는 성명statement처럼 들리지만, 유대교도에게는 이것이 첫 번째 계명이다. 그리스도인에게 이것은 다음 계명에 대한 서론이다.

> **첫 번째 계명**: 너희는 내 앞에서 다른 신을 모시지 못한다.

4장에서 살펴보았듯, 그리고 신 자신도 자주 말했듯 그는 '질투하는 신'이다.

《구약》에 등장하는 신은 라이벌 신들에게 병적으로 집착했다. 그는 다른 신들을 광적으로 싫어했고, 자신의 백성이 그 신들을 섬길지도 모른다는 두려움에 사로잡혀 있었다. 라이벌 신들에 대한 비슷한 강박적 혐오가 예수 시대 이후에도 수백 년 동안 지속되었다. 그리스도교가 콘스탄티누스 황제 치하에서 로마의 공식 종교가 된 후, 초기 그리스도교 광신도들은 로마제국을 헤집고 다니면서 그들 눈에는 우상으로 보이지만 오늘날 우리 눈에는 값진 예술 작품으로 보이는 것들을 부수었다.[•] 고대 도시 팔미라(지금의 시리아)에 있던 아테나 여신의 거대한 조각상은 하나의 예에 불과했다. 최악의 범인들 중 하나는 존경받는 성 아우구스티누스였다. 라이벌 신들의 상을 파괴하려는 초기 그리스도인의 병적 집념과 맞먹는 것이 오늘날 과격 이슬람 단체 ISIS와 알카에다의 열성이다.

> **두 번째 계명**: 너희는 위로 하늘에 있는 것이나 아래로 땅 위에 있는 것이나, 땅 아래 물속에 있는 어떤 것이든지 그 모양을 본떠 우상을 만들지 못한다.

이 계명도 요점은 라이벌 신들에게 질투하는 신이다. 이웃 부족들이 섬기는 많은 라이벌 신은 조각상이었다. 《성경》은 다음 구절에서 핵심을 찌른다.

> 너희는 그 앞에 절하며 섬기지 못한다. 나 야훼 너희의 하느님은 질투하는 신이다. 나를 싫어하는 자에게는 아비의 죄를 그 후손 삼대에까지 갚는다.

마지막 문장에 대해 여러분은 어떻게 생각하는가? 신은

• Catherine Nixey, 《The Darkening Age》(2018)에 그 참상이 기록되어 있다.

질투가 너무나 심해서, 만일 여러분이 라이벌 신을 섬기면 여러분뿐 아니라 여러분의 자식과 손자, 증손자까지 처벌할 것이다. 설령 여러분이 그렇게 할 때 그 자손들은 아직 태어나지 않았음에도 말이다. 죄 없는 손자들이 불쌍하다.

> **세 번째 계명**: 너희는 너희 하느님의 이름 야훼를 함부로 부르지 못한다. 야훼는 자기의 이름을 함부로 부르는 자를 죄 없다고 하지 않는다.

이것은 신의 이름을 포함하는 욕설을 사용해서는 안 된다는 뜻이다. 예를 들면 "제길!God damn it!" 또는 "빌어먹을 바보처럼 굴지 마!Don't be such a god-damn fool!"처럼. 신이 그것을 왜 싫어하는지는 알겠지만, 끔찍하게 심각한 범죄로는 보이지 않는다. 안 그런가? 법원 벽에 붙일 가치도 없다. 결국 "너희는 욕하면 안 된다"는 말일 뿐이고, 대부분의 나라에서 그건 법이 아니다.

> **네 번째 계명**: 안식일을 기억하여 거룩하게 지켜라.

신은 이 계명을 매우 중대하게 취급했다. 〈민수기〉 15장에서, 이스라엘 백성들이 안식일에 나무를 하는 한 남자를 보았다. 나무를 했다! 심각한 범죄가 아니라고 여러분은 생각할 지도 모른다. 하지만 모세가 어떻게 해야 하느냐고 물었을 때, 신은 전혀 봐줄 기분이 아니었다.

> 그때 야훼께서 모세에게 말씀을 내리셨다. "그를 사형에 처하여라. 온 회중이 그를 진지 밖으로 끌어내다가 돌로 쳐 죽여라."

가혹한 형벌이다. 안 그런가? 여러분은 어떻게 생각할지 모르겠지만, 나는 돌로 쳐 죽이는 것은 특히 고약한 처형 방법이라고 생각한다. 고통스러운 것은 물론이고 운동장의 불량배처럼 마을 전체가 한 명의 희생자를 집단으로 공격한다는 점에서 비열하기까지 하다. 그런 행위는 지금도 몇몇 이슬람 국가에서, 특히 남편이 아닌 남자에게 말을 걸다가 들킨 젊은 여성들에게 행해진다(일부 엄격한 이슬람교도는 진지하게 그것을 범죄라고 생각한다).

그리스도교 국가에서는 이제 사람을 돌로 쳐 죽이지 않는다. 그리스도인은 더 이상 성서에 충실하지 않는 반면 돌로 쳐 죽이는 이슬람교도는 여전히 그들의 성서에 충실하다고 짓궂게 말하는 사람도 있을지 모른다. 하지만 네 번째 계명이 법원 벽에 붙여놓을 만큼 중요하다고 생각하는가? 마치 그게 그 땅의 법이라도 되는 양?

다음에 인용하는 구절은 신 자신이 우주와 그 안에 있는 모든 것을 창조하는 엿새 동안의 노동을 마친 후 7일째 되는 날 휴식을 취했음을 지적하며 네 번째 계명을 정당화한다.

> 엿새 동안 힘써 네 모든 생업에 종사하고 이렛날은 너희 하느님 야훼 앞에서 쉬어라. 그날 너희는 어떤 생업에도 종사하지 못한다. 너희와 너희 아들딸, 남종 여종뿐 아니라 가축이나 집 안에 머무는 식객이라도 일을 하지 못한다. 야훼께서 엿새 동안 하늘과 땅과 바다와 그 안에 있는 모든 것을 만드시고, 이레째 되는 날 쉬셨기 때문이다. 그래서 야훼께서 안식일에 복을 내리시고 거룩한 날로 삼으신 것이다.

이것은 신학에서 사용하는 이른바 '유비' 추론—'상징적으로' 추론하기—의 대표적 예이다. 옛날에 이런 방식으로 일어났으니 지금도 같은 방식으로 일어나야 한다는 것이다. 물론 그 일은 애당초 어떤 방식으로든 일어나지 않았다. 왜냐하면 우주가 엿새째 되는 날 창조되지 않았기 때문이다. 그나저나 누가 세고 있기나 했을까?

> **다섯 번째 계명**: 너희는 부모를 공경하여라. 그래야 너희는 너희 하느님 야훼께서 주신 땅에서 오래 살 것이다.

좋은 말이다. 부모를 공경하는 건 좋은 일이다. 부모는 여러분을 세상에 태어나게 했고, 먹이고, 보살피고, 학교에 보내주었으며, 그 밖에 많은 일을 했다.

여섯 번째 계명: 살인하지 못한다.

이것에 대해서는《킹 제임스 성경》의 표현이 더 친숙하므로 여기서부터는 현대 번역 대신 그것을 사용하겠다(대명사를 현대어인 you/your가 아니라 고어인 thou/thy로 사용한다는 점이 크게 다르다—옮긴이). 이게 좋은 계명이라는 데는 아마 다들 동의할 것이다. 십계명을 공경한다고 주장하는 많은 사람이 실제로 기억하는 유일한 계명이 이것인 이유가 여기에 있지 않을까 싶다. 이 계명을 법원에 붙이자는 제안에는 별다른 이의가 없어 보인다. 살인은 결국 모든 나라의 법에 위배되기 때문이다. 사실 여섯 번째 계명은 너무나 당연해 보인다. 모세가 돌판을 들고 시나이산에서 내려왔을 때 백성들은 그걸 읽으며 이렇게 말하지 않았을까 싶다. "오! 살인하지 못한다? 맙소사, 우리는 생각해본 적도 없는 일인데. 놀랍군! 살인하지 못한다. 알았어. 기억해두겠어. 지금부터는 더 이상 사람을 죽이지 않겠어."

하지만 아무리 당연해 보여도 여섯 번째 계명은 전쟁 중에 대규모로, 그것도 성직자들의 축복 속에 위반된다. 우리는 이스라엘 백성이 약속의 땅에서 이미 살고 있던 불운한 사람들에 맞서 레벤스라움을 쟁취하기 위해 싸울 때 어떻게 그걸 위반했는지—게다가 신의 노골적 명령에 따라 그렇게 한 것을—《성경》 구절에서 이미 보았다. 제1차 세계대전 때 영국 군인들은 독일 군인을 죽이라는 명령을 받았다. 그리고 독일 군인은 그들의 적을 죽이라는 비슷한 명령을 받았다. 양쪽 모두 신이 그들을 재촉한다고 생각했고, 이것은 시인 J. C. 스콰이어가 다음과 같은 시를 쓰도록 영감을 주었다.

> 신은 교전 중인 국가들이 노래를 부르며 이렇게 외치는 것을 들으셨다.
> "신이여 영국을 응징하소서!" 그리고 "신이여 왕을 구하소서!"
> 신이여 이것을 하소서, 신이여 저것을 하소서, 그리고 신이여 또 다른 것을…….
> "큰일 났네!" 신이 말씀하셨다. "일이 너무 벅차구나!"

그동안의 역사 내내 죽이라는 명령은 신의 축복과 함께 전쟁 중인 군인들에게 내려졌다.

이걸 생각해보라. 살인범을 처형하는 미국의 주에서 피고는 재판에 회부된다. 재판은 몇 주 또는 몇 달 동안 계속될 수 있고, 검사는 배심원들에게 '합리적 의심이 남지 않도록' 유죄를 납득시켜야 한다. 사형을 실제로 집행하기 전에 수많은 항소가 제기될 수 있다. 마지막으로 주지사가 근엄한 사형 집행 영장에 서명해야 하고, 주지사는 대개 매우 진지한 자세로 이 일에 임한다. 그러고 나서 사형 집행 당일 아침에는 마지막으로 좋아하는 음식을 대접하는 소름 끼치는 의식이 거행된다. 하지만 영국 군인이 전쟁에서 독일 군인을 죽일 때 그 독일 군인은—그 영국 군인이 아는 한—범죄를 저지르지 않았으며, 법정에서 재판을 받지도 않았다. 정식으로 사형을 선고받은 것도 아니고, 변호사를 부를 수도 없고, 항소권도 없다. 심지어 군대에 자원입대한 게 아니라 단순히 자신의 의지와 상관없이 소집되었을지도 모른다. 이런 상황에서 우리는 그를 쏘라는 명령을 받는다. 제2차 세계대전 때 양측의 폭격기 승무원들은 수천 명의 민간인을 죽이라는 명령을 받았지만 그때도 재판은 없었다. 그런데도 살인하지 못한다고?

영국에서는 살인을 반대하는 양심적 병역 거부자임을 선언하면 병역을 면제받을 수 있었다. 하지만 법정에서 살인에 반대하는 정당한 이유를 대야 했고, 판사들을 설득하기는 상당히 어려웠다. 전투를 하지 않도록 허락받는 쉬운 방법은 퀘이커교 같은 평화주의적 종교를 믿는 부모를 두는 것이었다. 하지만 이유를 스스로 생각해냈다면, 설령 전쟁의 부도덕함에 대해 박사 논문을 썼더라도 군대에 가지 않도록 허락해 달라고 판사들을 설득해야 했다. 성공하면 군대에 가는 대신 앰뷸런스를 몰 수 있었다. 나는 아마 그들을 설득하지 못했을 것이다. 하지만 남몰래 빗나가게 총을 쏘았을 것이다.

여섯 번째 계명이 원래 의미한 바는 "너의 부족 사람들을 죽이지 못한다"였다(물론 안식일에 나무하러 가거나, 그 밖에 용서받을 수 없는 범죄를 저지르지 않는 한 말이다). 우리가 그 사실을 아는 것은 《성경》에서 신이 자기 백성에게 다른 부족들을 닥치는 대로 마음껏 죽이라고 명령했기 때문이다.

일곱 번째 계명: 간음하지 못한다.

복잡할 게 전혀 없다. 둘 중 하나가 다른 사람과 결혼했다면 둘이 성관계하지 말라는 것이다. 하지만 여러분은 아마 이 계명을 완화해야 하는 상황을 떠올릴 수 있을 것이다. 예컨대 오래 전에 끝난 불행한 결혼 생활을 하고 있는 사람이 다른 누군가와 깊은 사랑에 빠진 경우이다. 나중에 살펴볼 텐데, 어떤 사람들은 도덕 규칙이 어떤 상황에서도 깰 수 없는 절대적인 것이라고 생각한다. 한편, 상황에 따라 규칙을 완화해야 한다고 생각하는 사람들도 있다. 어쨌든 많은 사람이 각 개인의 연애 생활은 사적인 문제이지, 법원에 마치 그 땅의 법인 것처럼 붙여놓은 계명이 관여할 문제는 아니라고 말할 것이다.

여덟 번째 계명: 도둑질하지 못한다.

"살인하지 못한다"와 마찬가지로, 이것을 법원 벽에 붙이는 데는 이의가 없어 보인다. 어쨌든 도둑질은 살인과 마찬가지로 모든 나라에서 법에 저촉된다.

아홉 번째 계명: 이웃에게 불리한 거짓 증언을 못 한다.

암, 그렇고말고. 이웃이든 아니든 어느 누구에 대해서도 불리한 거짓 증언을 해서는 안 된다. 다시 말해, 그 사람에 대해 거짓말을 해서는 안 된다. 증인이 특히 법정에서 선서할 때 "나는 오로지 진실만을 말할 것을 맹세합니다"라고 말하는 것은 법의 초석이다.

열 번째 계명: 네 이웃의 집을 탐내지 못한다. 네 이웃의 아내나 남종이나 여종이나 소나 나귀 할 것 없이 네 이웃의 소유는 무엇이든지 탐내지 못한다.

'탐내다covet'는 '시샘하다envy'의 다소 낡은 표현으로, 시샘하는 것에 더해 시샘하는 물건 또는 사람을 가지려 한다는 의미까지 포함한다. 여러분보다 훨씬 운 좋은 누군가를 시샘하지 않기는 어렵다. 하지만 실제로 나서서 탐나는 것을 낚아채지 않는 한 탐내는 것은 법이 관여할 문제가 분명 아니다. 어떤 정치 혁명가들에 따르면 낚아채는 것조차 정당화할 수 있다. 그들은 국가가 사적인 부를 빼앗아 그걸 모든 사람을 위해 사용하는 것은 정당하다고 생각한다. 나는 공산주의자나 무정부주의자가 아니지만, 여러분은 그들이 누군지 알 거라고 믿는다. 스스로를 자유주의자라고 부르는 다른 사람들은 반대쪽 극단으로 간다. 그들은 세금조차 부자의 것을 빼앗아 가난한 사람들에게 주는, 일종의 절도라고 생각한다. 전설의 활잡이 로빈후드가 정확히 그렇게 했고, 일부 사람들에게 그는 낭만적 매력을 불러일으킨다. 좀 더 현대로 오면, 아메리카 서부 개척 시대의 전설적 총잡이 제시 제임스와 아일랜드에서 악명 높았던 노상강도 윌리 브레넌이 그랬다.

그건 그렇고 열 번째 계명은 이웃의 아내와 종을 그의 집이나 황소와 마찬가지로 그의 소유물로 여긴다는 점에 주목하라. 여성이 어떤 남성의 재산이라는 생각, 즉 그의 소유물 중 하나, 그가 소유하는 '것'이라는 개념에 대해 여러분은 어떻게 생각하는가? 나는 그것이 끔찍한 개념이라고 생각하지만 많은 문화에 오랫동안 깊이 뿌리박혀 있었다. 지금도 파키스탄과 사우디아라비아 같은 곳에서 볼 수 있는데, 그런 나라들에서는 국교가 이런 생각을 공식적으로 승인한다. 이 정도면 그것을 '존중'할 충분한 이유가 된다고 생각하는 사람들도 있다(나는 아니다). 여러분은 "그건 그들 문화의 일부다"라는 말을 들어본 적이 있을 텐데, 이 말속에는 우리가 그것을 존중해야 한다는 뜻이 내포되어 있다. 사우디아라비아는 여성의 운전을 허락하는 법을 얼마 전에 통과시켰다. 결혼한 여성은 아직도 남편의 허락 없이는 은행 계좌를 개설할 수 없다. 또한 집 밖으로 나갈 때는 반드시 남편이나 남성 친척이 동행해야 한다. 그 친척은 작은 남자아이일 수도 있다. 이런 장면을 상상해보라. (아마 대학을 나왔을) 성인 여성이 여덟 살 난 아들에게 외출해도 되는지 허락을 구해야 한다. 그리고 아들은 남성 '보호자'로서 어머니와 동행해야 한다. 이런 여성 혐오적인 법들은 이슬람교의 영향을 받은 것이다.

나는 만일 열 번째 계명이 미국의 어느 법원에 붙는다면, 많은 여성이 거기에 대해 할 말이 있을 것이라는 생각이 든다. 적어도 우리는 평등을 위해 (그리고 시대 흐름에 따라) "너희는 이웃의 남편을 탐하지 못한다. 그녀의 재규어도, 그녀의 박사 학위도"라는 말을 추가해야 하지 않을까.

물론 십계명은 시대에 뒤떨어진 것이다. 수천 년 전, 남성이 자신의 아내를 소유하고 가장 중요한 소유물이 노예였을 때 쓰였다는 이유로 《성경》을 비난하는 것은 공정하지 않다. 물론 우리는 더 이상 그 나빴던 옛날에 있지 않다. 그런데 그게 중요한 것 아닌가? 그렇다. 우리는 더 이상 그 시대에 있지 않고 우리가 우리의 도덕, '옳고 그름' '해야 하는 것과 하지 말아야 하는 것'을 《성경》에서 얻어서는 안 되는 이유가 바로 거기에 있다. 그리고 사실상 우리는 그런 것들을 《성경》에서 얻지 않는다. 만일 그랬다면 우리는 지금도 안식일에 일했다는 이유로, 또는 다른 신을 섬겼다는 이유로 사람들을 돌로 쳐 죽이고 있을 것이다.

"하지만 그건 《구약》에만 해당되는 얘기다"라고 말하는 사람이 있을지도 모른다. "대신 《신약》에서 우리의 도덕을 얻자." 글쎄, 그건 조금 나은 생각일지도 모른다. 예를 들어, 예수는 산상 설교에서 꽤 좋은 말을 했다. 확실히 《구약》에 나오는 어떤 말과도 매우 다르다. 하지만 우리는 《성경》의 어느 구절이 좋고 나쁜지 어떻게 알까? 우리는 무엇으로 판단할까? 그 판단은 《성경》 밖의 어떤 것에 기초해야 한다. 그러지 않으면 순환 논리가 된다. "나중 구절이 앞 구절을 대체한다" 같은 규칙을 만들어낸다면 모를까. 얘기가 나온 김에 말하자면 이슬람교는 정확히 그런 규칙을 가지고 있는데, 불행히도 잘못된 방향으로 가버렸다. 선지자 무함마드는 메카에 있던 초기 시절 꽤 좋은 말들을 했다. 하지만 나중에 메디나로 간 후 그는 역사적 상황과 관련한 이유로 훨씬 더 호전적이 되었다. 이슬람의 이름으로 행한 끔찍한 일 대부분을 《코란》에 있는 '메디나 구절'로 정당화할 수 있는데, 이 구절은 초기의 더 좋은 '메카 구절'과 모순되고, 따라서 공식 교리에 따라 '메카 구절'을 대체한다.

다시 그리스도교의 《성경》으로 돌아가자. 그 안에는 "《구약》은 잊어라. 무엇이 옳고 그른지 알려면 《신약》을 읽기만 하면 된다"는 말이 전혀 없다. 예수는 그렇게 말할 수도 있었다. 하지만 실제로는 〈마태오의 복음서〉(5장 17절)에서 정반대 이야기를 했다.

> 내가 율법이나 예언서의 말씀을 없애러 온 줄로 생각하지 마라. 없애러 온 것이 아니라 오히려 완성하러 왔다. 분명히 말해 두는데, 천지가 없어지는 일이 있더라도 율법은 일 점 일 획도 없어지지 않고 다 이루어질 것이다.

〈루가의 복음서〉(16장 17절)에서도 그렇게 말했다.

> 율법이 한 획이라도 없어지는 것보다 하늘과 땅이 사라지는 것이 쉬우리라.

예수 같은 유대인에게 율법이란 《구약》의 특정한 책들을 의미했다. 예수는 《구약》을 꽤 좋게 보았나 보다. 〈마태오의 복음서〉 7장 12절에서 그는 우리가 황금률(남에게 대접받고자 하는 대로 남을 대접하라)로 알고 있는 꽤 멋진 원리를 말하고, 이어서 그것이 《구약》의 핵심 메시지라고 언급한다.

> 너희는 남에게서 바라는 대로 남에게 해주어라. 이것이 율법과 예언서의 정신이다.

《구약》에서 황금률과 비슷하게 들리는 구절을 찾을 수 있는 것은 사실이다(그리고 고대 이집트, 인도, 중국, 그리스의 문헌에서 황금률의 더 오래되고 더 정확한 버전을 찾을 수 있다).

> 동족에게 앙심을 품어 원수를 갚지 마라. 네 이웃을 네 몸처럼 아껴라. 나는 야훼이다. _〈레위기〉 19장 18절

하지만 이것이 《구약》의 핵심 메시지라고 말하는 건 큰 과장이다. 이미 4장에서 살펴보았듯 신은 앙심을 품는 데는 선수였다. 그리고 《구약》에는 복수를 설파하는 구절이 얼마든지 있다.

누구든지 같은 동족에게 상처를 입힌 자에게는 같은 상처를 입혀주어라. 사지를 꺾은 것은 사지를 꺾는 것으로, 눈은 눈으로, 이는 이로, 이렇게 남에게 상처를 입힌 만큼 자신도 상처를 입어야 한다. _〈레위기〉 24장 19절

덧붙여 말하면 이것도 바빌론에서 직접 유래한 것이다. 원조는 '함무라비 법전'이다. 함무라비는 유명한 바빌로니아 왕이었고, 그의 규칙집은《구약》보다 약 1,000년 전에 쓰였다.

다음은《성경》의 〈신명기〉에 있는 또 다른 버전이다.

그런 자는 애처롭게 여기지 마라. 목숨은 목숨으로, 눈은 눈으로, 이는 이로, 손은 손으로, 발은 발로 갚아라. _〈신명기〉 19장 21절

여러분은 이것이 황금률의 부정적 버전이라고 말할 수 있을 것이다. 하지만 그리 좋게 들리지는 않는다. 안 그런가? 예수 자신은《구약》의 바로 그 구절을 인용하면서까지 정반대의 말을 하려고 노력했다.

"눈은 눈으로, 이는 이로" 하신 말씀을 너희는 들었다. 그러나 나는 이렇게 말한다. 앙갚음하지 마라. 누가 오른뺨을 치거든

> 왼빰마저 돌려 대고, 또 재판에 걸어 속옷을 가지려고 하거든 겉옷까지도 내주어라. 누가 억지로 오 리를 가자고 하거든 십 리를 같이 가주어라. _〈마태오의 복음서〉 5장 38절

나는 지금까지 보복에 대한 이보다 분명하고 관대한 거부는 보지 못했다. 이것을 보면 예수는 시대를 앞서간 사람처럼 보인다. 그리고《구약》의 신보다 훨씬 앞서 있다.

하지만 예수도 복수심을 초월하지는 못했다. 〈도마의 유년기 복음서〉에 있는 이야기를 무시한다 해도, 정경인 〈마태오의 복음서〉와 〈마르코의 복음서〉는 예수가 하고많은 것들 중 무화과나무에 어떻게 쩨쩨한 복수를 했는지 들려준다.

> 이른 아침에 예수께서 성안으로 들어오시다가 마침 시장하시던 참에 길가에 무화과나무 한 그루가 서 있는 것을 보시고 그리로 가셨다. 그러나 잎사귀밖에는 아무것도 보이지 않았으므로 그 나무를 향하여 "이제부터 너는 영원히 열매를 맺지 못하리라" 하고 말씀하셨다. 그러자 무화과나무는 곧 말라버렸다. _〈마태오의 복음서〉 21장 18절

마르코의 버전(11장 13절)은 무화과나무에 열매가 없었던 것은 열매가 열리기엔 아직 때가 일렀기 때문이라고 덧붙인

다. 불쌍한 무화과나무 같으니. 단지 무화과 철이 아니었을 뿐인데.

그리스도인이 무화과나무 이야기에 당황하는 것은 당연하다. 어떤 사람들은 그것이 〈도마의 유년기 복음서〉에 나오는 이야기처럼 실제로 일어난 일이 아니라고 말한다. 또 어떤 사람들은 그 이야기를 그냥 무시하고《신약》의 더 좋은 말에 집중한다. 또 다른 사람들은 그것을 '상징'이었다고 말한다. 실제 무화과나무는 없었고, 무화과나무는 이스라엘이라는 나라를 상징하는 일종의 비유라는 것이다. 여러분도 눈치챘는가? 이건 신학자들이 발뺌할 때 애용하는 수법이다.《성경》에 있는 뭔가가 마음에 들지 않으면 단지 상징일 뿐이라거나, 실제로 일어난 적이 없다거나, 메시지를 전달하기 위한 비유라고 말하면 그만이다. 그리고 물론 그들은 어떤 구절이 비유이고 어떤 구절을 문자 그대로 받아들여야 하는지 선택할 수 있다.

정경의 복음서들에는 예수가《구약》의 자기 '아버지'처럼 고약한 성미를 내보이는 대목도 있다. 〈루가의 복음서〉 19장 27절에서 예수는 자신이 그들의 왕이 되는 것을 원치 않는 사람들을 "여기 끌어내다가 내 앞에서 죽여라"고 말한다. 예수의 어머니 마리아를 섬기는 로마가톨릭교도들이 볼 때는 다소 놀랍겠지만, 예수 자신은 어머니에게 별로 친절하지 않았다. 혼인 잔치에서 물을 포도주로 바꾸는 첫 번째 기적을 행하던 날 그의 어머니가 다가왔을 때, 예수는 이렇게 말한다. "여자여 나와 무슨 상관이 있습니까?" 아마 아람어로 적힌 원작에서는 영어로 번역한 《킹 제임스 성경》보다 덜 잔인하게 들렸을 것이다. 현대 번역본 중 하나인 '새 국제판' 《성경》은 "여자여" 앞에 "친애하는dear"을 붙이는데, 이렇게 하면 적어도 말투는 친절하게 바뀐다(고전학자인 한 친구는 내게 여기서 'woman'으로 번역된 그리스어 단어는 때로 '친애하는'이라는 의미를 갖기도 한다고 말해주었다). 그리고 공정하게 말하면, 물을 포도주로 바꾸는 이야기 전체가 사실이 아닐 터이므로 예수가 혼인 잔치에서 마리아를 냉대한 일 또한 실제로 일어나지 않았을 가능성이 높다.

실제로 일어난 일이든 아니든, 가족 가치의 롤모델로 삼기엔 예수가 뜻밖의 선택이라는 생각이 드는 일화는 이뿐만이 아니다.

> 누구든지 나에게 올 때 자기 부모나 처자나 형제자매나 심지어 자기 자신마저 미워하지 않으면 내 제자가 될 수 없다. _〈루가의 복음서〉 14장 26절

또 한번은 예수가 군중에게 말하고 있을 때, 그의 어머니와 형제들이 예수와 이야기를 나누기 위해 밖에서 기다리고 있다는 말을 전해 들었다. 이번에도 냉대였다.

어떤 사람이 예수께 "선생님, 선생님의 어머님과 형제분들이 선생님과 이야기를 하시겠다고 밖에 서서 찾고 계십니다" 하고 알려드렸다. 예수께서는 말을 전해준 사람에게 "누가 내 어머니이고 내 형제들이냐?" 하고 물으셨다. 그리고 제자들을 가리키시며 "바로 이 사람들이 내 어머니이고 내 형제들이다." _〈마태오의 복음서〉 12장 48절

예수가 나쁘다기보다는 무지하고 매정하게 비치는 대목도 있다. 가다라 지방에서 예수는 '마귀 들린' 사람들과 마주쳤다(〈마태오의 복음서〉 8장). "그들은 너무나 사나워서 아무도 그 길로 다닐 수가 없었다." 아마 조현병 또는 다른 어떤 정신 질환을 앓았던 것일 텐데, 예수는 그 시대의 잘못된 믿음인 '마귀'에 대한 믿음을 따랐다. 그는 마귀들에게 사람들 밖으로 나오라고 명했다. 그러나 마귀들이 갈 곳이 없으니 대신 근처에서 먹이를 먹고 있던 돼지 무리에게 들어가라고 말했다. 마귀들은 그렇게 했고, 불쌍한 돼지들(오늘날 '가다라 돼지Gadarene Swine'는 '분별없다'는 뜻의 관용어로 쓰인다)은 비탈을 내리달려 바닷물 속에 빠져 죽었다. 훈훈한 이야기는 아니다. 물론 나는 보통의 경우라면 1세기 때 사람을 정신 질환에 무지했다는 이유로 비난하지 않을 것이다. 과거 사람을 지금 시대의 기준으로 판단하는 건 훌륭한 역사가들은 하지 않는 일이다. 하지만

예수는 보통 사람이 아니었다. 그는 신으로 간주되었다. 신이라면 이보다는 잘 알고 있어야 하지 않을까?

예수는 나쁜 사람이었다기보다는 그 시대 사람이었을 뿐이다. 만일 예수가 이렇게 말했다면 우리가 얼마나 감명받았을지 상상해보라. "진실로 너희에게 말하노니, 마귀는 없다. 사람 몸에서 나와 돼지로 들어갈 수 있는 것은 없다. 이 남자는 머릿속이 아픈 것이다. 마귀는 어디에도 없다." 나아가 예수가 제자들에게 이렇게 말했다면 우리가 얼마나 감명받았을지 상상해보라. "지구는 태양의 궤도를 돌고, 모든 생명체는 사촌지간이며, 지구가 생긴 지는 수십억 년 되었고, 세계지도는 수백만 년에 걸쳐 변한다……." 하지만 아니었다. 그의 지혜는 여러 면에서 인상 깊었지만, 신이 아니라 그 시대 훌륭한 사람의 지혜였다. 그는 훌륭한 사람이긴 했지만 그저 사람일 뿐이었다.

또한 선지자 무함마드가 신의 말씀을 전달하며 이렇게 말했다면 우리가 얼마나 감명받았을지 상상해보라. "오 신자들아, 태양은 하늘의 수많은 별과 마찬가지로 별이다. 그 별들보다 훨씬 가까이 있을 뿐이다. 동쪽에서 떠서 하늘을 가로질러 서쪽에서 지는 것처럼 보이지만, 실제로는 지구가 돌기 때문에 그렇게 보이는 것이다." 하지만 안타깝게도 그가 실제로 한 말은 "태양은 습지로 진다"였다.

혹은 엘리야나 이사야가 이렇게 말했다고 가정해보라. "이스라엘아, 들어라. 주 너희 하느님의 말씀이다. 야훼께서 꿈속에서 내 앞에 나타나 빛보다 빠르게 움직이는 건 없다고 하셨다." 하지만 우리가 그들에게 듣는 말이라고는 오직 하나의 신을 섬기라는 명령과 어떻게 살아야 한다는 수많은 규칙뿐이다. 그리고 이 모든 것은 그 시대 사람에게 떠올랐던 생각들이다.

여러분은《성경》에서 좋은 구절을 찾을 수 있고, 심지어는《구약》에서도 몇 대목 찾을 수 있다. 내 경험으로 보면 많지는 않지만 말이다. 그런데 어떤 구절은 고약한 말이니 무시하고, 어떤 구절은 좋은 말이니 널리 권할지 어떻게 **판단**할까? 이 질문에 대한 답은 판단하는 어떤 다른 기준, 즉 무엇이 좋은 말이고 무엇이 고약한 말인지 판정할 어떤 방법이 우리에게 있다는 것이다.《성경》그 자체에서는 얻지 못하는 어떤 근거 말이다. 하지만 그 기준이 무엇이든 그걸 직접 사용하면 왜 안 될까?《성경》의 어떤 구절이 좋고 어떤 구절이 나쁜지 판단하는 어떤 독립적 기준이 있다면 왜 굳이《성경》에 신경 쓸까?

하지만 여러분은 이렇게 말할지도 모른다. "독립적 기준에 대해 이야기하는 것은 좋다. 그런 게 있는 것처럼 보이긴 해. 하지만 그게 뭐지? 솔직히 무엇이 선이고 무엇이 악인지(그에 따라 성서의 어떤 구절이 좋고 어떤 구절이 나쁜지) 어떻게 판단하지?" 이것이 다음 장의 주제이다.

6

우리는 무엇이 선인지 어떻게 판단할까?

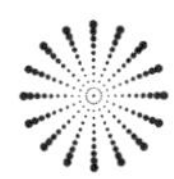

다른 모든 동물처럼 우리 인간도 수억 년의 진화가 낳은 산물이다. 뇌도 몸의 다른 모든 부분처럼 진화한다. 이 말은 곧 우리가 뭘 하고, 뭘 하고 싶고, 뭐가 옳고 그르다고 느끼는지도 진화한다는 뜻이다. 우리는 조상들에게 달콤한 것을 좋아하는 기호와 썩는 냄새를 맡으면 "웩" 하는 반응을 물려받았으며, 진화한 성욕도 물려받았다. 이 모두는 쉽게 이해할 수 있다. 당은 지나치면 나쁘지만 적당히 섭취하면 우리 몸에 좋다. 현재 우리는 지나치게 많은 당을 쉽게 구할 수 있는 세상에 살고 있지만, 아프리카 사바나에 살았던 조상들은 그렇지 않았다. 과일은 조상들에게 좋은 식품이었고, 많은 과일이 적당량의 당을 함유하고 있다. 옛날에는 당을 과다 섭취하는 게 불가능했으므로 우리는 당에 대한 제약 없는 욕구를 진화시켰다. 썩는 냄새는 위험한 세균과 관련이 있다. 우리 조상들은 썩는 냄새를 맡고 부패하는 고기를 피했는데, 그것이 그들에게 이익이 되었기에 그 냄새에 대한 혐오감이 진화한 것이다. 우리가 이성에 대한 욕구를 진화시킨 이유는 명백하다. 성욕은 아기를 탄생시키고, 그 아기가 지닌 유전자는 아기가 성장하면 성욕을 제공한다. 우리 모두는 이성 상대와 짝짓기한 조상들로부터 끊이지 않고 이어져 내려왔으며, 짝짓기하려는 조상들의 욕구를 물려받았다.

이제 이해하기 쉽지 않은 것을 살펴볼 차례이다. 우리는 타인에게 친절하고 싶은 욕구도 물려받은 듯하다. 타인과 친구가 되고, 함께 시간을 보내고, 협력하고, 그들이 곤경에 처하면 동정하고, 힘들 때 돕는다. 친절하려는 진화적 이유는 설명하기 어려워서 진화 그 자체에 관한 장들을 지나 11장까지 기다려야 한다. 그때까지는 특별한 종류의 제한된 친절은 성욕과 마찬가지로 우리가 물려받은 진화적 유산의 일부라는 사실을 받아들이라고 여러분에게 요청할 수밖에 없다. 그리고 그런 제한적인 친절은 아마 우리의 옳고 그름에 대한 감각에 반영될 것이다. 우리는 먼 조상들로부터 물려받은 진화한 도덕적 가치관을 지니고 있다.

하지만 그것이 이번 장의 제목으로 고른 질문에 대한 충분한 답이 될 수는 없다. 그럴 수밖에 없는데, 무엇보다 옳고 그름에 대한 우리의 가치관이 수 세기가 지나면 바뀌기 때문이다. 가치관은 진화적 변화를 나타내기에는 너무 빠른 역사적 시간 척도에서 바뀐다.

수십 년이 지나면 여러분은 그 변화를 볼 수 있다. 그것은 거의 '공중에 감도는 무언가'와 같다. 물론 문자 그대로 공중에 감돌지는 않는다. 많은 것이 합쳐진 것이라서 어느 한 곳에 국한시킬 수 없기 때문에 공중에 감도는 것처럼 느껴지는 것이다. 21세기를 지배하는 도덕적 가치관은 100년 전하고만 비교해도 눈에 띄게 다르다. 18세기에 우세하던 가치관과는 더더욱 다르다. 당시만 해도 노예를 부리는 것은 사람들이 으레 하는 일이었고(유감스럽게도 자메이카에서 내 조상들도 그랬다), 그들은 노예가 해방되면 문명이 붕괴하는 줄 알았다. 미국의 제3대 대통령을 지냈고 미국 헌법의 기초를 마련한 사람 중 한 명인 위대한 토머스 제퍼슨도 노예를 두었다. 초대 대통령 조지 워싱턴도 그랬다. 그들이 (그리고 내 조상들이) 서아프리카에서부터 노예를 수송하는 배 안의 끔찍한 상황을 몰랐길 바랄 뿐이다.

그런데 아프리카에서 노예를 데려온 것은 단지 유럽과 미국의 백인들만이 아니었다. 유럽인이 서아프리카에서 노예를 데려오는 동안 아랍인은 동아프리카에서 노예를 데려오고 있었다. 적도 부근 동아프리카 지역에서 우세한 언어가 된 스와힐리어는 아랍 노예무역의 언어로 발달했다. 그래서 스와힐리어에는 어원이 아랍어인 단어가 많다. 아프리카인 족장들도 노예를 붙잡아 유럽과 아랍의 노예 상인에게 팔았을 뿐만 아니라 직접 노예를 두기도 했다. 《성경》의 도덕률이 그 시대의 도덕률이었으므로 《성경》에서 노예제도를 비난하지 않는 것도 놀라운 일은 아니다. 《신약》조차 다음과 같은 권고로 가득하다.

> 남의 종이 된 사람들은 그리스도께 복종하듯이 두렵고 떨리는 마음으로 성의를 다하여 자기 주인에게 복종하십시오. 사람에게 잘 보이려고 눈가림으로만 섬기지 말고 그리스도의 종답게 진심으로 하느님의 뜻을 실천하십시오. _〈에페소인들에게 보낸 편지〉 6장 5절

다음은 또 다른 예이다.

> 노예들은 자기 주인을 대할 때 깊이 존경하며 섬겨야 할 사람으로 여기십시오. 그래야 하느님이 모독을 당하지 않으실 것이고 우리의 교회가 비방을 받지 않을 것입니다. _〈디모테오에게 보낸 첫째 편지〉 6장 1절

오늘날 우리가 느끼는 노예제도에 대한 반감은 공중에

감도는 변화의 한 가지 예일 뿐이다. 미국에서 가장 존경받는 대통령 중 한 명인 에이브러햄 링컨은 찰스 다윈과 정확히 동시대인으로, 똑같이 1809년 2월에 태어났다. 다윈은 노예제도를 열렬히 반대했고, 링컨은 실제로 미국에서 노예를 해방시켰다. 하지만 다윈이나 링컨에게는 아프리카인이 이른바 '문명화한 인종'과 동등할 수 있다는 생각이 떠오르지 않았다. 다윈의 친구 토머스 헨리 헉슬리는 명백히 더 진보적인 사상가였음에도 1871년 이렇게 썼다.

> 사실을 인식하고 있는 이성적 사람이라면 누구도 보통의 흑인이 백인과 동등하다고 생각하지 않으며, 우수하다고는 더더욱 생각하지 않는다. 그리고 이것이 사실이라면, 그의 모든 신체 장애를 없애고, 턱이 돌출된 우리 친척에게 균등한 기회를 주며, 억압자가 없을 뿐만 아니라 어떤 도움도 주지 않을 때, 그가 더 큰 뇌와 더 작은 턱을 가진 경쟁자와 겨루어 몸싸움이 아닌 머리싸움에서 이길 수 있을 것이라고는 믿기 어렵다. 문명의 위계에서 가장 높은 자리는 우리의 거무스름한 사촌들이 닿을 수 있는 곳이 확실히 아니다.

그리고 링컨 대통령은 1858년 이렇게 말했다.

나는 어떤 식으로든 백인종과 흑인종의 사회적·정치적 평등을 실현하는 것을 예나 지금이나 찬성하지 않습니다. 나는 흑인 유권자나 배심원을 만드는 것, 그들에게 공직을 맡기거나 백인과 결혼할 자격을 주는 것을 예나 지금이나 찬성하지 않습니다. 여기에 더해 나는 백인종과 흑인종 사이에는 신체적 차이가 존재하며, 그 차이로 인해 두 인종은 영원히 사회적·정치적으로 평등한 조건에서 함께 살 수 없을 것이라고 생각합니다. 그리고 그렇게 살 수 없는 한두 인종이 함께 머물 때는 높은 자리와 낮은 자리가 있어야 하며, 나는 높은 자리가 백인종에게 배정되는 것을 누구 못지않게 찬성합니다.

정말이지 19세기에 공중에 감돌았던 것이 무엇이든 지금은 그것과는 매우 다른 무언가가 우리 곁에 맴돌고 있다. 링컨과 다윈과 헉슬리를 인종차별주의자로 비난한다면 서투른 역사학자이다. 그들은 그 시대 사람으로서는 가장 인종차별적이지 않은 부류였다. 그들은 19세기 사람이었다. 만일 그들이 200년 뒤에 태어났다면 위의 인용문에 충격을 받았을 것이다.

도덕적 가치관의 변화를 알아차리기 위해서는 100년까지 기다릴 필요도 없다. 5장에서 우리는 제2차 세계대전 때 양측에서 민간인을 대량 살상한 폭격기 승무원들에 대해 생각해보았다. 처음에 폭격은 무기를 제조하는 영국의 코번트리나 독일의 에센 같은 산업 중심지에 집중되었다. 당시 폭격은 부정확했고, 따라서 민간인 사상자가 생기는 건 불가피했다. 하지만 양측은 자국 민간인의 죽음에 분개했다. 그들은 서로 보복했다. 그리고 전쟁 말기에는 폭격의 규모가 점점 확대되었다. 이제 민간인 사상자는 부산물에 그치지 않고 목표물이 되었다. 1945년 2월 13~15일 영국 비행기 722대와 미국 비행기 527대가 고성능 폭약과 소이탄으로 독일의 고풍스럽고 아름다운 도시 드레스덴을 짓밟았다. 민간인 사상자의 정확한 수치는 영원히 알지 못하겠지만, 10만 명이 넘는다는 게 현실적인 추산이다. 이는 1945년 8월 히로시마와 나가사키를 파괴한 원자폭탄 각각에 희생된 사상자 수치와 맞먹는다.

이제 반세기를 이동해보자. 불행히도 전쟁은 여전히 존재하지만, 두 차례 세계대전의 끔찍함과는 거리가 멀다. 두 차례의 걸프전에서도 민간인 사상자가 여전히 발생했지만, 어디까지나 불운한 실수로 간주되었다. 정치인들은 그 희생에 대해 사과했으며 '부수적 피해', 즉 '정당한' 군사 표적을 공격하다가 불가피하게 발생한 부산물이라고 설명했다. 전자 기술이 발전한 것도 한몫한다. 위성 제어 시스템과 그 밖의 항법 장치를 갖춘 유도미사일은 탑재된 컴퓨터에 입력한 특정 주소로 정확하게 날아갈 수 있다. 드레스덴, 런던, 코번트리에 대한 무차별 폭격과는 매우 다르다. 하지만 공중에 감도는 도덕적 분위기도 바뀌었다. 제2차 세계대전 때 히틀러나 영국 공군 원수 아서 '폭격수' 해리스 같은 사람들은 분명히 민간인을 죽이려 했다. 반면에 현대의 폭격수 해리스(영국 공군에서 그의 별명은 그다지 듣기 좋지 않은 '학살자 해리스'였다)들은 빗나간 미사일에 민간인이 죽으면 성심을 다해 사죄한다.

여러분은 최근에서야 여성이 투표할 수 있게 되었다는 사실이 믿기는가? 영국에서는 1928년에 여성이 남성과 똑같은 투표권을 얻었다. 1918년까지는 어떤 여성도 투표할 수 없었고 그 이후에도 30세가 되었으며 특정한 재산 기준, 또는 교육 기준을 채운 여성만이 투표할 수 있었다. 같은 시기에 남성은 21세가 되면 투표할 수 있었다. 미국은 1920년에 여성에게 투표권을 주었다(여성 참정권을 먼저 부여한 연방 내 여러 개별 주들을 마침내 따라잡았다). 프랑스 여성은 1945년까지, 스위스 여성은 1971년까지 투표할 수 없었다. 사우디아라비아의 경우는 묻지도 마라! 요점은 무언가가 변화하고, 무언가가 '공중에' 퍼져서 수십 년이 흐르면 사람들이 받아들일 수 있다고 생각하는 것이 바뀐다는 사실이다. 그것도 극적으로 빠르게 바뀐다. 영국에서 여성이 투표권을 갖기 전, 친절하고 품위 있는 남성들이 이렇게 말하는 것을 들을 수 있었다. "여자들은 사랑스럽고 예쁘지만 논리적으로 생각하지 못해. 그들에게 투표권을 허락해서는 안 돼." 요즘 누가 그렇게 말하는 것을 상상이

나 할 수 있겠는가?

내 친구인 심리학자 스티븐 핑커는《우리 본성의 선한 천사The Better Angels of our Nature》라는 (양적으로나 질적으로나) 대단한 책을 썼다(제목은 에이브러햄 링컨의 말을 인용한 것이다). 그는 우리 인류가 어떻게 수백수천 년에 걸쳐 더 친절해지고 온화해지고 덜 폭력적이고 덜 잔인해졌는지 보여준다. 이러한 변화는 유전적 진화와 무관하고 종교와도 무관하다. '공중'의 무언가가 세기를 넘어가면서 대략 같은 방향이라고 볼 수 있는 쪽으로 움직였다.

같은 방향이라고 했는데, 그것이 옳은 방향일까? 나는 그렇다고 생각하고, 여러분도 그렇게 생각할 것이다. 그렇게 생각하는 것은 단지 우리가 21세기 사람이기 때문일까? 판단은 여러분에게 맡기겠다. 하지만 4장에서 우리는《구약》에 등장하는 신이라는 인물을 우리 시대의 기준으로 평가했다. 훌륭한 역사가는 인종 편견을 이유로 에이브러햄 링컨을 얕보지 않는 것처럼, 신이 행한 정말 끔찍한 일들을 이유로 신을 나쁘게 평가하는 걸 주저할지도 모른다. 예컨대 자기 아버지의 손에 죽을 뻔한 이사악과 입다의 딸에게 신이 한 행동을 생각해보라. 그리고 이스라엘 민족에게 탐내라고 지시한 "젖과 꿀이 흐르는 땅"에 살던 아말렉 사람들과 그 밖의 부족들에게 한 일도. 《구약》의 신은 그 당시 '공중에' 감돌던 도덕적 가치관을 행동에 옮긴 것뿐이었다. 하지만 우리가 신의 도덕적 가치관(더 정확히 말하면 《구약》을 쓴 바빌론의 유대인들이 지닌 도덕적 가치관)을 관대하게 넘긴다고 해서 우리 시대에는 그렇게 행동하지 않겠다고 결심하지 못하는 건 아니다. 그리고 우리는 우리를 다시 그 시대로 끌고 가려는 오늘날의 원리주의자에게 반대할 권리가 있다.

자, 이렇게 도덕적 가치관은 '공중에' 감도는 것이고, 그것은 100년 심지어 10년이면 바뀐다. 하지만 도덕적 가치관은 우리의 진화적 과거 외에 실제로 어디에서 올까? 그리고 왜 바뀔까? 변화의 일부는 카페와 술집, 그리고 저녁 식탁에서 주고받는 일상의 대화에서 온다. 우리는 서로에게 배운다. 우리는 우리가 존경하는 사람들에 대한 이야기를 듣고 그들을 본받겠다고 맹세한다. 그리고 소설이나 신문 사설을 읽고, 팟캐스트나 유튜브 강연을 듣고 생각을 바꾼다. 국회와 의회는 토론을 하며 단계적으로 법을 바꾼다. 판사는 법을 시대 변화에 따라 다르게 해석한다.

1967년 이전에 영국인 남성은 동성애 때문에 감옥에 갈 수 있었다. 수십 년 동안 끈질긴 편견에 맞서 저항한 끝에 지금은 동성애가 정상이 되었고, 동성애자도 다른 모든 사람과 똑같이 존중을 요구할 수 있다. 20세기 동안 많은 나라에서 잇달아 여성에게 투표권을 부여한 것은 (여성 참정권 운동가들이 길고 험난한 투쟁을 한 끝에 이루어진) 국회 표결이었다. 물론 국회의원은 자신들의 지역구 유권자가 보낸 편지의 영향을 받을 것이다. 법원에서 판사와 배심원이 내리는 결정 또한 수십 년이 지나면 여론의 분위기를 움직이는 데 한몫한다. 그리고 우리는 학술 서적과 대학 강의를 빼놓아선 안 된다. 도덕적 가치관, 즉 옳고 그름에 대해 연구하는 도덕철학자들은 '공중에' 감도는 것이 바뀌는 데 영향을 준다. 나는 여기서 도덕철학에 대해 조금 이야기하면서 이 장을 마무리하려 한다.

도덕철학에는 다양한 학파가 있다. 나는 그중 두 가지에 대해서만 말할 것이다. 절대론자와 결과론자이다. 그들은 도덕적 판단을 내리는 방법에 대해 매우 다른 견해를 취한다. 절대론자는 어떤 것은 그냥 옳고, 어떤 것은 그냥 틀렸다고 생각한다. 논쟁은 없다. 옳고 그름은 그냥 사실이다. 평행선은 절대 만나지 않는다는 기하학 명제처럼 그냥 명백한 사실인 것이다. 절대론자는 이렇게 말할지도 모른다. "타인을 죽이는 것은 명백한 잘못이다. 항상 그래 왔고 지금도 그러하며 앞으로도 그럴 것이다." 이런 유형의 절대론자는 태아는 사람이므로 낙태는 살인이라고 말할 것이다. 어떤 절대론자는 심지어 단세포인 수정란에도 그 주장을 적용할 것이다.

결과론자는 옳고 그름을 다르게 판단한다. 여러분은 결과론이라는 명칭에서 그들이 행동의 **결과**에 신경 쓴다는 걸 추측했을 것이다. 예컨대 낙태의 결과로 누가 **고통받는가**? 또는 낙태를 거부함으로써 누가 고통받는가? 결과론자(코니)와 절대론자(애비) 사이의 대화를 상상해보자. 그 대화를 통해 도덕철학자들이 어떻게 생각하고 논쟁하는지 감을 잡을 수 있을 것이다. 플라톤부터 흄을 거쳐 오늘날까지 철학자들은 가상의 논쟁자들 사이의 대화를 구성하는 것을 좋아하는데, 나는 그들의 예를 따라 해보려고 한다. 논쟁을 읽으면서 철학자들이 얼마나 빨리 현실에서 '사고실험'으로 옮겨가는지 잘 살펴보라.

애비: 너희는 다른 인간을 죽이지 못한다고《성경》에 적혀 있어. 수정란은 사람이므로 낙태는 단세포 수정란이라 해도 살인이야. 내 친구가 이렇게 말하는 것을 들은 적이 있어. "여성은 자기 몸에 대해 자기가 원하는 것을 할 절대적 권리가 있어. 자기 몸 안에 있는 배아를 죽일 권리도 거기에 포함되지. 그것은 다른 누가 상관할 일이 아닌 그녀 자신의 문제야." 하지만 배아는 또 다른 인간이야. 설령 그녀의 몸 안에 있다 해도 자기만의 권리가 있어.

코니: 네 친구의 논증은 네 논증과 마찬가지로 절대론이야. 그녀는 자기 몸과 그 안에 있는 모든 것에 대해 '절대적 권리'를 주장해. 그건 절대론이야. 하지만 너와는 다른 종류의

절대론이지. 그래서 너와 네 친구는 정반대 결론에 도달하는 거야. 하지만 나는 결과론자야. 나는 누가 고통받는지 질문해. 너는 원한다면 수정란을 인간으로 정의할 수 있어. 하지만 수정란은 신경계가 없기 때문에 고통을 받을 수 없지. 수정란은 낙태된다는 사실을 알지 못하고, 두려움도 유감도 느끼지 못해. 여성은 신경계를 가지고 있어. 원하지도 않고 돌볼 여유도 없는데 아기를 낳는다면 그녀는 고통받을 거야. 너와 네 친구는 둘 다 절대론자야. 네 친구는 '여성 인권 절대론자'이고, 너는 (짐작하건대) 종교 절대론자야. 나는 네 친구의 결론에 동의하지만 이유는 달라. 그녀의 이유는 절대론이야. 여성은 자기 몸에서 일어나는 일을 통제할 절대적 권리를 갖는다는 거지. 내 이유는 결과론이고. 배아는 고통받을 수 없지만 여성은 고통받을 수 있다는 것.

애비: 글쎄, 나는 단세포 배아가 고통받을 수 없다는 점에는 동의하지만, 배아는 완전한 인간이 될 **잠재력**을 가지고 있어. 낙태는 그 기회를 박탈하는 거고. 그건 '결과'가 아닌가? 어쩌면 나도 일종의 결과론자 아닐까? 내 친구보다 더!

코니: 그래, 배아로부터 미래의 생명을 빼앗는 것이 결과라는 네 말에 동의해. 하지만 세포는 그 사실을 모르고, 고통

도 유감도 느끼지 못하는데 왜 걱정하지? 그렇다면 너는 섹스를 거부할 때마다 미래의 인간에게서 생명의 기회를 박탈하는 거야. 그건 생각해봤어?

애비: 언뜻 듣기에는 일리가 있는 지적이야. 그래도 정자가 난자와 만나기 전에는 어떤 특정한 인간이 존재하지 않아. 섹스를 피할 때 너는 한 개인에게서 존재를 박탈하는 게 아니야. 왜냐하면 수백만 개의 정자와 수백만 명의 잠재적 개인이 존재하기 때문이지. 정자가 난자 안에 들어올 때 비로소 다른 누구도 아닌 특정한 개인이 시작돼. 그 전에는 수백만 개의 생명이 존재할 수 있기 때문에 너는 어떤 한 사람에게서 존재를 박탈한다고 말할 수 없어.

코니: 하지만 수정란을 '특정한 개인'이라고 말한다면, 그건 나눌 수 없는 존재를 암시하는 거야. 일란성쌍둥이를 본 적 있어? 그들은 하나의 수정란에서 출발해. 그런 다음 쪼개져 두 개인이 되지. 다음번에 일란성쌍둥이를 만나면 누가 '사람'이고 누가 좀비인지 물어보는 게 어때?

애비: 음, 좋아. 무슨 말인지 알겠어. 놀라울 정도로 훌륭한 지적이야. 아무래도 화제를 바꾸는 게 좋겠어. 네가 신경

쓰는 것이 오직 '네 행동의 결과로 누군가 고통받는가'라면, 식인이 뭐가 문제지? 네가 누군가를 먹기 위해 죽이지는 않겠지만, 이미 죽어서 고통을 느낄 수 없는 누군가를 먹는 건 어떻게 생각해?

코니: 그 죽은 사람의 친구와 가족이 슬퍼할 거야. 그게 바로 결과야! 중요한 결과지. 사람의 감정은 중요해. 하지만 신경계가 있는 존재만이 감정을 느낄 수 있어. 절대 원치 않는 아이를 임신한 여성은 감정을 느낄 수 있어. 그 여성의 몸 안에 있는 배아는 그렇지 않고.

애비: 내가 말한 식인 사례로 다시 돌아가서, 죽은 사람에게 친구나 가족이 없다고 가정해보자. 그러면 그를 잡아먹어도 아무도 고통받지 않겠지.

코니: 음, 여기서 우리는 '미끄러운 비탈' 논법에 이르게 돼. 너는 깎아지른 듯한 언덕 꼭대기에서 안전하다고 느낄지 모르지만, 비탈은 미끄러워서 한 발을 내딛기만 해도 너는 무슨 일이 일어났는지 알기도 전에 가고 싶지 않은 바닥으로 미끄러져 내려가고 있을 거야. 신경 쓸 친구도 가족도 없는 이미 죽은 사람을 잡아먹으면 아무도 고통받지 않는다는 네 말은

맞아. 그것이 미끄러운 비탈의 꼭대기야. 하지만 우리 사회에는 식인에 대한 뿌리 깊고 확고한 금기가 있어. 우리는 사람을 잡아먹는다는 생각만으로도 역겨움을 느껴. 그 금기를 한번 깨면 우리는 미끄러운 비탈 아래로 떨어질지 몰라. 그 끝이 어디일지 누가 알겠어? 위험할 정도로 가파른 비탈 꼭대기에 설치된 안전 난간처럼 식인에 대한 금기는 도움이 돼.

애비: 글쎄, 미끄러운 비탈 논법을 낙태에도 적용할 수 있어. 초기 배아는 낙태될 때 고통이나 두려움이나 슬픔을 느낄 수 없다는 말에 동의해. 하지만 미끄러운 비탈은 출생 순간과 그 이후까지 계속 이어져. 만일 낙태를 허용한다면, 출생 이후까지 죽 이어지는 미끄러운 비탈을 따라 하염없이 떨어질 위험이 있지 않을까? 한 살짜리 아기를 성가시다는 이유로 살해할지도 모르는 일 아닌가? 그런 다음에는 두 살짜리 아기를. 그렇게 계속된다면?

코니: 그래, 언뜻 타당한 지적처럼 들리는군. 하지만 출생 순간은 상당히 좋은 분리대야. 넘지 않는 것이 몸에 밴 꽤 좋은 '안전 난간'이지. 하지만 항상 그랬던 건 아니야. 고대 그리스에서는 아기가 태어날 때까지 기다렸다가 아기를 보고 나서 키울지 말지 결정했어. 키우지 않기로 하면 차가운 산비탈

에 내버려 죽게 했지. 지금은 그렇게 하지 않아서 정말 다행이야. 덧붙여 말하면 임신 후반의 낙태는 매우 드물고, 긴급한 이유로만 행하고 있어. 주로 어머니의 생명을 구하기 위해서이지. 대다수 낙태는 임신 초기에 이루어져. 그리고 많은 임신이 당사자가 그 사실을 알기도 전에 자연 중지된다는 사실을 알아?

하지만 사실, 비록 내가 미끄러운 비탈 논법을 사용하긴 했지만 솔직히 나는 분리대와 선을 모조리 없애는 쪽이 좋아. 너 같은 절대론자는 인간과 비인간 사이에 엄격한 선을 긋고 싶어 하지. 배아는 임신 순간, 즉 정자가 난자와 처음 결합할 때 인간이 될까? 아니면 태어나는 순간에? 아니면 그 사이의 어느 시점에? 그 사이라면 정확히 언제? 나는 다르게 묻고 싶어. "배아가 언제 인간이 되는가?"가 아니라, "배아가 언제 고통과 감정을 느낄 수 있게 되는가?"라고. 그리고 그런 일은 어느 순간 갑자기 일어나지 않아. 점진적으로 일어나지.

진화 과정에 대해서도 같은 이야기를 할 수 있어. 우리는 잡아먹기 위해 사람을 죽이지 않아. 하지만 돼지는 잡아먹기 위해 죽여. 그런데 우리는 돼지와 사촌지간이지. 즉 우리 조상들을 거꾸로 거슬러 올라가고, 돼지의 조상들을 거꾸로 거슬러 올라가면 머지않아 우리와 돼지의 공통 조상을 만나게 된다는 뜻이야. 우리의 계통수系統樹를 거슬러 올라가봐. 우리와 돼지의 공통 조상으로 가는 도중에 유인원, 원숭이처럼 생긴 생물 등을 지나가게 될 거야. 그러면 이제 그런 원인猿人이 멸종하지 않았다고 상상해봐. "됐어, 여기까지야. 지금부터는 더 이상 인간이 아니야"라고 말할 수 있는 지점이 어디지? 너는 인간과 동물 사이에 절대적 선을 긋고 싶어 하는 절대론자이지. 하지만 나는 피할 수 있다면 선을 긋지 않는 쪽이 좋은 결과론자야. 이 경우 내 질문은 "이 생물이 인간인가?"가 아니라 "이 생물이 고통을 느낄 수 있는가?"가 돼. 그리고 나는 어떤 동물은 다른 동물보다 고통을 더 잘 느낄 수 있다고 생각해. 돼지를 포함해서 말이야.

애비: 너의 도덕 논증은 논리적으로 보여. 하지만 너도 어떤 절대론적 믿음에서 시작해야 해. 네 경우, 무작정 "고통을 유발하는 것은 잘못이다"라고 말하는 것으로 시작하지. 그것에 대한 타당한 이유는 제시하지 않아.

코니: 그래, 인정해. 하지만 나는 그래도 "고통을 유발하는 것은 잘못이다"라는 내 절대론적 믿음이 "내 성서에 그렇게 적혀 있다"라는 네 절대론적 믿음보다 타당하다고 생각해. 누군가 너를 고문한다면 너도 금방 동의하게 될 거야.

애비와 코니 사이의 논쟁을 여러분 스스로도 계속 이어갈 수 있다. 이것만으로도 도덕철학자들이 논쟁하는 방식을 보여주기에 충분했기를 바란다. 여러분은 절대론자들이 대개 종교인일 것이라고 추측할 테지만, 꼭 그렇지는 않다. 십계명은 분명히 절대론이다. 일련의 규칙에 따라 산다는 생각 자체가 대개 절대론이다.

종교가 없는 철학자들도 규칙에 근거한 도덕률을 고안할 수 있다. 의무론자라 불리는 도덕철학자들의 다양한 학파는 단순히 성서에 뭐라고 적혀 있는지 찾아보는 것 외에 다른 근거로 규칙을 정당화할 수 있다고 믿는다. 예컨대 위대한 독일 철학자 이마누엘 칸트는 정언명령이라는 규칙을 말했다. "네 의지의 준칙이 항상 동시에 보편적 입법 원리로 타당할 수 있도록 행동하라." 이 문장의 키워드는 '보편적'이다. 예컨대 도둑질을 장려하는 규칙은 불가능하다. 왜냐하면 그것이 보편적으로 채택될 경우, 즉 모든 사람이 도둑질할 경우 아무도 이익을 얻지 못하기 때문이다. 도둑은 정직한 피해자가 대다수인 사회에서만 성공한다. 만일 모든 사람이 항상 거짓말을 한다면 거짓말은 의미가 없을 것이다. 비교할 만한 믿을 수 있는 진실이 존재하지 않기 때문이다. 현대 의무론은 우리가 '무지의 베일' 뒤에서 도덕 규칙을 만들어야 한다고 주장한다. 자신이 부유한지 가난한지, 재능이 있는지 없는지, 예쁜지 못생

졌는지 알지 못한다고 가정하라. 그런 사실은 가상의 '무지의 베일' 뒤에 감추어져 있다. 이제 자신이 사회의 꼭대기에 있게 될지 밑바닥에 있게 될지 알 수 없다고 가정하고, 자신이 지키면서 살고 싶은 가치 체계를 고안해보라. 의무론은 흥미롭지만, 종교가 주제인 이 책에서는 더 자세히 언급하지 않겠다.

자궁 안에서 언제 '사람'이 시작되는가에 관한 논쟁은 다분히 종교적 논쟁이다. 많은 종교 전통은 어떤 명확한 순간에 불멸의 영혼이 몸 안으로 들어온다고 생각한다. 로마가톨릭 신자들은 그 순간이 수정 시점이라고 생각한다. 〈생명의 선물 Donum Vitae〉이라는 제목이 붙은 가톨릭 교서教書는 그 점을 분명히 밝히고 있다.

> 난자가 수정되는 순간부터 아버지의 것도 아니고 어머니의 것도 아닌 새로운 생명이 시작된다. 그것은 그 자체로 성장하는 새로운 인간의 생명이다. 이미 인간이 아니라면 영영 인간이 되지 못한다. …… 수정 순간부터 인간 생명의 모험이 시작되는 것이다.

이것을 쓴 사람이 누구든 그는 결과론자 코니가 사용한 '일란성쌍둥이' 논증에 대해 한 번도 생각해본 적이 없는 사람 같다.

여러분은 내가 애비보다 코니 쪽에 공감한다고 추측했을 것이다. 하지만 나는 결과론의 사고실험이 때때로 불편한 방향으로 향할 수 있음을 인정할 수밖에 없다. 한 광부가 낙석 사고로 지하에 갇혔다고 가정해보자. 우리는 그를 구조할 수 있지만 그러려면 돈이 많이 든다. 그 돈을 다른 일에 쓸 수 있지 않을까? 그 돈을 세계 곳곳의 굶주린 어린이들을 위한 식량을 구입하는 데 쓰면 더 많은 생명을 구할 수 있고, 더 많은 고통을 줄일 수 있다. 진정한 결과론자라면 그 불쌍한 광부를 그의 운명에 맡기고, 슬퍼하는 그의 아내와 자식들을 외면해야 할까? 그럴지도 모르지만 나는 그러지 않을 것이다. 나는 그를 지하에 내버려둘 수 없다. 여러분은 그럴 수 있는가? 하지만 그를 구조하겠다는 결정을 순수하게 결과론적 근거로 정당화하기는 어렵다. 불가능하지는 않지만 쉽지 않다.

이제 이번 장의 주제로 돌아가자. 우리는 선한 사람이 되기 위해 신이 필요할까? 나는 도덕철학 연구에 꽤 많은 시간을 썼지만, 도덕철학은 도덕적 가치관이 바뀌는 여러 가지 길 중 하나에 불과하다. 저널리즘, 저녁 식탁에서 나누는 대화, 국회의사당과 학생회에서의 토론, 법적 판단 등과 함께 도덕철학은 21세기 도덕률을 노예제도가 좋은 것이었던 18세기 도덕률과 다르게 만드는 '공중에 감도는 무언가'의 변화에 기여한다. 그런데 지금의 추세가 멈출 분명한 이유는 없어 보인다.

22세기의 도덕률은 어떤 모습일까?

우리가 신을 믿든 믿지 않든 현대의 도덕률은 《성경》의 도덕률과 매우 다르다. 《코란》의 도덕률과도 다르다. 정말 다행이다. 그리고 '하늘에 있는 위대한 스파이 카메라'를 의식해서 선한 사람이 되려는 것은 확실히 칭찬할 만한 이유가 아니다. 그러므로 우리 모두는 '선한 사람이 되기 위해 신이 필요하다'는 생각을 버려야 할 것 같다.

그러면 우리 모두는 신을 믿는 것도 그만두어야 할까? 아니다. 그 이유만으로는 부족하다. 우리가 선한 사람이 되기 위해 신이 필요하지 않더라도 신은 여전히 존재할지 모른다. 우리가 4장에서 만난 《성경》 속의 신처럼 신은 우리의 도덕 기준으로 보면 나쁜 인물일지 모르지만, 그렇다고 해서 신이 존재할 수 없는 건 아니니까. 하지만 어떤 것이 존재한다고 믿으려면 증거가 필요하다. 어떤 종류의 신 또는 신들이 존재한다는 어떤 확실한 증거가 어딘가에 있을까?

여러분은 내가 1장에서 열거한 많은 신, 또는 내가 언급하지 않은 훨씬 더 많은 신의 거의 전부를 믿지 않을 것이다. 2장과 3장은 여러분에게 《성경》과 《코란》 같은 성서들이 어떤 신을 믿을 타당한 이유가 되지 못한다는 확신을 심어주었을 것이다. 4, 5, 6장은 우리가 선한 사람이 되기 위해 종교가 필요하다는 믿음에서 여러분을 멀어지게 했을 것이다. 하지만 여러분은 여전히 어떤 종류의 더 높은 힘, 세계와 우주 그리고 무엇보다도 우리를 포함해 살아 있는 생명체를 만든 어떤 종류의 창조적 지능에 대한 믿음에 매달릴지도 모른다. 나 자신도 열다섯 살 때까지 그런 믿음에 매달렸는데, 살아 있는 것들의 아름다움과 복잡성에 너무도 깊은 감명을 받았기 때문이다. 무엇보다 생명체가 마치 '설계'된 것처럼 **보인다**는 사실에 깊은 감명을 받았다. 내가 마침내 어떤 신이든 신을 떠올리기를 포기한 것은 진화에 대해 배우고, 왜 살아 있는 것들이 설계된 것처럼 보이는지에 대한 진정한 설명을 알았을 때였다. 그 설명—찰스 다윈의 설명—은 그것이 설명하는 생명체들만큼이나 아름답고 미묘했다. 하지만 그 설명을 전개하는 데는 시간이 걸린다. 이 책 2부의 대부분을 차지할 것이다. 하지만 이조차 그런 큰 주제를 충분히 다루기에는 짧다. 이어지는 내용이 여러분을 진화에 관한 다른 책으로 인도할 만큼 흥미롭기를 바란다.

OUTGROWING

GOD

2부

진화, 그리고 그것을 넘어서

RICHARD DAWKINS

,7,

분명 설계자가 있을 거야

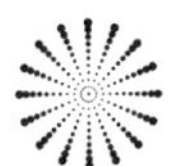

아프리카 사바나에서 전력 질주하는 치타로부터 필사적으로 도망치다가 마지막이 될 수도 있는 숨을 내뱉는 가젤을 상상해보라. 아마 여러분도 나처럼 가젤을 동정할 것이다. 하지만 치타에게는 배고픈 새끼들이 있다. 만일 먹이를 잡지 못하면 자신은 물론 새끼들도 굶어 죽을 것이다. 그건 가젤의 이른 죽음보다 더 불쾌한 죽음일지도 모른다.

만일 여러분이 가젤과 치타가 달리는 영화—아마도 데이비드 애튼버러의 다큐멘터리 중 하나—를 본 적이 있다면 두 동물이 얼마나 아름답게, 얼마나 우아하게 **설계되었는지** 알아챌 것이다. 두 동물의 팽팽한 용수철 같은 근육질 몸에는 머리끝에서 발끝까지 '빠른'이 쓰여 있다. 치타의 최고 속도는 시속 100킬로미터 정도이다. 대략 시속 60마일이다. 어떤 보고는 심지어 최고 속도가 시속 70마일이라고 하는데, 바퀴 없이 발로만 이런 속도를 낸다는 건 정말이지 대단한 위업이다. 게다가 치타는 3초 안에 시속 0~60마일로 가속할 수 있는데, 이것은 거의 ('미친 모드'의) 테슬라나 페라리가 할 수 있는 수준이다.

하지만 치타는 오래 버티지 못한다. 치타는 장거리 선수인 늑대와 달리 단거리 선수이다. 늑대는 비록 최고 속도는 더 느리지만(시속 40마일 정도) 지구력이 있어서 결국에는 먹이를 추격할 수 있다. 치타는 마지막 단거리 질주를 할 수 있을 만큼 가까이 접근할 때까지는 먹이 뒤를 가만가만 밟아야 한다. 단거리 질주가 가능한 거리보다 멀면 지쳐서 추격을 포기해야 한다. 가젤은 치타만큼 빠르게 달릴 수는 없지만(역시 시속 40마일 정도), 이리저리 몸을 피할 수 있는데, 이렇게 하면 치타가 잡기 어렵다. 무엇보다, 고속으로 질주하고 있을 때는 방향을 틀기 어렵기 때문이다.

다른 영양들처럼 가젤도 쫓기면 '껑충껑충' 뛴다. 껑충껑충 뛴다는 건 공중으로 높이 뛰어오른다는 뜻이다. 이건 쫓기는 동물로서는 뜻밖의 행동인데, 전진하는 속도를 떨어뜨리고 에너지를 소모하기 때문이다. 혹시 치타에게 이런 암시를 주는 것은 아닐까. "힘들여 나를 쫓지 마. 나는 공중으로 높이 뛰어오를 수 있는 강하고 건강한 가젤이야. 그건 내가 다른 가젤들보다 잡기 어렵다는 뜻이기도 해. 그러니 내 무리의 다른 놈을 쫓는 게 나을 거야." 가젤은 이런 논증을 머리로 생각해내는 게 아니다. 가젤의 신경계가 이유도 모른 채 껑충껑충 뛰도록 프로그램되어 있을 뿐이다. 공중으로 뛰든 좌우로 비키든 질주하는 치타가 지쳐서 멈출 때까지 잡히지 않고 피할 수 있으면 가젤은 안전하다. 내일을 기대할 수 있는 것이다.

치타와 가젤은 둘 다 훌륭하게 '설계된' 것처럼 보인다. 전력 질주할 때 치타는 등뼈를 뒤로 확 젖혔다가 몸이 거의 반으로 접힐 만큼 반대쪽으로 세게 미는데, 이런 식으로 다리에 동력을 전달하는 것이다. 치타의 폐는 같은 크기의 동물에 비해 유난히 크다. 콧구멍과 기관도 마찬가지인데, 혈액에 다량의 산소를 빨리 공급해야 하기 때문이다. 심장도 특별히 커서 산소로 가득 찬 다량의 혈액을 근육으로 미친 듯이 펌프질할 수 있다. 하지만 심장 크기와는 전혀 별개로, 심장을 가지고 있으며 4개의 심실을 갖춘 이 복잡한 펌프가 끊임없이 작동하는 것만 해도 충분히 놀랍다. 심장 펌프질의 수학은 말끔하게 풀렸다. 나는 그것을 설명할 생각이 없는데, 너무 복잡해서 나도 이해할 수 없기 때문이다.

이 모든 복잡성은 어떻게 생겨났을까? 틀림없이 수학 천재가 설계하지 않았을까? 대답은 놀랍게도 "절대 아니다"인데, 이어지는 장들에서 왜 그런지 살펴보겠다.

그러면 이제 웅크렸다가 슬그머니 다가가길 반복하는

동안 먹이에 위협적으로 고정된 치타의 눈을 생각해보라. 또는 숨어 있는 큰 고양잇과 동물을 쉴 새 없이 살피는 가젤의 눈을 생각해보라. 척추동물의 눈은 카메라이다. 실은 디지털 카메라인데, 뒤쪽에 필름 대신 수백만 개의 작은 빛 감지 세포가 포진한 **망막**이 있기 때문이다. 우리는 이런 세포들을 광전지光電池라고 부를 수 있다. 각각의 광전지는 일련의 신경세포를 통해 뇌와 연결되어 있다. 뇌에는 망막의 '지도map'가 여러 개 있다. 지도란 상응하는 패턴이라는 뜻으로, 뇌에서 서로 인접한 세포들은 각각 망막의 지도에서 상하좌우로 똑같은 형태로 인접해 있는 광전지와 연결된다.

카메라와 비슷한 점은 또 있다. 동공은 홍채(눈에서 색깔이 있는 부분)에 붙어 있는 특별한 근육에 의해 확대되거나 축소된다. 여러분도 거울에 자신의 눈을 비춰보면 이것을 볼 수 있다. 왼쪽 눈을 향해 손전등을 든 다음, 거울에서 오른쪽 눈을 보며 손전등을 켜보라. 동공이 움츠러드는 게 보일 것이다. 자동카메라에서도 '홍채조리개'(명칭조차 눈에서 따왔다)가 적당량의 빛이 들어오도록 적당하게 열리거나 닫힌다. 자동카메라는 해가 비치면 조리개를 닫고 해가 들어가면 연다. 눈의 홍채와 정확히 같다. 그런데 동공이 꼭 우리 눈처럼 둥글 필요는 없다. 가젤의 동공은 수평으로 찢어진 틈이다. 고양잇과 동물의 동공은 밝은 빛에서는 수직으로 찢어진 틈이었다가, 조도가 낮아지면 둥글게 확대된다. 중요한 사실은 동공과 동공을 둘러싼 근육이 눈으로 들어오는 빛의 양을 조절한다는 것이다. 덧붙여 말하면, 망막에는 상이 거꾸로 맺힌다. 왜 그게 문제가 되지 않는지 아는가? 왜 그런데도 우리에게는 세상이 거꾸로 보이지 않을까?

역시 카메라와 마찬가지로, 눈은 가까운 사물에 초점을 맞추었다가 먼 사물에 초점을 다시 맞출 수 있는 렌즈(수정체)를 가지고 있다. 물론 그 사이의 어느 곳에도 초점을 맞출 수 있다. 카메라와 물고기의 눈은 그렇게 하기 위해 렌즈를 앞뒤로 움직인다. 치타, 가젤, 인간, 기타 포유류의 눈은 이렇게 뻔한 방식으로 작동하지 않는다. 이들은 렌즈에 붙어 있는 특별한 근육을 사용해 렌즈 자체의 모양을 바꾼다. 원뿔형의 작은 포탑에서 각기 독립적으로 회전하는 눈을 가진 카멜레온은 두 눈의 초점을 따로 맞출 수 있는데(렌즈를 압박하는 방법이 아니라 물고기·카메라 방식으로), 파리 같은 표적과의 거리를 판단하면 두 눈을 따로 조절해 하나의 먹잇감에 초점을 맞춘다. 그다음 순간, 파리는 무엇이 자신을 타격했는지도 모른다. 파리를 엄청난 속도로 타격한 것은 카멜레온의 혀다. 그 혀는 놀랍게도 카멜레온의 몸보다 길고, 갑자기 툭 튀어나온다. 마치 돌진하는 끈적끈적한 작살 같다. 그런 다음 혀 작살은 끝에 비운의 곤충을 붙인 채 감겨 들어온다.

카멜레온과 치타는 공통점이 있다. 둘 다 먹이에 충분히 가까이 다가갈 때까지 천천히 은밀하게 뒤쫓는다. 그런데 무엇을 할 만큼 가까운 걸까? 치타의 경우는 폭발적인 마지막 질주를 할 수 있을 만큼이다. 카멜레온도 일종의 마지막 질주를 하지만, 몸은 꿈쩍도 하지 않고 혀만 질주한다. 치타가 3초 안에 시속 0~60마일로 가속한다는 것을 기억하는가? 카멜레온의 혀는 그 300배로 가속한다. 하지만 실제로 시속 60마일에 도달하기 훨씬 전에 파리를 타격한다(또는 놓친다). 따지고 보면 카멜레온의 혀는 몸길이보다 단지(단지!) 약간만 더 길 뿐이어서 저 경이로운 가속도에도 불구하고 시속 60마일에 이를 시간이 없다.

또다시 이 모든 것은 설계자가 필요한 것처럼 보인다. 그렇지 않은가? 다음 장에서 살펴보겠지만, 이번에도 실제로는 그렇지 않다.

카멜레온의 혀가 정확히 어떻게 작동하는지는 오랫동안 미스터리였다. 한 초창기 가설은 혀가 수압에 의해 부풀어 오른다고 했다. 발기하는 음경과 같은 방식인데, 속도만 훨씬 더 빠른 것이다. 깡충거미(명주실로 자기 몸을 바닥에 잡아매고 공중으로 높이 뛰어오르는 사랑스러운 작은 생물)도 수압을 이용한다. 혈액이 다리로 격렬하게 뿜어져 들어오면 갑자기 다리가 곧게 펴져 위로 솟구쳐 오른다. 나비와 나방의 혀도 그런 식으로 작동한다. 이 곤충들의 혀는 말려 있다가 수압에 의해 펼쳐진다. 입으로 바람을 불면 누군가의 얼굴로 튀어나가면서 요란한 소리를 내는 뺄피리 장난감처럼.

수압 가설은 틀린 부분이 있지만 한 가지는 제대로 맞혔다. 카멜레온의 혀는 속이 비어 있다는 것이다. 하지만 압력이 가해질 때 체액이 들어오는 대신, 칼집에 칼을 넣듯 길고 빳빳하고 겉이 매끄러운 스파이크spike가 들어 있다. 그것을 설골 돌기라고 부른다. 물론 카멜레온의 혀는 설골 스파이크보다 훨씬 길다. 그래서 평소에는 혀가 스파이크 주위에 주름처럼 접혀 있어야 한다. 그렇게 접혀 있는 것은 강한 근육들(가속근과 뒤당김근—옮긴이)이다. 이 사실로부터 혀가 어떻게 작동하는지에 대한 다음 가설이 자연스럽게 나왔다. 이번에도 틀렸지만 진실에 좀 더 가깝다. 이 가설에 따르면, 설골 스파이크를 둘러싼 근육이 수축하면서 속이 빈 매끄러운 혀가 아코디언 주름이 펴지듯 쭉 밀려 나온다. 오렌지를 쥐어짜면 씨가 튀어나오는 것과 같다. 정확히 그런 건 아니지만, 대략 그렇다고 생각하면 된다(실제로는 씨는 그대로 있고 스퀴저가 튀어나간다—옮긴이).

문제는 어떤 근육도 카멜레온 혀의 '미친' 가속을 만들어낼 만큼 빨리 수축할 수 없다는 것이다. 그런 종류의 가속을 내기 위해서는 근육이 만들어내는 에너지를 미리 저장해두었다가 나중에 방출할 필요가 있다. 투석기가 그런 식으로 작동하며, 석궁과 대궁도 마찬가지이다. 여러분의 팔 근육은 화살을 아주 빠르게 던질 수 없지만, 휘어지는 활은 그렇게 할 수 있다. 여러분의 팔 근육이 천천히 활시위를 당기면 근육 에너지가 휘는 활에 저장된다. 그러고 나서 손가락을 놓으면 저장된 에너지가 갑자기 방출되고, 화살은 여러분이 직접 던질 수 있는 것보다 훨씬 더 빠르고 치명적으로 튀어나간다. 그 에너지는 애초에 여러분의 근육이 천천히 활시위를 당길 때 나온 것이다. 에너지의 방출은 뒤로 미루어졌다가 별안간 일어난다. 즉 활에 저장되었던 에너지가 이때 방출되는 것이다. 투석기에서는 팔 근육의 에너지가 잡아당긴 고무줄에 저장된다.

저장된 에너지는 어떻게 카멜레온의 혀에 동력을 제공할까? 설골 스파이크를 감싼 근육이 혀를 쏠 수 있는 에너지를 제공하는 것은 맞다. 하지만 투석기나 활과 마찬가지로 에너지는 저장된다. 저장되는 곳은 매끄러운 설골 스파이크와 그것을 감싸는 근육 사이에 놓인 탄성 피복이다. 근육 자체가 아닌 이 탄성 피복이 "오렌지 씨를 쥐어짜면" 마침내 스프링처럼 눌려 있던 구조가 갑자기 풀려 작살 혀가 튀어나온다. 탄성 피복 덕분에 근육이 직접 '오렌지 씨'를 쥐어짜는 경우보다 훨씬 빠르게 튀어나올 수 있다.

혀는 작살처럼 날카롭지 않다. 대신 끝에 동그란 문손잡이 같은 것이 달려 있다. 손잡이는 끈적끈적하고 흡반이 붙어 있다. 이 손잡이에 불운한 곤충이 달라붙으면 혀를 쥐어짜는 근육과는 다른 종류의 근육인 뒤당김근에 의해 곤충이 카멜레온의 입속으로 감겨 들어온다. 그 손잡이가 비교적 무거운 발사체라면, 혀의 나머지 부분은 거기 매달려 있는 밧줄이라고 할 수 있다. 손잡이는 '탄도탄처럼' 날아간다. 즉 한번 발사되면 카멜레온의 통제를 더 이상 받지 않는다는 뜻이다. 투석기에서 발사된 돌이나 활에서 발사된 화살처럼 말이다. 실은 일종의 작살인데 작살과 더 비슷한 이유는 그것이 카멜레온의 혀처럼 발사 장치에 묶여 있기 때문이다. 대륙간**탄도**미사일 ICBM에 그런 이름이 붙은 이유는 일단 발사되면 자체 탄도를 그리며 날아가기 때문이다. 반면 **유도**미사일의 경우는 표적에 명중할 수 있도록 날아가는 동안 경로가 수정된다.

그런데 느린 근육의 에너지를 빠르게 튀어나가는 탄성체에 저장하는 투석기 수법을 쓰는 생물이 또 있다. 메뚜기와 벼룩처럼 뛰어오르는 곤충들이다. 그들의 '고무'는 **레실린**resilin이라는 경이로운 물질이다. 레실린은 탄성체로서 고무보다 훨씬 더 효율적이다. 저장된 에너지를 더 많이 방출할 수 있다는 뜻이다. **효율**은 열로 손실되는 에너지가 적음을 의미하는 기술 용어이다. 열역학이라는 깨지지 않는 법칙에 따라 일부 에너지가 손실되는 것은 불가피하다. 하지만 여기서 그 법칙을 설명하기에는 공간이 부족하다. 무엇보다 인상적인 것은 탄성체에 에너지를 저장하는 '석궁' 수법을 갯가재가 펀치를 날리는 데 사용한다는 사실이다. 길이가 고작 몇 센티미터에 불과한 동물에서는 아주 놀라운 일이다. 갯가재의 앞다리 한 쌍은 해머 또는 곤봉이 되도록 진화했는데, 그것은 시속 50마일의 속도로 먹이를 강타한다. 이러한 가속은 0.22구경 권총에서 발사된 총알의 가속과 같다. 게다가 총알과 달리 물속에서의 가속이다! 다시 말하지만, 이러한 가속은 탄성체에 저장된 에너지를 사용해 얻는 것이다. 근육의 힘으로는 도저히 이런 속도를 낼 수 없다.

카멜레온의 혀 이야기는 이게 끝이 아니다. 예를 들어, 설골 스파이크 자체가 앞으로 나아가며 날아가는 혀를 돕는다. 마치 크리켓 경기의 빠른 투수처럼 손에 활을 들고 표적을 향해 달려간 다음 멈추지 않고 계속 달리면서 화살을 쏘는 것과 같다. 하지만 나는 이미 여러분이 이런 생각을 할 만큼 충분히 설명한 것 같다. "분명 누군가 이 경이로운 장치를 설계했음이 틀림없어." 이번에도 여러분이 틀렸다. 왜 내가 계속 이렇게 말하면서 나중에 다 설명하겠다고 하는 걸까? 왜냐하면 이번 장은 설명될 필요가 있는 문제를 설정하는 부분이기 때문이다. 그리고 그것은 큰 문제이다. 나는 이 문제를 가볍게 여기고 싶지 않고, 그래서 해답을 제시하는 것을 뒤로 미루면서까지 문제 자체에 하나의 장을 통째로 할애하는 것이다. 앞으로 살펴보겠지만, 자연선택에 의한 진화만이 그런 큰 문제를 해결할 수 있을 만큼 큰 이론이다.

카멜레온은 불가사의한 혀와 회전하는 눈에도 불구하고 다른 것으로 훨씬 더 유명하다. 바로 배경에 맞춰 몸 색깔을 바꾸는 능력이다. 우세한 여론에 맞춰 생각을 계속 바꾸는 정치인을 우리는 때때로 '카멜레온 정치인'이라고 놀린다. 몸 색깔을 바꾸는 기술에서 카멜레온은 가자미류 물고기와 맞먹는다. 하지만 문어와 그 친족은 이 둘을 훨씬 능가한다. 카멜레온과 가자미류는 몸 색깔을 몇 분에 걸쳐 서서히 바꾼다. 그런데 집합적으로 두족류라 부르는 문어, 오징어, 갑오징어는 단 1초 만에 몸 색깔을 바꾼다.

두족류는 지구상에서 찾을 수 있는 그 무엇보다 외계인과 비슷하다. 이들은 입 주위에 8개(문어), 또는 10개(오징어와 갑오징어)의 팔을 가지고 있다. 팔은 정교하게 조절되고 끊임없이 휘어지는 놀라운 재주를 부리는데, 골격이 없다는 점에서 이 움직임은 특히 주목을 끈다. 두족류는 진정한 제트 추진력을 가진 유일한 동물이며, 특히 갑자기 도망칠 때 제트 추진력을 이용해 뒤로 헤엄친다. 그리고—이것이 이번 장에 두족류가 등장하는 이유인데—그들은 매우 빠르게 그리고 매우 복잡한 패턴으로 몸 색깔을 바꿀 수 있다. 아주 흥미롭게도 그들이 색깔을 바꾸는 방법은 현대 컬러텔레비전이 작동하는 방식과 비슷하다.

텔레비전을 켜고 강력한 돋보기로 화면을 자세히 살펴보라. 구식이 아니라면(구식 텔레비전에는 수평선이 보인다) 화면 전체가 '화소'라 부르는 수백만 개의 작은 컬러 점으로 덮여 있을 것이다. 모든 화소는 빨간색·파란색 또는 녹색이고, 텔레비전 전자장치의 제어를 받아 켜지거나 꺼지고 밝아지거나 어두워질 수 있다. 화소는 너무 작아서 의자에 편안히 앉아 텔레비전을 시청할 때는 보이지 않는다. 하지만 여러분이 소파에 앉아서 보는 모든 색깔은 아무리 미묘한 색이라도 화소 밝기의 혼합으로 만들어진다. 영상의 밝은 흰색 부분을 돋보기로 살펴보면, 빨강·파랑·초록 세 가지 색의 화소가 모두 밝게 켜져 있는 것을 알 수 있을 것이다. 영상의 빨간색 부분에서는—놀랍지 않게도—오직 빨간색 화소만 밝게 켜져 있다. 화면의 파란색 부분과 녹색 부분도 마찬가지이다. 노란색은 빨간색 화소와 녹색 화소가 함께 켜져 만들어지고, 보라색은 빨간색과 파란색 화소가 섞여 만들어지며, 갈색은 더 복잡한 혼합으로 만들어진다. 회색은 흰색과 마찬가지로 세 가지 색이 모두 켜지지만 약하게 켜진다. 텔레비전의 전자장치는 수백만 화소 하나하나의 밝기를 빠르게 조절해 완전한 활동 영상을 만든다. 컴퓨터 화면도 같은 방식으로 작동한다.

그리고—이건 굉장히 놀라운 사실인데—문어, 오징어, 갑오징어의 피부도 마찬가지이다. 그들의 피부 전체가 살아 있는 텔레비전 화면이다. 하지만 이 경우 화소는 전자장치로 제어되지 않는다. 대신 각각의 화소는 작은 색소 주머니이다. 텔레비전 화면에서처럼 세 가지 색이 있는데 빨간색·파란색·녹색이 아니라 빨간색·노란색·갈색이다. 하지만 텔레비전 화소와 마찬가지로 세 가지를 각각 조절해 피부 표면의 색 패턴을 바꾼다.

두족류의 화소는 텔레비전 화면의 화소보다 훨씬 크다. 그것은 어찌되었건 색소 주머니이고, 주머니를 그렇게 작게 만들 수는 없다. 두족류의 색소 주머니는 어떻게 조절될까? 각각의 주머니는 색소포色素胞라 불리는 기관 안에 있다. 어류에도 색소포가 있지만 그것은 다른 방식으로 작동한다. 두족류의 경우 색소 주머니의 벽이 탄성을 가지고 있다(탄성이 계속 등장한다는 사실이 흥미롭다). 색소포에는 근육세포가 붙어 있다. 근육은 불가사리의 팔처럼 배열되어 있는데, 5개가 아니라 20개쯤 된다. 근육이 수축하면 주머니의 벽이 늘어나 색소가 퍼지는 면적이 넓어지고, 그래서 색소포가 그 색소의 색을 띤다. 근육이 이완하면 주머니의 탄성 있는 벽 때문에 주머니가 점으로 줄어들어서 멀리서는 그 주머니의 색깔이 보이지 않는다. 색 변화를 근육이 조절하고 근육은 신경이 조절하기 때문에 색 변화가 빠르다. 약 0.2초 만에 변한다. 텔레비전 화면처럼 빠르지는 않지만 카멜레온의 피부보다 훨씬 빠르다. 카멜레온의 경우는 색소포를 호르몬이 조절하는데, 호르몬은 혈액을 통해 이동하므로 느릴 수밖에 없다.

색소포를 잡아당기는 근수축은 신경이 조절하고, 신경은 뇌세포가 조절한다. 신경은 빠르다(그렇다 해도 텔레비전의 전자장치만큼 빠르지는 않다). 이론상 우리가 오징어의 뇌세포를 컴퓨터에 연결할 수 있다면 오징어 피부에 찰리 채플린 영화를 재생할 수 있을 것이다. 그런 건 아무도 시도해보지 않았지만, 오징어는 하늘을 가로질러 빠른 속도로 지나가는 구름처럼 색 변화의 아름다운 물결을 연출함으로써 비슷한 것을 보여준다. 우즈홀해양생물연구소의 로저 핸론 박사는 친절하게도 나를 위해 이번 장의 초고를 읽어주었다. 그리고 찰리 채플린 대목을 읽었을 때, 내게 다음과 같은 이야기를 들려주었다. 그와 몇몇 동료가 죽은 오징어를 가져다 그 지느러미 신경을 아이팟에 연결했다. 물론 지느러미는 음악을 들을 수 없지만, 전선이 음악의 강한 비트에 맞춰 전기를 율동적으로 보냈고, 이 신호가 색소포 근육을 자극했다. 그 결과 디스코텍의 조명 쇼 같은 광란의 무늬가 나타났다. 유튜브에서 '미친 색소포Insane in the Chromatophores'를 검색해보라.

두족류의 색깔 이야기는 이게 전부가 아니다. 먼저, 여러

도판 1: 종교는 어떻게 시작될까? 어떤 종교는 너무 최근에 생겨서 그것이 등장하는 걸 우리가 실제로 지켜볼 수 있다. 프린스 필립은 거의 50년 전 남태평양의 타나섬을 찾은 이래 신으로 추앙받아왔다. 태평양의 여러 섬에 퍼져 있는 화물 숭배도 똑같이 최근에 생겼다. 만일 새로운 종교가 우리 시대에 그렇게 갑자기 빠르게 생겨날 수 있다면, 세계 주요 종교가 시작된 이후 수세기 동안 왜곡된 전설이 성장할 여지가 얼마나 많았을지 상상해보라(3장 참조).

도판 2: (위) 속도가 온몸에 쓰여 있다. 신은 치타가 가젤을 잡도록 설계한 동시에 가젤이 도망치도록 설계했을까?(7장 참조)

도판 3: (아래) 카멜레온의 혀는 아름다운 자연 작살이다. 관 모양의 혀 안에 있는 설골을 주목하라. 그것은 혀 작살이 폭발적 속도를 내는 데 중요한 역할을 한다. 아주 정교한 '설계'이다. 정말 그럴까?(7장 참조)

문어가 보이는가?(도판 4, 왼쪽 맨 위) 보이지 않는다. 사진사에게도 보이지 않았다. 녀석은 갑자기 유령 같은 흰색으로 모습을 드러냈다(도판 5, 오른쪽 맨 위). 수컷 오징어(도판 6, 왼쪽)는 어떻게 경쟁자를 쫓기 위해 흰색이 되는 동시에 암컷을 안심시키기 위해 갈색을 유지할까? 쉽다. 투톤으로 가면 된다. 넙치(도판 7, 맨 아래)를 신이 설계했을까? 피카소가 설계했을 가능성이 더 높다! 사실 신기하게 뒤틀린 머리는 진화의 역사 탓이다. 어떤 설계자도 넙치를 만들기 위해 이런 방법을 선택하지 않았을 것이다(7장 참조).

도판 8: 자연선택된 위장술. 포식자의 날카로운 눈에 의해 세세한 부분까지 완벽하게 갈고닦였다. 왜 사람들이 신의 솜씨라고 생각하고 싶어 하는지 알 수 있을 것이다(7장 참조).

도판 9: 선택이 무엇을 할 수 있는지 보라. (인위) **선택이 야생 양배추**(왼쪽 위)**를 방울다다기양배추, 콜리플라워, 양배추, 로마네스코브로콜리**(브로콜리, 컬리케일, 콜라비 등은 말할 것도 없고)**로 바꾸는 데 겨우 30세기가 걸린다면,** (자연) **선택이 우리 조상들이 물고기였던 때부터 300만 세기 동안 무엇을 할 수 있었을지 생각해보라**(8장 참조).

도판 10: 두 종류의 건축물. 성가족대성당(가까운 왼쪽)은 위대한 건축가가 세세한 부분까지 설계했다. 오스트레일리아에서 피오나 스튜어트가 촬영한 흰개미 언덕(먼 왼쪽)은 설계한 것이 아니다. 흰개미도, 그들의 DNA도, 신도 그것을 설계하지 않았다(10장 참조).

찌르레기들(도판 11, 위쪽)은 너무나 조화롭게 움직여서, 안무가가 그들의 군무를 연출하지 않는다는 사실을 믿기 어렵다. 찌르레기 무리는 한 마리 생물, 거대한 공중 아메바처럼 보인다. 하지만 안무가는 없다. 컴퓨터 시뮬레이션(도판 12, 아래쪽)은 그들이 어떻게 이렇게 하는지 보여준다(10장 참조).

도판 13: 속임수 사진. 위쪽 절반은 실제 은하를 찍은 사진이다. 아래쪽 절반은 컴퓨터 시뮬레이션으로, 빅뱅이 일어난 직후(겨우 30만 년 후)에 시작된 우주의 발달 과정을 모델링한 일러스트리스 시뮬레이션이다. 차이를 구별할 수 있겠는가?(12장 참조)

분은 색을 내는 데 두 가지 방법이 있다는 사실을 알 필요가 있다. 한 가지는 색소(잉크, 염료, 페인트)로 내는 것인데, 색소는 햇빛으로부터 색깔의 일부를 흡수하고 나머지는 반사한다. 다른 방법은 구조색構造色 또는 훈색暈色으로 색을 내는 것이다. 훈색은 햇빛을 흡수하는 방법을 쓰지 않는다. 햇빛이 반사될 때 사물이 보이는 각도에 따라 그리고 빛이 표면에 닿는 각도에 따라 다른 색이 만들어지는 것이다. 비누 거품의 황홀하게 어른거리는 무지갯빛이 훈색이다(이리스Iris는 그리스의 무지개 여신이다). 여러분은 물에 뜬 얇은 기름 층에서도 같은 모습을 본 적이 있을 것이다. 훈색은 공작이 아름다운 체색을 만드는 방법이다. 푸른색 빛을 내는 열대 나비인 모르포나비도 마찬가지이다.

오징어는 속임수라면 놓치지 않는데, 구조색은 오징어가 놓치지 않는 또 하나의 속임수이다. 색소포 밑에는 '홍색소포'라는 또 다른 층이 있다. 홍색소포는 색소포처럼 모양을 바꾸지는 않지만, 모르포나비의 날개처럼 화려하게 반짝인다. 대개 푸른색 또는 녹색으로 반짝이는데, 빨강·노랑 또는 갈색을 내는 색소포는 그렇게 할 수 없다. 그리고 홍색소포 중 전부는 아니지만 일부는 색깔을 바꿀 수도 있다. 하지만 색소포와는 다른 방식으로 바꾼다.

홍색소포는 색소포 아래 별도의 층에 놓여 있다. 그래서 홍색소포가 화려하게 반짝이는 배경을 이루고, 아마 깜박이는 색소포가 그 위를 어느 정도 덮고 있을 것이다. 색소포와 홍색소포 외에도 홍색소포 밑의 또 다른 층에 백색소포라는 것이 있다. 이것은 흰색이다. 눈송이처럼 모든 파장의 빛을 반사하기 때문에 흰색을 띤다. 거울처럼 단정하고 깔끔하게 반사하는 게 아니라 모든 방향으로 산란시킨다.

두족류는 바뀌는 피부색과 피부 패턴으로 무엇을 할까? 주로 위장을 한다. 그들은 자신의 배경을 흉내 내기 위해 거의 즉각적으로 색소포를 조작할 수 있다. 로저 핸론이 그랜드케이맨섬 근처 카리브해에서 다이빙을 하던 중 찍은 사랑스러운 영화에서 이 수법을 볼 수 있다. 도판 4와 5는 그 영화의 스틸 사진 두 장을 보여준다. 핸론 박사가 갈색 해초 덤불을 향해 헤엄칠 때, 놀랍고 기쁘게도 '해초'의 일부가 유령처럼 위협적인 흰색으로 변했다. 녀석은 마치 배경에서 모습을 드러내는 것처럼 보였고, 그 순간 짙은 갈색 잉크를 뿌옇게 내뿜어 혹시 있을지도 모를 포식자의 시야를 가리고 헤엄쳐 도망갔다. 이 영화는 꼭 찾아서 볼 가치가 있다. 〈로저 핸론 문어의 위장 변화Roger Hanlon octopus camouflage change〉를 검색해보라.

특히 주목할 만한 점은 두족류가 색맹임에도 불구하고 배경색을 흉내 낼 수 있다는 것이다. 그들은 배경이 무슨 색인지 어떻게 알까? 확실한 건 아무도 모르지만, 그들이 피부 전체 또는 적어도 몇 군데에 일종의 시각 기관을 가지고 있다는 암시적 증거가 있다. 이 기관은 진짜 눈이 아니다. 그것은 상을 형성할 수 없다. 오히려 망막이 피부 전체에 분포한다고 말하는 게 옳다. 그리고 두족류가 배경색을 머리에 그리기 위해서는 망막만 있으면 된다.

두족류는 색을 바꾸는 놀라운 능력을 위장하는 데에만 이용하지 않는다. 때때로 색 변화를 이용해 적을 위협하거나 짝에게 구애한다. 로저 핸론은 또 다른 영상에서 오징어의 한 종이 흰색으로 경쟁자 수컷을 위협하고, 갈색 줄무늬로 암컷을 유혹하는 장면을 담았다(도판 6 참조). 그 영상에서 수컷 오징어는 몸의 오른쪽을 흰색으로 바꾸어 다른 수컷들을 물리치는 동시에, 왼쪽을 갈색 줄무늬로 바꾸어 옆에 있는 암컷을 기쁘게 하는 놀라운 위업을 달성한다. 볼 가치가 충분히 있는 영상이다. '로저 핸론'과 '피부 패턴으로 보내는 신호Signaling with skin patterns'를 검색해보라(주의: 미국식 철자인 'signaling'이다). 여러분은 수컷이 몸 색깔을 즉각적으로 바꾸는 모습을 볼 수 있다. 몇 초 후, 암컷이 수컷 반대쪽으로 이동하면 수컷은 이에 따라 암컷이 구애 패턴만을 보도록 자신의 몸 색깔을 거꾸로 바꾼다. 두족류는 피부의 질감도 바꿀 수 있는데, 주름을 잡아 산등성이, 뾰족한 돌기, 혹 모양 등을 만든다.

웹에서 '동물 위장animal camouflage'을 검색해보면, 자신을 보호하기 위해 극적인(어떤 의미에서는 극적이지만, 또 다른 의미에서는 눈에 띄지 않으므로 극적이지 않은) 위장을 이용하는 생물들의 수백 가지 사례를 발견할 수 있다. 거미, 개구리, 물고기, 새 그리고 무엇보다 곤충들이 있다(도판 8은 몇 가지 사례를 보여준다). 특히 세부적인 데까지 주의를 기울인다는 점이 엄청난 충격을 준다. 각각의 사례는 대단히 숙련된 창조적 예술가가 만든 작품처럼 보인다. 그리고 '창조적'이라는 단어는 나를 이번 장의 요점으로 돌아오게 한다. 동물이나 식물의 모든 것, 즉 모든 생물의 모든 세부는 마치 누군가가 설계하고 창조한 것처럼 우리를 압도한다. 그리고 수백 년 동안 사람들은 그것이 우리가 1장에서 만난 수많은 신 중 하나의 솜씨라고—잘못—생각했다. 또는 특정한 신이 아니라 어떤 이름 모를 창조자의 솜씨라고 생각했다.

내게는 위장술보다 살아 있는 몸의 복잡성이 훨씬 더 인상적으로 다가온다. 우리는 눈eye을 통해 그것을 조금 맛보았다. 여러분의 뇌는 훨씬 더 경이롭다. 그 뇌에는 여러분이 생각하고, 듣고, 보고, 사랑하고, 증오하고, 바비큐 파티를 계획하고, 거대한 녹색 하마를 상상하고, 미래를 꿈꿀 수 있는 방식으로 서로 연결된 약 1,000조 개의 신경세포—그림1처럼 앙상한 가지를 내는 나무뿌리 같은 것—가 있다.

그림2는 여러분 몸의 단일 세포 안에서 일어나는 화학반

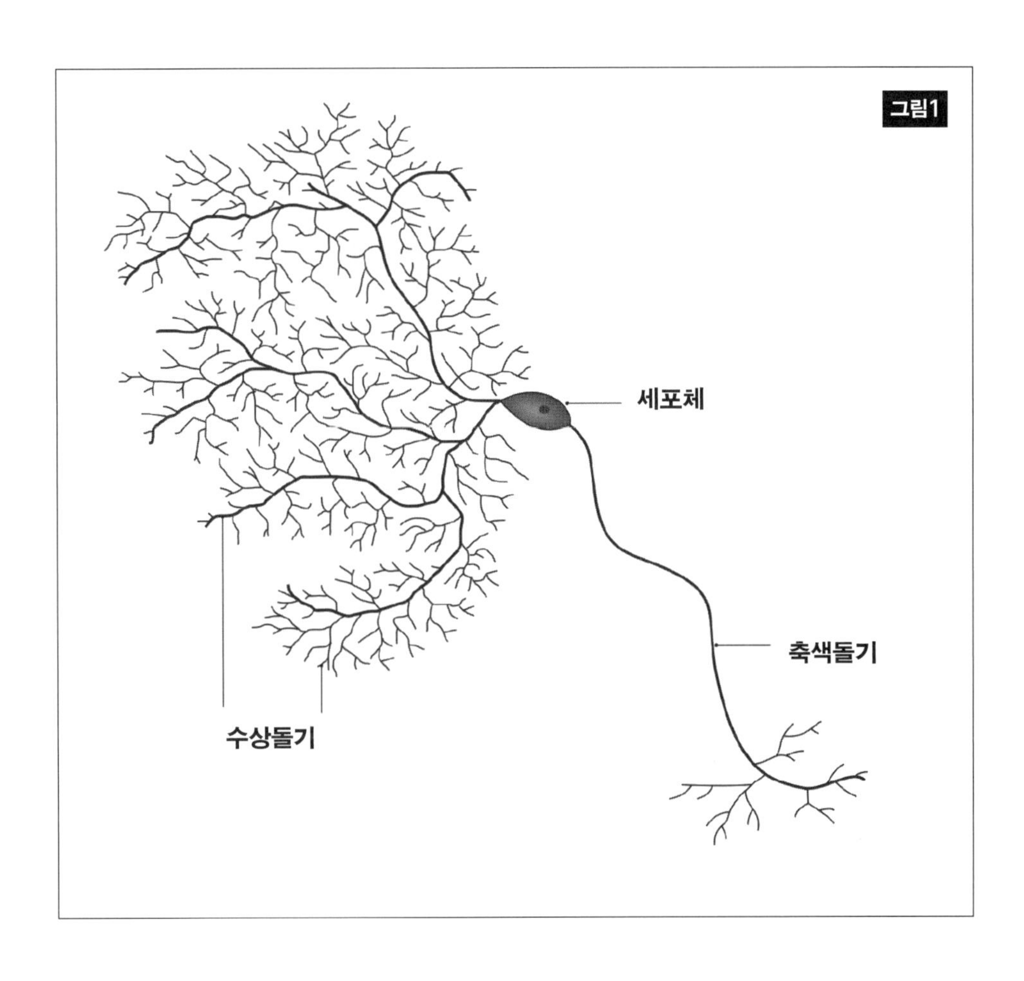

응들을 나타낸다(여러분 몸엔 총 30조 개 이상의 세포가 있다). 작은 회색 점은 화학물질이다. 이 점들을 연결하는 선은 그 사이에 일어나는 화학반응을 나타낸다. 세부 내용은 신경 쓰지 않아도 된다. 하지만 이 그림이 표시하는 화학반응이 멈추면 여러분은 죽는다.

이제 여러분 몸에 있는 분자 중 하나인 헤모글로빈에 대해 생각해보자. 헤모글로빈은 여러분의 피를 붉게 만들고, 산소를 폐에서부터 필요한 곳, 예컨대 전력 질주하는 치타나 가

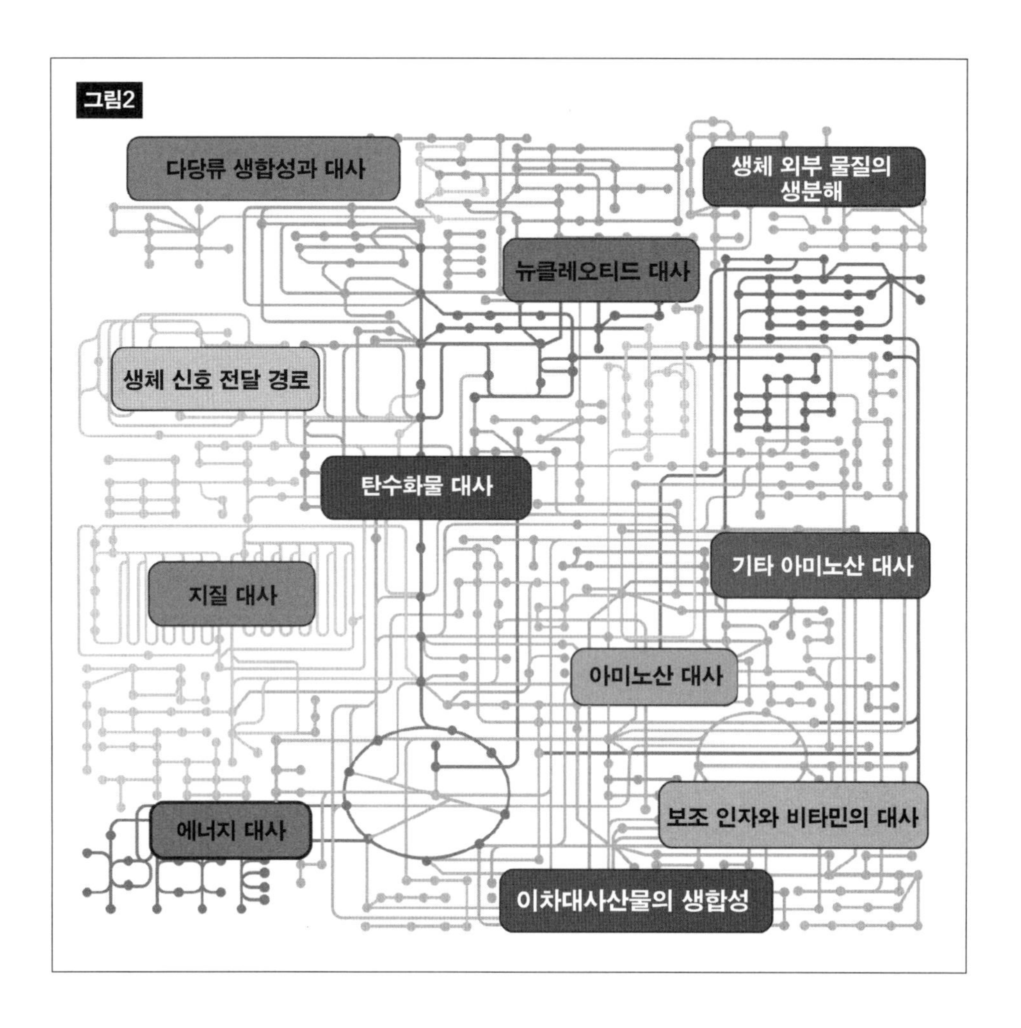

젤의 고동치는 다리 근육으로 실어 나르는 데 매우 중요한 역할을 한다. 지금 이 순간 여러분의 혈액에는 6×10^{21}개 이상의 헤모글로빈 분자가 솟구치고 있다. 나는 일찍이 한 책에서 헤모글로빈 분자가 인체 내에서 매초 4×10^{14}개의 속도로 생겨나며, 같은 속도로 파괴되고 있다고 계산한 적이 있다(터무니없이 큰 수치처럼 보이지만 이의를 제기한 사람은 아무도 없었다).

경외심을 불러일으킬 정도로 복잡하다! 또다시 설계자가 필요해 보인다. 하지만 이번에도 그렇지 않다는 것을 나는 뒤에 이어지는 장들에서 보여줄 것이다. 생명의 복잡성은 아주 큰 문제이고, 이번 장의 목적은 거듭 말하지만 대답으로 나아가기 **전에** 그것이 얼마나 큰 문제인지를 보여주는 것이다.

아름다움도 같은 종류의 문제를 제기한다. 주로 구조색, 훈색인 수컷 공작 꽁지의 아름답게 빛나는 색은 암컷 공작을 유혹하는 역할을 한다. 우리는 그것을 "아름다움 그 자체를 위한 아름다움"이라고 말할 수 있을지도 모른다. 하지만 아름다움에도 '기능'이 있을 수 있다. 즉 쓸모가 있다. 나는 항공기가 아름답다고 생각하는데 그 아름다움은 유선형에서 나온다. 날아가는 새도 같은 이유에서 아름답고, 달리는 치타도 마찬가지이다. 가젤은 그렇게 생각하지 않겠지만.

이번 장이 여러분에게 생물의 '설계'가 완벽하다는 인상을 주었을지도 모른다. 아름다울 뿐 아니라 목적에 이상적으로 잘 들어맞는다. 그 목적이 보는 것이든, 색을 바꾸는 것이든, 먹이를 잡기 위해 빨리 달리는 것이든, 먹이가 되지 않기 위해 빨리 달리는 것이든, 정확히 나무껍질처럼 보이는 것이든, 암컷 공작에게 매력적으로 보이는 것이든. 그렇다면 나는 여러분을 조금 실망시킬 수밖에 없다. 특히 여러분이 생물의 피부밑을 들춰본다면 결함을 보게 될 텐데, 거기에는 깊은 뜻이 들어 있다. 그 깊은 뜻은 바로 진화사이다. 여러분이 만일 동물이 지적으로 설계되었다고 알고 있다면 그런 결함을 발견할 거라고는 예상하지 않을 것이다. 실제로 몇몇 결함은 그 반대로 지적이지 못한 설계다.

다양한 종의 물고기가 바다 밑바닥에서 살고, 그들의 몸은 납작하다. 납작해지는 방법은 두 가지이다. 뻔한 방법은 배를 깔고 엎드려 위에서 몸을 납작하게 누르는 것이다. 그러면 몸이 양옆으로 펼쳐진다. 홍어와 가오리가 이렇게 한다. 정원용 롤러에 눌린 상어를 생각하면 된다. 하지만 가자미, 서대, 넙치는 다른 방법을 쓴다. 그들은 옆으로 눕는다. 때로는 왼쪽, 때로는 오른쪽으로. 하지만 결코 홍어처럼 배를 대고 엎드리지는 않는다.

여러분이 물고기라면 옆으로 누우면 문제가 있다는 생각이 들 것이다. 두 눈 중 하나가 바다 밑바닥에 눌리기 때문에 쓸모가 없어진다. 홍어와 가오리는 이런 문제가 생기지 않는다. 그들의 눈은 납작해진 머리 꼭대기에 있어 두 눈이 모두 사물을 보는 데 쓸모가 있다.

그렇다면 가자미와 넙치는 어떻게 했을까? 일그러지고 뒤틀린 두개골을 성장시킴으로써 한쪽 눈이 바다 밑바닥에 눌리는 대신 두 눈이 모두 위를 향하도록 했다. 내 말은 정말 일그러지고 뒤틀렸다는 뜻이다(도판 7 참조). 분별 있는 설계자라면 이런 식으로 하지 않았을 것이다. 설계의 관점에서는 말이 안 되지만, 피카소 그림 같은 이 얼굴에는 역사가 쓰여 있다.

홍어와 가오리의 연골어류 조상들과 달리, 이 가자미류의 조상들은 청어처럼 수직으로 납작했다. 왼쪽 눈은 왼쪽을, 오른쪽 눈은 오른쪽을 바라보았다. 훌륭한 설계자가 원했을 법한 좌우대칭이다. 그들이 바다 밑바닥에서 살기 위해 생활 방식을 바꾸었을 때 그들은 설계자처럼 제도판으로 돌아갈 수 없었다. 대신 그들은 이미 있는 것을 수정해야 했다. 그래서 일그러진 머리가 생긴 것이다.

역사가 깃든 결함의 또 다른 유명한 예가 여러분 눈의 망막이다. 우리 눈은 망막이 뒤집혀 장착되어 있다. 모든 척추동물이 마찬가지이다. 앞에서 나는 망막을 광전지가 모여 있는 스크린으로 묘사했다. 광전지를 뇌와 연결하는 것은 신경세포이다. 연결하는 합리적 방법은 문어 같은 두족류가 사용하는 방법이다. 두족류의 경우 광전지를 뇌와 연결하는 '전선'—신경세포—이 망막 뒤로 나온다. 아주 합리적 방법이다.

척추동물 망막의 전선은 그렇지 않다. 척추동물에서는 광전지의 연결이 거꾸로 되어 있다. 각각의 광전지는 빛을 등지고 있다. 그러면 광전지에서 나온 전선들—즉 신경세포들—이 어떻게 뇌로 갈까? 그것들은 망막의 표면을 따라 지나가면서 광전지로부터 정보를 받아 망막 한가운데 있는 원반처럼 보이는 곳에 모이고, 그곳을 빠져나가 뒤쪽의 뇌로 향한다(그림3 참조). 신경세포가 빠져나가는 곳을 '맹점blind spot'이라

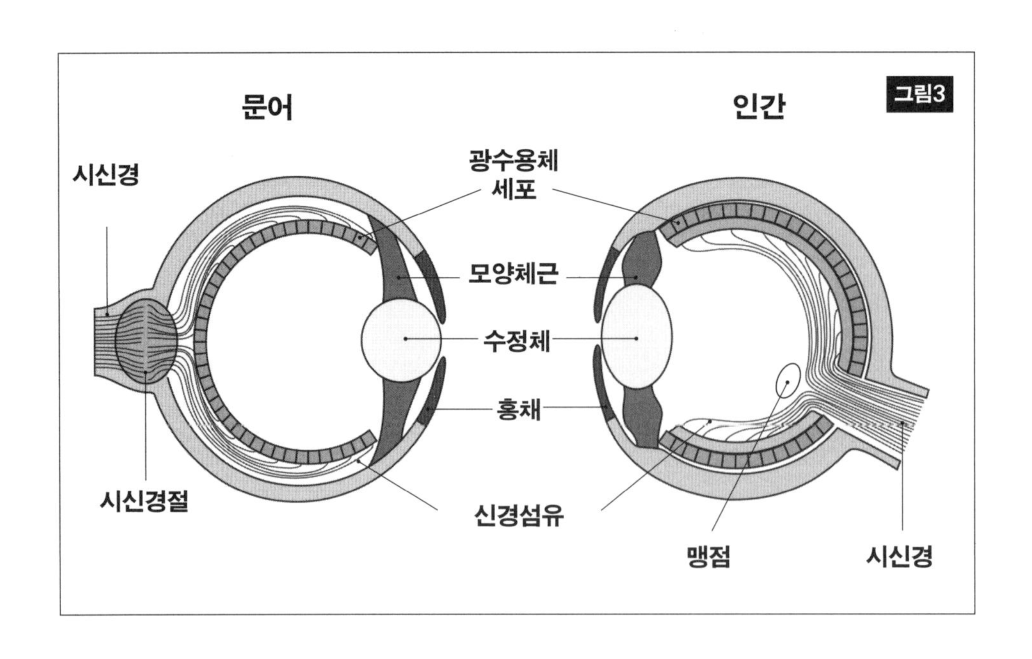

고 부른다. 놀랍지 않게도 그곳은 시각 기능이 없기 때문이다. 정말 어처구니없는 배열이다! 독일의 유명한 과학자 헤르만 폰 헬름홀츠(의사이자 선구적 물리학자였다)는 만일 어떤 설계자가 척추동물의 눈을 선물했다면 자신은 그것을 돌려보냈을 거라고 말한 적이 있다. 그가 그렇게 하는 것은 당연하지만, 실제로 이 눈은 우리 모두가 알다시피 아주 잘 작동한다! 망막 표면을 지나는 신경세포층은 얇고, 빛이 통과할 수 있을 만큼 투명하다.

내가 가장 좋아하는 나쁜 설계의 예는 되돌이후두신경이다. 후두는 목에 있는 목소리 상자이다. 후두에는 후두신경이라 부르는 두 개의 신경이 연결되어 있다. 이 중 하나인 위후두신경은 합리적으로 뇌에서 후두로 직접 연결된다. 다른 하나인 되돌이후두신경의 경로는 도대체가 말이 되지 않는다. 그것은 뇌에서 목으로 내려와 후두(이 신경이 원래 끝나야 하는 지점)를 그냥 지나쳐 흉곽까지 내려온다. 거기서 그 신경은 심장에 붙어 있는 주요 동맥들 중 하나를 휘감은 다음 다시 목 위로 쭉 올라와, 내려가는 길에 멈추어야 했던 후두에서 끝난다. 기린의 경우 그건 엄청난 우회이다. 나는 동물원에서 불운하게 죽은 기린을 해부하는 텔레비전 프로그램을 도우면서 이것을 생생하게 목격했다.

이 또한 명백히 나쁜 설계이지만, 역사를 보면 완벽하게 이치에 맞다. 우리 조상은 물고기였고, 물고기는 목이 없다. 되돌이후두신경의 물고기 버전은 되돌아가지 않는다. 그것은 아가미들 중 하나와 연결되어 있다. 뇌에서 그 아가미까지의 최단 경로는 앞에서 언급한 그 동맥 뒤쪽이다. 이것은 우회가 전혀 아니다. 진화사에서 나중에 목이 길어지기 시작했을 때, 그 신경은 약간 우회할 필요가 있었다. 세대가 지날수록 목은 꾸준히 더 길어졌으며, 우회도 점점 더 길어졌다. 기린의 조상에서 우회가 말도 안 되게 길어졌을 때조차 진화적 변화가 작동하는 방식 때문에(여기에 대해서는 다음 장에서 살펴볼 것이다) 그 신경은 경로를 완전히 바꾸어 동맥을 뛰어넘는 대신 점점 길어지기만 했다. 만일 설계자가 있었다면, 그 신경이 기나긴 목 아래로 내려가는 도중 후두 근처를 지날 때 그 신경을 쳐다보며 "잠깐, 이건 아니지"라고 말했을 것이다. 헬름홀츠는 이번에도 그 설계를 돌려보냈을 것이다. 고환에서 음경으로 정자를 실어 나르는 관도 마찬가지이다. 최단 경로로 직행하는 대신 복부로 올라가 (신장에서 방광으로 오줌을 실어 나르는) 요관을 휘감고 다시 음경으로 돌아온다. 이번에도 진화사를 보면 이런 우회가 납득이 된다.

나는 "온몸에 쓰인 역사"라는 표현을 좋아한다. 우리는 추우면 소름이 돋는다. 그건 우리 조상들에게 털이 많았기 때문이다. 조상들은 추우면 털이 곤두섰는데, 그러면 털에 붙잡힌 공기층이 두툼해져서 온기가 유지되었다. 스웨터를 한 장 더 입는 것과 같다. 우리는 더 이상 온몸이 털로 덮여 있지 않다. 하지만 털을 곤두서게 하는 작은 근육들은 그대로 있다. 그래서 여전히 존재하지도 않는 털을 세움으로써 추위에—쓸데없이—반응한다. 온몸이 털로 덮였던 우리의 과거가 우리 맨살에 새겨져 있는 것이다. 소름에 말이다.

치타와 가젤로 다시 돌아가 이번 장을 마무리하려 한다. 신이 치타를 만들었다면 그는 분명 빠르고, 난폭하고, 눈이 예리하고, 날카로운 발톱과 이빨을 가지고 있으며, 가젤을 무자비하게 죽이는 데 몰두하는 뇌를 장착한 뛰어난 킬러를 설계하기 위해 많은 노력을 기울였을 것이다. 하지만 같은 신은 가젤을 만드는 데도 동일한 노력을 기울였다. 신은 가젤을 죽이도록 치타를 설계함과 동시에 치타로부터 잘 도망치는 가젤을 설계하느라 바빴다. 그는 각각이 상대의 속도를 따라잡을 수 있도록 둘 모두를 빠르게 만들었다. 이 대목에서 여러분은 이런 궁금증이 들지 않을 수 없다. 대체 신은 누구 편인가? 신은 양쪽 모두 비참하게 만들고 있는 것처럼 보인다. 혹시 그가 관람 스포츠라도 즐기는 걸까? 겁에 질린 가젤이 필사적으로 도망치다가 자빠져 목을 죄는 치타한테 질식사당하는 장면을 신이 즐겁게 지켜본다고 생각하면 끔찍하지 않나? 또는 사냥에 실패한 치타가 애처롭게 칭얼거리는 새끼들과 함께 서서히 죽어가는 모습을 신이 감상하고 있다고 생각하면 어떤가?

물론 무신론자에게는 이런 문제가 없다. 신을 믿지 않기 때문이다. 신을 믿지 않는 사람도 겁에 질린 가젤, 또는 굶주린 치타와 그 새끼들을 마음대로 불쌍히 여길 수 있다. 하지만 무신론자는 신을 믿는 사람과 달리 치타와 가젤의 상황을 설명하는 데 아무런 어려움이 없다. 다윈의 자연선택에 의한 진화가 그 상황—그리고 생명에 관한 그 밖의 모든 것—을 완벽하게 설명해주기 때문이다. 여러분은 뒤에 이어지는 3개의 장에서 그것을 확인할 수 있다.

8

있을 법하지 않은 것들로 가는 단계

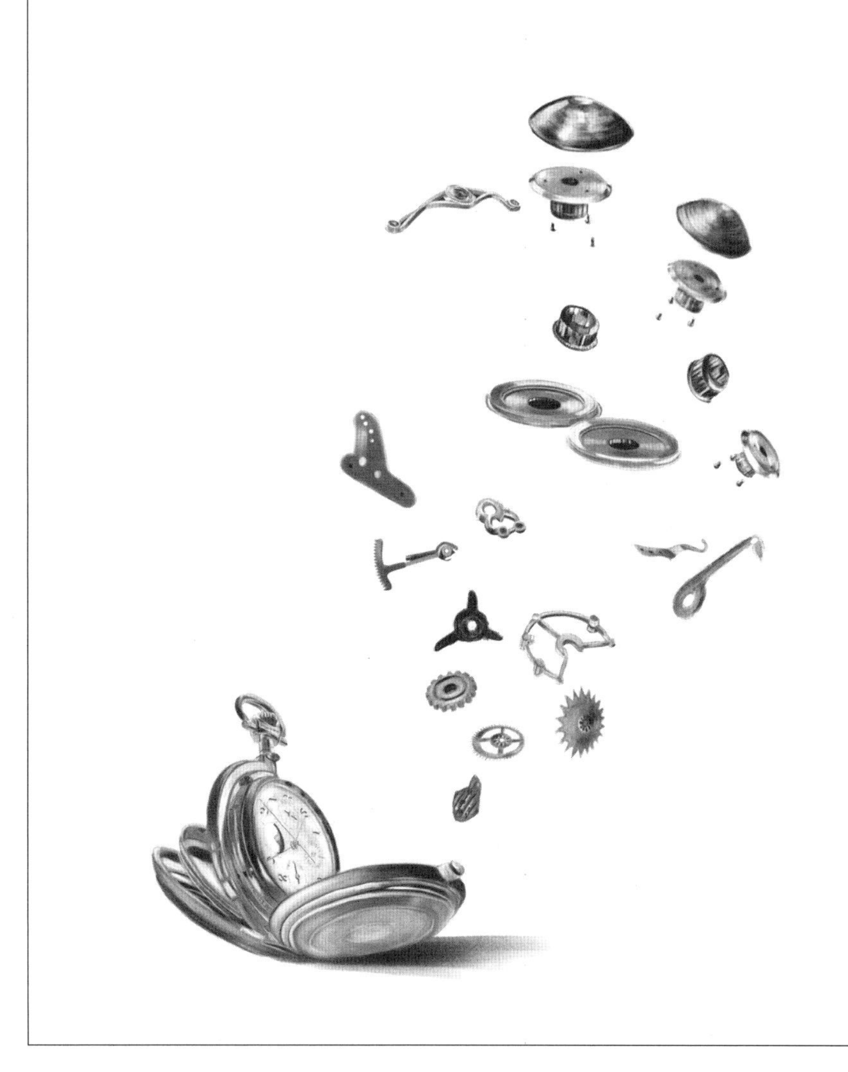

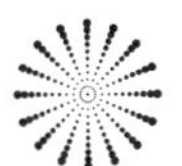

앞 장은 소름이 돋을 정도로 완벽한 색깔 패턴을 보여주거나 생존을 돕기 위해 영리한 일을 하는, 멋지게 설계된 동물들의 놀라운 예로 가득했다. 각각의 이야기를 마친 후 나는 이렇게 물었다. 이 모든 것을 생각해내고 실현한 설계자, 창조자, 현명한 신이 있어야 하지 않을까? 여러분은 지금까지 살았던 모든 동식물에 대해 비슷한 이야기를 할 수 있을 텐데, 이 예들의 정확히 무엇이 사람들로 하여금 설계자가 있었어야 했다고 생각하게 만드는 것일까? 답은 '**있을 법하지 않음**'이고, 이제 나는 그 말이 무슨 뜻인지 설명하려 한다.

우리가 어떤 일이 있을 법하지 않다(일어날 것 같지 않다)고 말할 때, 그건 무작위로 우연히 일어날 확률이 매우 낮다는 것을 의미한다. 만일 여러분이 동전 10개를 흔들어 탁자 위에 던졌는데 10개 모두 앞면이 나온다면 깜짝 놀랄 것이다. 그럴 수도 있지만 확률이 매우 낮다. (여러분이 산수를 즐긴다면 그 가능성이 얼마나 낮은지 계산하고 싶을지도 모르지만, 나는 '매우'라고 말하는 것에 만족한다.) 누군가가 동전 100개로 같은 일을 해도 100개 모두 앞면이 나올 가능성은 여전히 있다. 하지만 아주 있을 법하지 않은 일이기 때문에 여러분은 속임수가 아닐까 의심할 테고, 아마 여러분의 생각이 맞을 것이다. 나라면 그게 속임수라는 데 내가 가진 모든 걸 걸겠다.

동전 던지기의 경우는 특정한 결과가 나올 확률을 계산하는 것이 어렵지 않다. 적어도 복잡할 건 없다. 인간의 눈, 또는 치타의 심장이 얼마나 있을 법하지 않은지는 동전 던지기처럼 산수로 정확한 확률을 계산할 수 없다. 하지만 우리는 그것들이 매우 있을 법하지 않다고 말할 수 있다. 눈이나 심장 같은 것은 어쩌다 보니 재수 좋게 생겨나지 않는다. 이런 '있을 법하지 않음'이 사람들로 하여금 그런 것들은 설계된 게 틀림없다고 생각하게 만든다. 그리고 이번 장과 다음 장에서의 내 임무는 이런 생각이 잘못되었음을 보여주는 것이다. 설계자는 없었다. 눈이든, 눈을 설계할 수 있는 창조자든 있을 법하지 않기는 마찬가지이다. 있을 법하지 않은 것이라는 문제에는 창조자가 아닌 어떤 다른 해결책이 있어야 한다. 그리고 그 해결책을 제공한 사람이 찰스 다윈이었다.

살아 있는 몸에서 동전 던지기에 상응하는 것은 아마도

눈의 각 부분을 마구잡이로 뒤섞는 일일 것이다. 이렇게 하면 수정체가 눈 앞쪽이 아니라 눈 뒤쪽에 있을 수도 있다. 망막이 수정체 뒤가 아니라 각막 앞에 있을 수도 있다. 홍채조리개가 엉뚱하게도 어두우면 닫히고, 밝으면 열릴 수도 있다. 또는 트럼펫 소리가 들리면 열리고, 양파 냄새가 나면 닫힐지도 모른다. 수정체가 맑고 투명한 대신 칠흑처럼 까매서 어떤 빛도 통과할 수 없을지도 모른다. 두 눈의 각 부분을 마구잡이로 뒤섞으면 망막이나 홍채조리개가 생기지도 않을 것이다.

아니면 치타를 마구잡이로 뒤섞는다고 상상해보라. 어떤 치타는 네 다리가 모두 몸 한쪽에만 붙어서 옆으로 계속 넘어질지도 모른다. 또 어떤 치타는 뒷다리가 뒤쪽을 향하도록 붙을지도 모른다. 그러면 앞다리와 반대 방향으로 달릴 테니 치타는 앞쪽으로도 뒤쪽으로도 가지 못해 자기 몸을 반으로 찢으려 할 것이다. 심장이 숨통에 연결되어 혈액 대신 공기를 펌프질하는 치타도 있을 수 있다. 그 치타는 입안 대신 엉덩이에 이빨이 있을지도 모른다. 그리고 완전히 뒤죽박죽된 치타는 다리나 심장이나 이빨을 아예 갖고 있지 않을 것이다. 그야말로 엉망진창인 셈이다. 으깨진 치타 스무디라고나 할까.

여러분도 알다시피 이건 말도 안 되는 이야기이다. 치타의 각 부위를 뒤섞는 방법은 무수히 많지만, 그중 극히 적은 경우만이 달릴 수 있다. 또는 볼 수 있거나 냄새를 맡을 수 있다. 혹은 새끼를 가질 수 있다. 아니면 살아 있을 수 있다. 카멜레온의 각 부위를 뒤섞는 방법은 무수히 많지만, 그중 극소수만 곤충을 향해 혀를 쏠 수 있다. 동물과 식물이 무작위적인 우연에 의해 생겨나지 않는다는 건 너무나도 명백한 사실이다. 치타와 가젤, 번개처럼 빠른 카멜레온의 혀, 오징어의 색소포와 홍색소포·백색소포를 무엇으로 설명하든, 그것이 무작위 우연일 수는 없다. 수백만 가지 동식물에 대한 진정한 설명이 무엇이든 그것이 운일 수는 없다. 우리 모두는 그 점에 동의한다. 그러면 대안은 무엇일까?

불행히도 이 지점에서 많은 사람이 잘못된 길로 직행한다. 그들은 무작위적인 우연의 대안은 설계자뿐이라고 생각한다. 여러분이 떠올린 것 역시 그것이라도 걱정 마라. 19세기 중엽에 찰스 다윈이 나타나기 전까지 거의 모든 사람이 그렇게 생각했다. 하지만 땡, 땡, 땡! 그건 틀렸다. 단지 틀린 대안이 아니라, 대안이 전혀 아니다.

그 틀린 논증은 윌리엄 페일리 목사가 1802년 저서 《자연신학Natural Theology》에서 펼친 것이 가장 유명하다. 여러분이 황야에 산책을 나갔다고 상상해보라고 부주교副主教 페일리는 말했다. 그때 우연히 여러분 발에 돌멩이가 차인다. 여러분은 그 돌멩이를 무심코 지나친다. 돌멩이는 어쩌다 보니 그곳에 있을 뿐이고, 어쩌다 보니 거칠고 불규칙하며 울퉁불퉁

한 모양을 하고 있을 뿐이다. 돌멩이는 돌멩이일 뿐이다. 그것은 그 밖의 모든 돌멩이들 사이에서 눈에 띄지 않는다. 하지만 이제 발에 차인 것이 돌멩이가 아니라 시계라고 가정해보라고 페일리는 말한다.

시계는 복잡하다. 뒷면을 열면 톱니바퀴, 스프링, 섬세한 작은 나사들이 많이 보인다. (물론 페일리 시대에는 현대적 디지털 손목시계가 아니라 기계식이었을 것이고, 전문가가 세공한 아름다운 무브먼트가 있는 회중시계였을 것이다.) 서로 맞물린 그 모든 작은 부품은 함께 작동해 유용한 일을 한다. 이 경우는 시간을 알려주는 것이다. 돌멩이와 달리 시계는 어쩌다 보니 운 좋게 생길 수 없다. 그것은 숙련된 시계공이 의도적으로 설계하고 조립해야 한다.

물론 페일리가 이 논증으로 어떤 결론에 이를지 여러분은 쉽게 알 수 있다. 시계가 만들어지려면 반드시 시계공이 있어야 하듯 눈이 생기기 위해서는 눈 제작자가 있었음이 틀림없고, 심장이 있기 위해서는 심장 제작자가 있었음이 틀림없다. 이런 식으로 계속할 수 있다. 여러분은 이제 페일리의 주장에 전보다 훨씬 쉽게 설득당할 가능성이 있다. 그 주장은 틀렸으며 실제로는 창조주가 필요하지 않다는 말을 듣기가 훨씬 더 거북할지도 모른다.

뒤섞기 논증은 생명체의 있을 법하지 않은 아름다움을

무엇으로 설명하든 확실히 무작위 운으로는 설명할 수 없음을 보여준다. 그것이 '있을 법하지 않음'의 뜻이다. 그런데 이 논증에는 약간의 반전이 있다. 약간일지도 모르지만 매우 중요한 반전이다. 그건 바로 다윈주의적 반전이다. 치타의 모든 부위를 마구잡이로 뒤섞어 엉망진창으로 만드는 대신, 우리가 딱 한 부위만을 역시 무작위로 바꾼다고 가정해보자. 핵심은 아주 조금만 바꾸는 것이다. 가령 치타가 이전 세대보다 조금 더 긴 발톱을 가지고 태어난다고 가정해보자. 그것은 엉망진창으로 뒤섞인 치타가 아니다. 살아 숨 쉬고 달리는 제대로 된 치타이다. 무작위로 바뀌었지만, 아주 조금만 바뀌었을 뿐이다. 이 작은 변화 때문에 이제 치타는 생존에 약간 더 불리해졌을 가능성이 높다. 하지만 약간 더 유리해졌을 가능성도 있다. 더 긴 발톱은 치타가 땅을 더 안정감 있게 디딜 수 있도록 해줄지도 모르고, 이는 치타가 조금 더 빨리 달리는 데 도움을 줄 것이다. 운동선수들이 신는, 스파이크 박힌 러닝화처럼 말이다. 그래서 그 치타는 예전 같았으면 가까스로 도망쳤을 가젤을 잡는다. 아니면 가젤을 잡았을 때 긴 발톱으로 더 잘 움켜쥘 수 있기 때문에 가젤이 발버둥 치며 도망갈 확률이 줄어들 것이다.

그런데 그 치타는 어떻게 조금 더 긴 발톱을 갖게 되었을까? 치타의 게놈 어딘가에 발톱 길이에 영향을 주는 유전자가 있다. 새끼 치타는 항상 부모로부터 유전자를 물려받는다. 하지만 우리는 지금, 발톱에 영향을 주는 하나의 유전자가 부모 버전과 완전히 같지 않은 새로운 새끼에 대해 이야기하고 있다. 그 유전자는 무작위로 바뀌었다. 유전자에 '돌연변이'가 일어난 것이다. 돌연변이 과정 자체는 무작위적이다. 그것은 좋은 쪽으로 유도되지 않는다. 사실 대부분의 돌연변이 유전자는 상황을 악화시킨다. 하지만 약간 더 긴 발톱의 예처럼 몇몇 경우는 상황을 더 좋게 만들기도 한다. 그리고 이 경우 그런 돌연변이가 일어난 동물(혹은 식물)은 살아남을 가능성이 더 높고, 따라서 그 돌연변이 유전자를 포함한 자신의 유전자를 후대에 전달할 가능성이 더 높다. 이것이 다윈이 자연선택이라고 부른 과정이다(하지만 그는 '돌연변이'라는 단어를 사용하지 않았다).

무작위 돌연변이는 발톱을 더 날카롭게 하는 대신 더 뭉툭하게 만들 수도 있다. 그러면 아마 달리는 데나 먹이를 잡는 데 불리할 것이다. 변화가 작을수록 더 나은 변화일 확률이 50퍼센트에 가까워진다. 그 이유를 알기 위해, 변화가 매우 크다고 상상해보자. 가령 치타의 돌연변이 발톱이 1피트라면 그 치타는 잘 지내지 못할 것이다. 괴물 같은 발톱에 걸려 넘어질 테고, 뭔가를 움켜쥐려고 하면 발톱이 부러질 것이다. **어느 방향으로든** 큰 변화는 다 마찬가지이다. 만일 다리가 갑자기 2미터가 되거나 겨우 20센티미터가 된다면 치타는 금방 죽고 말 것이다. 이제 어느 방향으로든 아주 작은 변화, 즉 치타의 몸에 거의 아무런 영향도 주지 않을 정도로 작은 돌연변이를 상상해보자. 그런 변화는 어느 쪽으로든 그 동물의 성공에 거의 영향을 미치지 않을 것이다. 너무 작아서 거의 제로에 가까운—하지만 제로는 아닌—아주 작은 변화는 나아지는 쪽일 확률이 대략 50퍼센트일 것이다. 어떤 방향으로든 돌연변이가 클수록 동물의 능력에 해를 끼칠 가능성이 높다. 큰 돌연변이는 해롭다. 작은 돌연변이는 유익한 돌연변이일 확률이 50퍼센트에 가깝다.

다윈은 성공적인 돌연변이는 거의 항상 작은 것임을 깨달았다. 하지만 과학자들이 연구하는 돌연변이는 보통 큰 것인데, 작은 돌연변이는 포착하기 어렵다는 뻔한 이유 때문이다. 그리고 어느 방향이든 큰 돌연변이는 거의 항상 해롭기 때문에 일부 사람들은 모든 돌연변이가 생존에 불리하다고 생각하면서 진화에 의심을 품는다. 실험실에서 쉽게 연구할 수 있을 정도로 큰 돌연변이는 전부 생존에 불리한 게 사실일지도 모른다. 하지만 진화에 중요한 것은 작은 돌연변이이다.

다윈은 먼저 가축화·작물화 과정을 가리키며 독자들에게 선택의 힘을 납득시켰다. 인간은 야생마를 수십 가지 품종으로 바꾸었다. 짐마차용 말과 중세 군마 같은 몇몇은 야생마보다 크다. 셰틀랜드포니와 팔라벨라 같은 다른 것들은 훨씬 더 작다. 우리(즉 우리 인류의 조상)는 매 세대 가장 큰 개체를 선택해 번식시킴으로써 짐마차용 말을 만들었다. 우리는 가장 작은 개체를 선택해 번식시킴으로써 팔라벨라도 만들었다. 우리는 늑대 조상으로부터 수많은 세대에 걸쳐 개의 모든 품종을 만들었다. 우리는 매 세대 가장 큰 개체를 선택해 번식시킴으로써 그레이트데인과 아이리시울프하운드를 만들었다. 우리는 매 세대 일관되게 가장 작은 개체를 선택해 번식시킴으로써 치와와와 요크셔테리어를 만들었다. 평범하고 특징 없는 야생화인 양배추를 가지고 우리는 방울다다기양배추, 콜리플라워, 케일, 브로콜리, 콜라비, 그리고 수학적으로 정교한 모양의 로마네스코브로콜리(도판 9 참조)를 만들었다. 이 모두는 인간의 인위적 선택을 통해 생겨났다. 농부와 정원사, 개 육종가와 비둘기 육종가는 수 세기 동안 선택의 힘을 알고 있었다.

다윈의 위대한 점은 인간 선택자가 필요 없다는 사실을 깨달았다는 데 있다. 자연은 그 모든 일을 혼자서 수억 년 동안 해왔다. 어떤 돌연변이 유전자는 동물이 생존하고 번식하는 데 도움을 준다. 그런 유전자는 개체군 내에서 출현 빈도가 높아진다. 다른 돌연변이 유전자는 동물이 생존하고 번식하는 걸 더 어렵게 만들고, 따라서 개체군 내에서 빈도가 점점 줄어들다가 결국에는 완전히 사라진다. 늑대를 휘핏(달리기가 빠르며 주력이 강하고 모습이 날렵한 소형 경주견—옮긴이)이나 바이마라너(중형 또는 대형의 독일산 사냥견—옮긴이)로 바꾸는 데는 몇 세기밖에 걸리지 않는다. 그렇다면 100만 세기 동안 얼마나 많은 변화가 이루어질 수 있었을지 한번 생각해보라. 우리 조상들이 바다에서 기어 나온 물고기였던 때로부터 300만 세기가 지났다. 그건 어마어마하게 긴 시간이다. 매 세대 한 단계씩 무수히 많은 세대에 걸쳐 변화를 축적할 기회가 있었다. 다시 말하지만, 성공적인 돌연변이는 비록 무작위적이더라도 작다는 게 핵심이다. 돌연변이 동물은 무작위로 뒤섞인 엉망진창이 아니다. 각각의 무작위적 변화가 그 동물을 앞 세대와 아주 조금만 달라지게 만든다.

자연이 농부나 정원사 또는 개 육종가의 일을 어떻게 하는지 알기 위해 치타의 사례로 돌아가보자. 돌연변이 유전자를 가진 치타 새끼가 성장하면, 녀석의 약간 더 긴 발톱이 조금 더 빠르게 달릴 수 있도록 돕는다. 그래서 치타는 더 많은 먹이를 잡는데, 이는 그 치타의 새끼들이 더 잘 먹고 살아남아 자신의 새끼를 낳을 가능성이 더 높다는 것을 의미한다. 이 새로운 새끼들—돌연변이의 손자들—가운데 몇몇은 돌연변이 유전자를 물려받아 역시 약간 더 긴 발톱을 갖게 된다. 그리고 역시 길어진 발톱 덕분에 좀 더 빨리 달리고, 따라서 더 많은 새끼, 즉 원래 돌연변이의 증손자들을 낳는다. 마치 인간

육종가가 체계적으로 가장 빠른 개체를 선택해 번식시키는 것과 같다. 하지만 여기에 인간 육종가는 없다. 생존이 그 역할을 대신한다. 여러분은 무슨 일이 일어날지 알 수 있다. 세대가 지날수록 돌연변이 유전자는 개체군 내에 점점 더 흔해진다. 결국 치타 개체군의 거의 모든 개체가 돌연변이 유전자를 갖는 때가 온다. 그리고 모두가 그들의 조상보다 조금 더 빨리 달린다.

이제 이것이 가젤에게 또 다시 압력을 가한다. 모든 가젤이 똑같은 속도로 달리지는 않는다. 치타만큼 빨리 달리는 가젤은 없지만, 어떤 가젤은 다른 가젤보다 더 빨리 달릴 수 있고 그래서 잡아먹히지 않을 가능성이 더 높다. 그 결과 이들은 살아남아 새끼를 낳을 가능성이 더 높다. 그리고 그 새끼들은 빨리 달리는 유전자를 물려받는다. 느리게 달리는 유전자는 치타·사자·표범의 배 속으로 들어갈 가능성이 높고, 따라서 미래 세대 가젤에게 전달될 가능성이 낮다. 만일 기존의 유전자에 무작위 변화가 생겨 가젤이 더 빨리 달릴 수 있도록 돕는 새로운 돌연변이 유전자가 생긴다면, 그것은 가젤 개체군 내에 퍼질 것이다. 치타 돌연변이와 마찬가지로 말이다. 이 돌연변이는 발굽의 변화일지도 모른다. 아니면 심장의 변화, 또는 혈액의 화학작용에 일어나는 더 깊숙한 변화일 수도 있다. 여기서 세부적인 것은 중요하지 않다. 만일 어떤 유전자가 어떤 수단으로든 가젤이 살아남는 것을 돕는다면, 그것은 자손에게로 전달될 것이다. 그래서 결국에는 치타 유전자처럼 개체군 내에 흔해질 때까지 퍼질 것이다. 세대가 지날수록 치타와 가젤, 즉 사냥하는 쪽과 사냥당하는 쪽이 모두 조금 더 빨라진다. 이것을 우리는 양쪽에 **진화적** 변화가 일어났다고 말한다.

나는 **군비경쟁**이라는 은유를 좋아한다. 물론 치타 개체와 가젤 개체는 말 그대로 서로 힘겨루기를 한다. 하지만 그건 군비경쟁이 아니다. 그건 그냥 경쟁이고, 순식간에 끝난다. 즉 치타가 승리하거나(먹이를 잡는다) 가젤이 승리한다(도망친다). 군비경쟁은 치타 개체와 가젤 개체의 일생보다 더 느린 진화의 시간 척도에서 일어난다. 군비경쟁은 가젤종과 치타종(또한 사자종, 표범종, 하이에나종, 아프리카사냥개종) 사이의 경쟁이다. 그리고 군비경쟁의 결과는 느린 진화의 시간 척도에서 일어나는 개선이다. 생존 **도구**에 개선이 일어나는 것이다. 다시 말해 세대가 지날수록 달리는 속도가 향상되고 다리, 체력, 피하는 기술, 포식자나 먹이를 탐지하는 감각기관이 개선된다. 또한 근육에 산소를 빠르게 공급하기 위해 혈액의 화학작용도 개선된다.

인생에서와 마찬가지로 공짜는 없다. 개선에는 대가가 따른다. 달리는 속도를 높이기 위해서는 뼈가 덜 무겁고 더 긴 다리가 필요하다. 그리고 그 대가는 다리가 부러질 가능성이 높아진 것이다. 인간의 인위선택은 자연선택이 만든 것보다 더 빠르게 달리는 경주마를 길러냈다. 그러나 경주마의 길고 호리호리한 다리는 결과적으로 부러지기 쉽다. 만일 야생마가 검치호랑이와 군비경쟁을 통해 현대 경주마만큼 빠르게 달리게 되었다면 야생마에게 무슨 일이 일어났을지 상상해보라. 가장 빠른 개체는 길어진 다리와 가벼워진 뼈 덕분에 검치호랑이보다 더 빨리 달렸을지 모르지만 다리도 더 잘 부러졌을 것이다. 그랬다면 검치호랑이의 손쉬운 먹이가 되었을 것이다. 따라서 현실에서 군비경쟁은 타협으로 이어질 거라고 예상할 수 있다. 야생마는 빨리 달리지만, 인위선택으로 길러낸 경주마만큼 빠르지는 않을 것이다. 그리고 실제로 일어난 일도 그렇다. 예상할 수 있다시피 현대 경주마는 다리가 부러지는 일이 흔하다. 그래서 안타깝게도 사살해야 한다.

군비경쟁을 제한하는 요인은 다리 골절 같은 문제만이 아니다. 경제적 한계도 중요하다. 빨리 달리는 근육을 만드는 데는 비용이 많이 든다. 근육을 만들기 위해서는 먹어야 한다. 그런데 섭취한 음식은 새끼한테 먹일 젖을 만드는 것 같은 다른 용도로 쓸 수도 있다. 인간 세계의 군비경쟁 역시 경제적 비용이 든다. 폭격기에 더 많은 돈을 쓸수록 전투기에 쓸 돈은 줄어든다. 병원과 학교를 짓는 돈이 줄어드는 것은 말할 것도 없다.

감자 같은 식물이 해야 하는 경제적 계산을 생각해보자.

식물은 예로 들기 좋다. 왜냐하면 가젤이나 치타 또는 말이 머릿속으로 계산을 한다고 (잘못) 생각하기 쉬운 반면, 식물이 계산을 한다고 진지하게 상상하는 사람은 아무도 없기 때문이다. 우리가 이야기하고 있는 계산은 그런 의식적인 계산이 **아니다**. 계산에 상응하는 일을 하는 것은 몇 세대에 걸쳐 일어나는 자연선택이다. 자, 그럼 감자로 돌아가보자. 감자가 쓸 '돈'은 한정되어 있다. 여기서 '돈'은 에너지 자원을 의미하는데, 그것은 햇빛으로 만들어지고, 당이라는 화폐로 바뀌어 예컨대 감자 덩이줄기 안에 녹말로 저장된다. 감자는 잎에 약간의 돈을 써야 한다(햇빛을 흡수해서 더 많은 돈을 만들기 위해). 뿌리에도 돈을 좀 쓸 필요가 있다(물과 무기질을 흡수하기 위해). 땅 밑의 덩이줄기에도 약간의 돈을 써야 한다(내년에 쓸 돈을 저장하기 위해). 꽃에도 돈을 좀 써야 한다(곤충을 유혹해 다른 감자 식물을 수분시킴으로써 유전자—지출 결정을 제대로 하는 유전자도 포함해—를 퍼뜨리기 위해). '계산'을 잘 못하는 감자 식물—아마도 내년을 위한 덩이줄기 저장에 충분한 돈을 쓰지 않을 것이다—은 자신의 유전자를 후대에 전달하는 데 별로 성공하지 못할 것이다. 세대가 지날수록 경제적 계산을 잘 못하는 식물은 개체군 내에서 줄어든다. 그리고 이는 경제적 계산을 잘 못하는 유전자 수가 줄어든다는 걸 의미한다. 개체군의 '유전자풀gene pool'은 갈수록 경제적 계산을 제대로 하는 유전자로 채워진다.

우리가 의식적인 계산에 대해 이야기하고 있지 않다는 점을 감자 식물을 통해 충분히 알았으니, 이제 마음 놓고 가젤로 돌아가 그들이 어떻게 경제적 수지타산을 제대로 맞추는지 이야기해보자. 세부 내용은 감자와 다르지만 원리는 같다. 가젤은 치타와 사자를 조심해야 하며, 겁먹을 필요가 있다. 주의 깊은 눈으로 항상 지켜볼 필요가 있다. 그리고 '주의 깊은' 코도 필요하다. 왜냐하면 위험을 감지하기 위해 자주 냄새를 이용하기 때문이다. 하지만 중요한 것은 먹는 데도 많은 시간을 써야 한다는 것이다. 식물성 음식은 고기보다 무게 대비 영양소가 적기 때문에 가젤이나 소 같은 초식동물(식물만 먹는 동물)은 거의 온종일 먹어야 한다. 너무 겁이 많은 가젤은 조금만 위험해 보여도 계속 도망치느라 먹을 시간이 부족할 것이다. 아프리카 평원에서는 때때로 영양과 얼룩말이 사자가 보이는 곳에서 풀을 뜯고 있는 모습을 볼 수 있다. 그들은 사자가 그곳에 있다는 것을 잘 안다. 그래서 사자가 사냥을 시작할 조짐을 보일 경우를 대비해 항상 경계를 늦추지 않는다. 하지만 그러는 동안에도 계속 풀을 뜯는다. 세대를 거치면서 자연선택은 너무 겁이 많은 것(따라서 충분히 먹지 못함)과 너무 겁이 없는 것(따라서 잡아먹힘) 사이에서 절묘한 균형을 이루어냈다.

진화는 개체군 내의 유전자 비율이 변하는 것이다. 우리가 밖에서 보는 것은 세대를 거치면서 몸과 행동에 나타나는 변화이다. 하지만 실제로 벌어지고 있는 일은 어떤 유전자는 개체군 내에서 점점 더 많아지고, 어떤 유전자는 점점 더 줄어드는 것이다. 유전자가 개체군 내에서 살아남거나 사라지는 것은 그 유전자가 몸과 행동에 미치는 영향의 직접적 결과인데, 우리는 그 영향의 일부만 볼 수 있다. 치타와 가젤, 얼룩말과 사자만 그런 게 아니다. 카멜레온과 오징어, 캥거루와 카카포, 버펄로와 나비, 너도밤나무와 박테리아, 모든 동물과 식물, 모든 버섯과 미생물이 그렇다. 이들은 모두 그 조상들이 끊이지 않고 살아남아 자신의 유전자를 후대에 전달하도록 도운 유전자를 가지고 있다.

여러분과 나, 그리고 총리, 여러분의 고양이와 창밖에서 지저귀는 새 등 우리 모두는 저마다 자기 조상을 돌아보며 다음과 같은 자랑스러운 주장을 할 수 있다. "내 조상 중에 일찍 죽은 사람은 한 명도 없다." 상당수의 개체가 일찍 죽지만, 그들은 누군가의 조상이 되지 못했다. 여러분의 조상 중 적어도 한 명의 자식을 낳기 전에 절벽에서 떨어지거나, 사자한테 잡아먹히거나, 암으로 죽은 사람은 한 명도 없다. 물론 생각해보면 뻔한 일이다. 하지만 그것은 정말, 정말, 중요한 사실이다. 그것은 우리 모두, 모든 동식물과 곰팡이와 박테리아, 이 세계에 살고 있는 70억 인구 한 사람 한 사람이 저마다 살아남아 조상이 되는 데 적합한 유전자를 가지고 있다는 뜻이다.

우리를 생존에 적합하게 만드는 게 무엇인지는 종마다 다르다. 치타의 경우는 단거리 질주이고, 늑대의 경우는 장거리 달리기이며, 풀의 경우는 햇빛을 잘 흡수하고 소(또는 잔디 깎기)한테 뜯기는 걸 크게 신경 쓰지 않는 것이고, 소의 경우는 풀을 잘 소화하는 것이며, 매의 경우는 맴돌며 먹이를 포착하는 것이고, 두더지와 땅돼지의 경우는 땅을 잘 파는 것이다. 모든 생명체에 해당하는 것은 경제적 수지타산을 잘 맞추는 것이다. 몸의 구석구석과 수십억 개의 세포에서 함께 일어나고 있는 수천 가지 과정을 잘 처리하는 것이다. 그 모두는 세부는 크게 다르지만 한 가지 공통점이 있다. 미래 세대로 유전자를 전달하는 일에 능하다는 것이다. 그 모두는 살아남아 유전자를 전달하는 일을 잘하게 해주는 바로 그 유전자를 전달하는 데 능하다. '살아남아 유전자 전달하기'라는 같은 일을 하는 각기 다른 수단들인 것이다.

우리는 눈을 비롯해 (페일리의 시계처럼) 복잡한 모든 기관은 너무 **있을 법하지 않아서** (페일리의 돌멩이처럼) 어쩌다 보니 그냥 생길 수 없다는 데 동의했다. 인간의 눈과 같은 뛰어난 시각 장치는 어느 날 갑자기 생겨날 수 없다. 그런 일은 동전 100개를 던져 모두 앞면이 나오는 것만큼이나 있을 법하지 않다. 하지만 훌륭한 눈이 약간 덜 훌륭한 눈에서 무작위 변화를 통해 생길 수는 있다. 그리고 약간 덜 훌륭한 눈이 그보다 훨씬 덜 훌륭한 눈에서 생길 수도 있다. 이런 식으로 우리는 아주 형편없는 눈으로 거슬러 올라갈 수 있다. 아주 형편없는 눈이라도 아예 없는 것보다는 낫다. 그런 눈이라도 있다면 여러분은 밤과 낮을 구별할 수 있고, 아마 포식자의 어른거리는 그림자를 감지할 수 있을 것이다. 그리고 눈뿐만 아니라 다리와 심장, 혀와 깃털, 혈액과 머리카락과 이파리에 대해서도 똑같이 말할 수 있다. 이런 식으로 보면, 아무리 복잡하고 아무리 있을 법하지 않은 것이라 해도—페일리의 시계만큼 있을 법하지 않아도—생명체의 모든 게 이해되기 시작한다. 여러분이 보고 있는 게 무엇이든 그것은 한 번에 생겨나지 않았다. 오히려 이전과 조금 다른 어떤 것에서 생겨났다. 매 단계 아주 작은 변화만을 일으키는 아주 작은 단계를 밟아 **점진적으로** 슬며시 생겼다고 생각하면 있을 법하지 않음의 문제는 저절로 풀린다. 그리고 첫 번째 단계는 훌륭한 어떤 것을 전혀 만들어내지 않았을 것이다.

있을 법하지 않은 것은 어느 날 갑자기 세상에 나오지 않는다. 앞에서도 말했듯 그것이 있을 법하지 않음의 의미이다. 시계에 대해 페일리가 한 말은 옳았다. 시계는 저절로 생길 수 없다. 시계공이 있어야 한다. 하지만 시계공 역시 저절로 생길 수 없다. 시계공은 복잡한 아기로 태어난다. 인간의 손과 뇌, 시계 제작 기술을 배우는 능력을 가진 성인으로 성장하는, 인간의 아기로 태어난다. 인간의 손과 뇌는 유인원의 손과 뇌에서 점진적으로 진화했고, 그런 유인원은 원숭이 같은 조상에서 점진적으로 진화했다. 이들은 다시 뒤쥐 같은 조상으로부터 점진적으로 느리게 진화했다. 알아챌 수 없을 만큼 더디게. 그리고 그 전에는 물고기 같은 조상에서 진화했다. 이 모든 일은 갑자기 일어난 게 아니라 점진적으로 느리게 일어났다. 한 번에 저절로 생겨난 시계처럼 있을 법하지 않은 일이 결코 아니었다.

설계자 역시 시계와 마찬가지로 설명이 필요하다. 시계공은 이렇게 설명할 수 있다. 그는 한 여성에게서 태어났고, 그 전에는 아주 길게 이어진 조상들을 통해 느리게 점진적으로 진화했다. 모든 생물을 똑같이 설명할 수 있다. 그러면 모든 것의 설계자라는 신은 어떻게 될까? 얼핏 생각하면 카멜레온과 치타 그리고 시계공처럼 있을 법하지 않은 것들의 존재는 신을 끌어들이면 잘 설명되는 것 같다. 하지만 좀 더 신중하게 생각해보면 신 자체는 윌리엄 페일리의 시계보다 훨씬 더 있을 법하지 않다. 어떤 것을 설계할 정도로 충분히 똑똑한 존재, 충분히 복잡한 존재는 우주에 늦게 등장해야 한다. 시계공처럼 복잡한 존재는 단순한 것에서 시작하는 길고 완만한 오르막의 끝에 있어야 한다. 페일리는 자신의 시계공 논증이 신의 존재를 입증했다고 생각했다. 하지만 제대로 이해하면 그 논증은 정반대 방향, 즉 신의 존재를 반증하는 쪽으로 향한다. 본인은 몰랐지만, 페일리는 유창하고 설득력 있게 자기 무덤을 파고 있었던 것이다.

9

결정과 직소퍼즐

부주교 페일리의 시계로 돌아가서 그것이 돌멩이와 어떻게 다른지 좀 더 주의 깊게 살펴보자. 여러분은 둘 모두에 뒤섞기 테스트를 할 수 있다. 특정한 돌멩이를 고른 다음 그 알갱이들을 1,000번쯤 뒤섞어 정확히 똑같은 돌멩이를 다시 얻으려면 엄청난 운이 필요하다. 그래서 여러분은 그 돌멩이도 시계만큼이나 있을 법하지 않다고 말할지도 모른다. 하지만 땅바닥에 무작위로 깔려 있는 그 모든 돌멩이는 여전히 돌멩이일 뿐이고, 그중 어떤 것도 특별한 점이 없다. 하지만 시계는 그렇지 않다. 여러분이 시계의 부품을 1,000번쯤 뒤섞으면 무작위로 엉망진창인 1,000가지 물건이 나온다. 하지만 그중 어느 하나도 시간을 알려주거나 유용한 어떤 일을 하지 않을 것이다(무작위로 뒤섞는 여러분이 말도 안 되게 운이 좋지 않은 한 말이다). 심지어 아름답지도 않을 것이다. 그것이 시계와 돌멩이의 중요한 차이점이다. 부분들이 순전히 운이 좋아 '그냥 생기지' 않는 독특한 조합을 이루고 있다는 점에서는 시계와 돌멩이가 똑같이 있을 법하지 않다. 하지만 시계는 무작위로 뒤섞인 모든 것과 구별되는 더 흥미로운 다른 면에서 독특하다. 즉 시계는 유용한 무언가를 한다. 시간을 알려준다. 돌멩이는 그런 종류의 독특함을 지니고 있지 않다. 무작위로 뒤섞인 돌멩이 수천 개 중 어느 하나를 골라낼 수 있는 독특한 점은 아무것도 없다. 그것들은 모두 돌멩이일 뿐이다. 시계 부품들이 함께 모일 수 있는 수천 가지 방법 중 오직 하나만이 시계가 된다. 오직 하나만이 시간을 알려준다.

하지만 이제 부주교 페일리와 함께 황야를 걷다가 다음 사진과 같은 것이 여러분의 발에 차였다고 가정해보라.

여러분은 이것도 페일리의 돌멩이처럼 '그냥 생겼다'고 말하겠는가? 아닐 것이다. 여러분은 이것을 보면서 설계자 또는 예술가가 공들여 만든 것이라고 생각할지도 모른다. 페일리도 분명히 그럴 것이다. 고급 갤러리에 어울릴 것 같지 않나? 유명한 조각가가 만든 가치 있는 예술 작품 같다. 거친 돌 위에 고상하게 얹힌 반들반들한 정육면체들은 너무나 완벽해 보인다. 이 아름다운 물체를 만든 사람이 아무도 없다는 건 내게 폭탄선언과 같았다. 그것은 저절로 생겼다. 페일리의 돌처럼. 실제로 그것은 일종의 돌이다.

이것은 결정이다. 결정은 그냥 저절로 자란다. 어떤 것은 정확한 기하학 모양으로 자라는데, 아무리 봐도 예술가가 만든 것 같다. 이것은 저절로 생긴 이황화철 결정이다. 다른 화학물질로부터 저절로 형성된 많은 다른 결정이 있는데, 그것들 역시 아름답다. 다이아몬드·루비·사파이어·에메랄드 같은 몇몇 결정은 매우 아름다워서 굉장한 가격에 팔리고, 사람들은 그것을 목에 두르거나 손가락에 착용한다.

반복하지만, 아무도 그 아름다운 이황화철 '조각품'을 만들지 않았다. 그것은 그냥 생겼고, 그냥 자랐을 뿐이다. 그것이 결정이다. 이황화철 결정을 황철광이라고 부른다. 때로는 색깔과 번쩍임 때문에 '바보의 금'이라고도 부른다. 그것을 캔 사람들은 진짜 금인 줄 알고 기뻐 춤추지만, 그들의 희망은 잔인하게 부서지고 만다.

결정이 예쁘고 기하학적으로 정확한 모양을 갖추고 있는 것은 그 모양이 원자의 배열에서 나오기 때문이다. 물이 충분히 차가워지면 얼음으로 결정화된다. 얼음 속 분자들은 서로의 옆에 질서 정연하게 자리 잡는다. 대오를 이룬 병사들과 비슷하지만, 작은 결정에도 수십억의 병사가 있는 게 다르다. 대오는 사방으로 멀리까지 늘어선다. 병사들과 달리 '사방'에는 위아래 방향도 포함된다. 분자들이 이룬 3차원 대오를 '격자'라고 한다. 다이아몬드와 그 밖의 귀한 돌들도 각기 고유한 격자 패턴을 지닌 결정이다. 바위·돌멩이·모래 알갱이도 결정으로 이루어져 있지만, 그 결정들은 대개 너무 작고 빽빽이 들어차 있어 그것을 개별적으로 보기는 쉽지 않다.

결정은 다른 방법으로도 형성된다. 즉 물질이 물에 용해된 다음 물이 증발할 때 생긴다. 여러분도 일반 식탁용 소금인 염화나트륨으로 쉽게 할 수 있다. 물에 소금 한 컵을 넣고 끓여서 녹인 다음, 그 용액을 넓고 얕은 접시에 담아 증발시킨다. 며칠 지나면 물속에서 새로운 소금 결정이 형성되는 것을 볼 수 있다. 소금 결정은 황철광처럼 정육면체일 수도 있고,

아니면 정육면체들로 지은 사면('지구라트') 피라미드처럼 보이는 더 큰 구조물이 될 수도 있다. 소금 결정이 생길 때 일어나는 일은 나트륨과 염소 원자가 서로를 알아보고 팔짱을 끼는 것이다. '팔짱'의 적절한 이름은 **결합**bonds이다(사실, 이 경우에는 엄밀히 말해 원자가 아니라 이온이다. 나트륨 이온과 염소 이온. 하지만 여기서 그 차이는 중요하지 않다). 이제 결정이 어떻게 자라는지 보자. 여전히 물속에 떠다니는 나트륨과 염소 이온들이 이미 생겨 있는 결정에 우연히 부딪친다. 이 이온들은 결정 가장자리에 있는 염소 이온 또는 나트륨 이온을 알아보고 그것들과 팔짱을 끼는데, 이런 식으로 결정이 자라게 된다. 소금 결정이 정사각형인 이유는 이온들의 팔짱이 직각을 이루기 때문이다. 소금 결정은 '병사들'의 대오가 직각을 이루는 데서 그 모양을 얻는다. 모든 결정이 정사각형인 것은 아닌데, 여러분은 이미 그 이유를 짐작했을 것이다. 원자들의 팔짱이 직각이 아닌 각도를 이루고, 따라서 '대오를 이룬 병사들'이 그 각도로 정렬하는 것이다. 예를 들어 형석螢石 결정은 이 때문에 팔면체를 이룬다.

결정은 정육면체나 팔면체 같은 멋진 기하학 모양을 한 하나의 큰 돌멩이가 될 수 있다. 하지만 때때로 작은 결정들이 달라붙어서 더 복잡한 모양을 만들기도 한다. 이런 복잡한 모양을 짓는 작은 벽돌들 각각의 내부는 '병사들의 연병장' 같은 모습을 하고 있다. 하지만 '빌딩'은 이보다 복잡하다. 눈송이가 한 예이다. 여러분은 어떤 눈송이도 똑같지 않다는 말을 들어봤을 것이다. 얼음에서는 '팔짱'의 개수가 6개이고, 따라서 각각의 작은 얼음 결정의 자연스러운 모양은 육면체이다. 눈송이는 그 작은 결정들 중 하나가 아니다. 그것은 작은 육면체 '벽돌들'이 많이 모여 만들어진 '빌딩'이다. 여러분은 육면체 디자인이 벽돌 자체의 모양뿐 아니라, '빌딩'의 모양에도 반영되어 있다는 사실을 눈치챌 것이다. 모든 눈송이는 6겹 대칭이다(다음 그림은 몇 가지 예를 보여준다). 하지만 눈송이들은 모두 다르고, 그중 다수가 매우 아름답다.

왜 눈송이가 저마다 독특한지 곰곰이 생각해볼 가치가 있다. 각각이 독특한 역사를 지니고 있기 때문이다. 소금 결정이 물속에서 그 결정 가장자리에 붙어 자라는 것과 달리, 눈송이는 작은 물결정들이 수증기 구름 속을 통과해 떨어지는 동안 '빌딩'의 가장자리에 붙어 성장한다. 눈송이가 자랄 수 있는 방법은 두 가지이다. 둘 중 어느 것이 우세한지는 각각의 작은 구름 조각 내부의 '미세 기후'에 달려 있다. 즉 얼마나 차가운가와 얼마나 습한가이다. 구름 안의 서로 다른 미세 기후는 온도와 습도가 모두 제각기 다르다. 모든 눈송이는 구름 속을 통과해 떨어질 때 수많은 서로 다른 미세 기후를 경험한다. 순간순간 변하는 습도와 온도의 독특한 패턴을 경험하는 것이다. 따라서 눈송이 '빌딩'은 독특한 패턴으로 조립되고, 특정한 눈송이는 독특한 모양을 지니게 된다. 그것은 순간순간 쌓아 올린 역사의 지문인 셈이다.•

그러면 눈송이를 아름답게 만드는 것은 무엇일까? 만화경 속 이미지와 마찬가지로, 정답은 대칭이다. 6개의 면, 6개의 모서리, 6개의 점 또는 점들의 집합이 모두 대칭이다. 왜 대칭을 이룰까? 너무 작아서, 자라는 '빌딩'의 모든 부분이 습도와 온도의 똑같은 '역사적' 패턴을 경험하기 때문이다. 그런데 모든 눈송이가 독특하긴 하지만 어떤 눈송이는 다른 것보다 덜 아름답다. 책에 실리는 눈송이는 아름다운 것들이다.

만일 우리가 잘 알지 못했다면 이렇게 생각했을지도 모른다. "오, 저것 봐. 눈송이는 너무나 아름답고 모두 독특해. 수

• 눈송이를 이해하기 위해 브라이언 콕스Brian Cox의 아름다운 책 《자연의 힘Forces of Nature》(2018)을 참고했다.

백만 가지의 서로 다른 디자인을 생각해낼 수 있을 만큼 창의성이 풍부한 어떤 재능 있는 창조자가 설계한 것이 틀림없어." 하지만 우리가 방금 살펴보았듯 눈송이와 그 밖의 아름다운 결정은 페일리의 돌멩이 같은 것이지, 페일리의 시계 같은 것이 아니다. 과학은 우리에게 눈송이의 아름답고 복잡한 대칭에 대해 완전하고도 충분한 설명을 제공하고, 눈송이가 왜 저마다 독특한지도 설명한다. 페일리의 돌멩이처럼 눈송이는 '그냥 생겼다'. 분자들(또는 일반적으로 물질들)이 이런 특정한 모양으로 저절로 형성될 때(즉 '그냥 생길 때') 그 과정을 자기조립self-assembly이라고 부른다. 여러분은 왜 그렇게 부르는지 알 수 있을 것이다. 자기조립은 곧 살펴보겠지만 생명체에서 매우 중요하다. 이번 장의 주제는 생명의 자기조립이다.

내가 생명체 자기조립의 본보기로 삼는 사례는 이번 장의 제목 페이지에 그려져 있다. 그것은 바이러스인 람다 박테리오파지lambda bacteriophage이다. 모든 바이러스는 기생생물이고, 이 바이러스는 그 이름이 암시하듯 박테리아를 공격한다. 그것이 달착륙선처럼 보인다는 데 여러분도 동의할 것이다. 실제로 그것은 달착륙선처럼 행동하는데, 박테리아 표면에 '다리'를 견고하게 내리고 착륙한다. 이어 박테리아의 세포벽에 구멍을 내고 중앙의 '꼬리'—'피하주사기'라고 부르는 게 더 나을지도 모른다—를 통해 자신의 유전물질인 DNA를 주입한다. 박테리아 내부의 세포 장치는 바이러스 DNA와 자기 DNA의 차이를 구별할 수 없다. 그래서 바이러스 DNA에 코드화된 지시를 따를 수밖에 없고, 그 지시는 박테리아 세포에 바이러스를 더 많이 만들라고 시킨다. 그런 다음 그 바이러스들이 터져 나와 더 많은 박테리아에 착륙하고 그것들을 재감염시킨다. 하지만 이번 장과 관련해 흥미로운 점은 그 바이러스의 '몸'이 결정 또는 일군의 결정처럼 저절로 조립된다는 사실이다. 박테리오파지의 머리는 실제로 여러분이 목에 걸 수 있는 결정처럼 보인다(지나치게 작다는 점만 빼면). 머리와 그 바이러스의 나머지 모든 부위는 결정과 마찬가지로 분자들이 박테리아 내부를 떠돌아다니다 이미 자라고 있는 결정에 끼워 맞춰짐으로써 자기조립된다.

결정에 대해 이야기를 시작할 때 나는 '대오를 이룬 병사들'과 '팔짱을 낀다'는 비유를 사용했다. 이제부터는 약간 다른 비유가 필요하다. 바로 직소퍼즐(조각 그림 맞추기)이다. 여러분은 성장하고 있는 결정을 아직 완성되지 않은 직소퍼즐이라고 생각할 수 있다. 결정은 직소퍼즐처럼 조각들이 끝에 붙으며 중간에서 바깥쪽으로 자란다. 하지만 테이블 위에 놓을 수 있는 보통의 평평한 퍼즐과 달리 결정은 3차원 직소퍼즐이다.

그 미완성 퍼즐 주위에는 수천 개의 퍼즐 조각이 액체 속을 떠다니고 있다. 물에 떠다니는 나트륨 이온과 염소 이온을 떠올려보라. 떠다니는 조각 중 하나가 결정에 부딪칠 때마다 그것은 딱 맞는 모양의 '구멍'을 발견하고 쏙 들어간다. 이것이 결정이 가장자리에서 어떻게 자라는지 묘사하는 또 다른 방법이다. 이제부터 우리는 직소퍼즐 비유를 사용해 생명체 안에서 무슨 일이 일어나는지 이야기할 것이다. 특히 **효소**를 살펴볼 텐데, 효소가 무엇인지는 잠시 후 알아보기로 하자.

세포 안에서 일어나는 화학반응을 묘사한 7장의 그림2, 화살표와 점들이 매우 복잡하게 교차된 그림을 기억하는가? 여러분은 어떻게 그 모든 화학반응이 같은 세포 내부의 동일한 작은 공간에서 서로 방해하지도 엉키지도 않고 일어날 수 있는지 궁금할 것이다. 여러분이 화학 실험실에 들어가 선반에 놓인 병들을 모두 꺼내 큰 통에 한꺼번에 비운다고 가정해보라. 엉망진창이 될 것이다. 어쩌면 많은 끔찍한 반응, 심지어 폭발까지 일어날지 모른다. 하지만 어찌 된 일인지, 살아 있는 생물의 세포 안에서는 많은 화학물질이 서로를 방해하지 않고 분리된 채로 있다. 왜 이들은 서로 반응하지 않을까? 마치 각각이 별개의 병 안에 들어 있는 것 같다. 하지만 실제로는 그렇지 않다. 어찌 된 일일까?

답의 일부는 세포 내부가 하나의 통이 아니라는 것이다. 세포 내부는 복잡한 막膜 시스템으로 가득하고 이 막들은 시험관의 유리벽 같은 역할을 할 수 있다. 하지만 그게 전부가 아니다. 더 흥미로운 일이 일어나고 있다. 그리고 여기서 효소가 등장한다. 효소는 **촉매**이다. 촉매는 자기 자신은 변하지 않은 채 화학반응의 속도를 높이는 물질이다. 손이 빠른 실험 조교의 축소판인 셈이다. 촉매는 때때로 화학반응의 진행을 수백만 배 빠르게 할 수 있는데, 효소는 이것을 특히 잘한다. 그 모든 화학물질은 함께 뒤섞여 있지만 촉매가 없으면 서로 반응하지 않는다. 게다가 반응마다 특정한 촉매가 있어야 한다. 특정한 반응은 필요할 경우에만, 적절한 효소가 더해질 때 시작된다. 효소를 전기 스위치처럼 켜거나 끌 수 있는 스위치로 생각해도 좋다. 세포 안에 특정한 효소가 있을 때만 특정한 화학반응의 스위치가 켜진다. 나아가 효소는 다른 효소를 '켜는 스위치' 역할을 할 수도 있다. 여러분은 스위치가 다른 스위치를 켜거나 끌 때 얼마나 정교한 제어 시스템이 만들어질 수 있을지 예측할 수 있을 것이다.

우리는 효소가 어떻게 작동하는지 적어도 대략적으로는 알고 있다. 여기서 직소퍼즐 개념이 등장한다. 세포 안을 지나다니는 수백 개의 분자를 직소퍼즐 조각이라고 생각해보라. 분자 X는 함께 결합해 XY를 만들기 위해 분자 Y를 찾아야 한다. X·Y 결합은 7장의 복잡하게 교차된 그림 속에 있는 매우 중요한 수백 가지 화학반응 중 하나일 뿐이다. X가 우연히 Y와 부딪칠 확률은 어느 정도 있다. X와 Y가 딱 맞는 각도로 부닺쳐 함께 결합할 확률은 이보다 낮다. 그런 일은 좀처럼 일어나기 어려워서 XY가 만들어지는 속도는 엄청나게 느리다. 너무 느려서 우연에 맡긴다면 거의 일어나지 않을 것이다(내가 일곱 살 때 학교에 제출한 내 인생의 첫 리포트가 생각난다. 〈도킨스에게는 세 가지 속도만 있다. 느리거나, 아주 느리거나, 멈추거나〉). 하지만 X가 Y와 결합하는 속도를 높이는 일을 하는 효소가 있다. 그리고 많은 효소의 경우 '속도를 높인다'라는 말은 절제된 표현이다. 이 과정 역시 직소퍼즐 원리로 작동한다.

효소 분자는 매우 크고 복잡한 덩어리로, 표면 전체에 불룩한 부분과 갈라진 틈들이 있다. 내가 '매우 큰'이라고 한 것은 분자의 기준에서 크다는 뜻이다. 우리의 평소 기준으로 보면 아주 작다. 광학현미경으로도 보이지 않을 만큼 작다. 'XY' 화학반응의 속도를 높이는 효소를 예로 들어보자. 효소 표면의 틈새들 중에는 X자 모양의 구멍이 있는데, 이것은 우연하게도 Y자 구멍 바로 옆에 있다. 이 때문에 그 효소가 X와 Y의 결합 속도를 높이는 데 특화된 훌륭한 '실험 조교'가 되는 것이다. X 분자는 직소퍼즐처럼 X자 모양의 구멍에 쏙 들어간다. Y 분자는 직소퍼즐처럼 Y자 모양의 구멍에 쏙 들어간다. 그리고 두 구멍이 딱 맞는 각도로 서로의 옆에 있기 때문에 X와 Y는 딱 맞는 각도로 끼워 맞춰지며 서로와 결합한다. 새로 만들어진 이 XY 결합은 튀어나와 세포를 떠다니고, 정밀한 모양의 두 구멍은 또 다른 X와 또 다른 Y로 같은 일을 할 수 있도록 비워진다. 따라서 그 효소 분자는 단지 실험 조교일 뿐 아니라, 꾸준히 들어오는 X와 Y를 원재료로 사용해 XY 분자를 대량생산하는 일종의 공장 기계로 볼 수 있다. 그리고 그 세포와 몸 안의 다른 곳에 있는 다른 세포들에는 다른 효소들이 있고, 각각의 효소는—표면에 있는 딱 맞는 '틈들'을 가지고—다른 화학반응들의 속도를 높이기에 완벽한 모양을 하고 있다. 즉 특정 화학반응에 딱 맞는 '틈들'이 효소 표면에 있다. 여기서 '틈'과 '모양'이라는 표현은 매우 단순화시킨 것임을 강조한다. 그럼에도 내가 그런 표현을 고수하는 이유는 그것이 이번 장의 목적에 도움이 되기 때문이다. 모양은 단지 물리적 형태뿐 아니라 화학적 친화성까지 의미할 수 있다.

수백 가지 효소가 있고, 그 각각은 서로 다른 화학반응의 속도를 높이기 위해 각기 다른 모양을 하고 있다. 하지만 대부분의 세포에는 이용 가능한 효소 중 한 가지 또는 몇 가지만 존재한다. 효소는 왜 그 모든 화학반응이 한꺼번에 일어나지 않는지, 그리고 이 모두는 왜 서로를 간섭하지 않는지 그 수수께끼를 풀어주는 가장 중요한 (하지만 유일하지는 않은) 열쇠이다.

어떻게 보면 효소 분자는 마법과 같다. 치타의 다리가 빨리 달리는 데 알맞은 모양을 하고 있는 것처럼, 효소는 특정한 화학반응의 속도를 높이는 데 딱 맞는 모양을 하고 있다. 효소마다 딱 한 가지 특별한 반응만을 담당한다. 효소들은 어떻게 그렇게 딱 맞는 모양을 갖출까? 신 같은 분자 조각가의 작품일까? 아니다. 효소는 '성장하는 결정'이 하는 행동의 더 복잡한 버전을 통해 생겨난다. 이 또한 자기조립이다.

모든 단백질 분자는 아미노산이라는 더 작은 분자들이 연결된 사슬이다. 아미노산은 종류가 많지만, 생물에는 그중 20종류만 존재한다. 아미노산에는 모두 이름이 있고, 나는 20종의 이름을 모두 쓸 수 있다. 하지만 세부적인 것에는 신경 쓰지 말자. 20종이 있다는 것, 여기서는 그것만 알면 된다. 각각의 단백질 분자는 구슬 대신 아미노산이 연결된 목걸이와 비슷하다(닫힌 고리가 아니라 걸쇠가 풀린 목걸이). 단백질들은 구슬들이 연결된 순서가 저마다 다르다. 하지만 연결된 구슬들은 모두 20종류의 구슬, 즉 20종류의 아미노산 중 하나다.

여러분은 물에 떠다니는 직소퍼즐 조각들이 결정의 가장자리에 있는 '상대방'을 알아보고 자기 자신을 끼워 넣을 때 소금 결정이 성장한다고 했던 이야기를 기억할 것이다. 그러면 단백질 목걸이에 연결된 구슬들이 20종류의 직소퍼즐 조각 중에서 선택된 것이라고 생각해보라. 그 조각 중 일부는 **같은 사슬 어딘가에 있는** 다른 조각에 자신을 끼워 넣는다. 이 단백질 사슬의 여러 군데에서 이런 식의 '자기 퍼즐 맞추기'가 일어난 결과, 사슬이 특별한 모양으로 접힌다. 끈 조각이 아주 특정한 매듭으로 묶이는 것과 마찬가지이다.

나는 효소 분자를 불룩한 부분과 갈라진 틈이 있는 복잡한 덩어리로 묘사했다. 사슬처럼 들리지는 않는다. 그렇지 않나? 그러나 사슬이다. 여기서 중요한 것은 모든 아미노산 사슬이 저마다 특정한 3차원 모양으로 접히는 경향이 있다는 사실이다. 내가 말했듯 그건 끈 조각이 매듭으로 묶이는 것과 비슷하다. '혹과 틈이 있는 덩어리'는 사슬이 자기조립되어 생기는 매듭진 모양이다. 사슬을 이루는 고리들은 그 사슬의 다른 특정한 고리에 이끌려 거기에 직소퍼즐처럼 붙는다. 그리고 이런 식의 결합은 특정 사슬이 번번이 똑같은 혹과 틈이 있는 똑같은 모양으로 접히게 만든다.

실제로는 항상 그렇지는 않다. 그리고 예외는 흥미롭다. 어떤 사슬은 두 종류의 매듭 중 하나로 묶일 수 있다. 그건 매우 중요하지만, 이번 장은 이미 충분히 복잡하므로 여기서는 다루지 않겠다. 우리의 목적을 위해서는 각각의 단백질 분자가 직소퍼즐 조각들(아미노산들)이 연결된 사슬이고, 그 사슬은 매우 특정한 모양으로 접힌다고 생각하면 된다. 모양은 정말 중요하고, 모양을 결정하는 것은 아미노산 순서, 그리고 아미노산이 같은 사슬에서 다른 아미노산에 직소퍼즐처럼 끼워 맞춰지는 경향이다.

여기서 잠깐, 언뜻 관련이 없어 보일지 모르지만 끼워 맞춰지는 직소퍼즐 조각이라는 개념을 이해하는 데 도움이 되는 흥미로운 이야기를 하나 해보고 싶다. 우리의 후각에 관한 것이다. 장미 향기를 상상해보라. 아니면 꿀 냄새, 또는 양파, 사과, 딸기, 생선, 담배 연기, 고여 있는 습지 냄새. 모든 냄새는 저마다 다르고, 착각할 여지가 없다. 아름답거나 끔찍하고, 매캐하거나 달콤하고, 향기롭거나 역겹다. 공기에 실려 우리 코로 들어온 분자들이 어떻게 이 냄새 또는 저 냄새를 나게 할까? 이번에도 답은 직소퍼즐이다. 여러분의 코점막에는 모양이 각기 다른 수천 개의 분자 틈이 있다. 각각은 딱 맞는 모양의 분자가 끼워 맞춰지길 기다린다. 예를 들어 아세톤(매니큐어 제거제) 분자는 아세톤 모양의 틈새에 직소퍼즐처럼 딱 맞는다. 아세톤 모양의 틈은 뇌에 이런 메시지를 보낸다. "내게 딱 맞는 분자가 방금 끼워졌어." 뇌는 이것이 아세톤 모양의 틈임을 '알고' 있으며, 그래서 이렇게 생각한다. '아하, 매니큐어 제거제구나.' 장미 냄새나 고급 빈티지 와인 냄새는 아세톤처럼 딱 하나의 직소퍼즐 분자가 아니라, 여러 분자가 복잡하게 섞여 만들어진다. 하지만 직소퍼즐 원리에 따른다는 핵심은 똑같다.

이제 본론으로 돌아가자. 지금까지 우리는 '목걸이'에 연결된 아미노산 순서가—'자기조립으로 직소퍼즐처럼 끼워 맞춰짐으로써'—단백질 '매듭'의 울퉁불퉁하고 틈이 난 모양을 결정한다는 사실을 알았다. 그리고 그 틈들은 단백질이 어떤 화학반응 속도를 높이는—스위치를 켜는 것에 해당할 만큼 급속도로 속도를 높이는—효소가 될지 결정한다는 것도 알았다. 어느 한순간 한 세포 안에서는 많은 화학반응이 일어날 수 있다. 재료는 모두 준비되어 있다. 각각의 화학반응이 일어나려면 딱 맞는 효소만 있으면 된다. 그리고 세포 안에는 많은 효소가 있을 수 있지만, 그 화학반응을 일으킬 수 있는 효소는 오직 한 가지 또는 몇 가지뿐이다. 따라서 **어떤** 효소가 있는지가 결정적으로 중요하다. 그것이 세포가 무슨 일을 하는지 결정하고, 실은 무슨 세포가 **될지** 결정한다.

그러면 여러분은 이렇게 물을 것이다. 어떤 특정한 효소 목걸이에 연결된 아미노산 서열을 결정하고, 그 결과 사슬이 어떤 덩어리 모양으로 접힐지 결정하는 것은 무엇인가? 수많은 것이 거기에 달려 있기 때문에 이는 엄청나게 중요한 질문임이 분명하다.

정답은 유전 분자인 DNA이다. 이 답의 중요성은 아무리 강조해도 지나치지 않다. 내가 DNA에 한 단락을 할애한 이유도 그래서이다.

단백질 분자처럼 DNA도 직소퍼즐 조각들이 연결된 목걸이, 즉 사슬이다. 하지만 여기서 구슬은 아미노산이 아니라, 뉴클레오티드 염기라 불리는 화학 단위이다. 그리고 20종류가 아니라 네 종류 뿐이다. 그것들의 이름은 약자로 줄여 A, T, C, G라고 쓴다. T는 오직 A하고만 결합한다(그리고 A는 T하고만 결합한다). C는 G하고만 결합한다(그리고 G는 C하고만 결합한다). DNA 분자는 엄청나게 긴 사슬이다. 단백질 분자보다 훨씬 길다. 단백질 사슬과 달리, DNA 사슬은 매듭으로 묶이지 않는다. 그것은 긴 사슬인 채로 있는데, 실제로는 2개의 사슬이 맞물려 정교한 나선 계단 모양을 하고 있다. 계단의 각 '칸'은 한 쌍의 염기가 직소퍼즐처럼 맞물려 있고, 계단의 칸은 네 종류 뿐이다.

A-T

T-A

C-G

G-C

염기들의 서열은 컴퓨터 디스크와 같은 방식(거의 정확히 똑같은 방식)으로 정보를 실어 나른다. 그리고 그 정보는 전혀 다른 두 가지 방법으로 사용된다. 유전과 발생이다.

유전에서 사용하는 방법은 단지 정보를 복제하는 것이다. 직소퍼즐 맞추기의 매우 복잡한 버전으로 계단 전체가 복제된다. 이 과정은 세포가 분열할 때 일어난다. 그리고 발생에서 사용하는 방법은 굉장히 놀랍다. 코드의 문자들이 한 번에 3개씩 읽힌다. 네 종류 염기로 만들 수 있는 조합은 64개이고(4×4×4=64), 64개 조합 각각은 마침표 또는 단백질 사슬을 만드는 스무 가지 아미노산 중 하나로 '번역'된다. 내가 '읽는다'는 표현을 썼지만 물론 읽는 사람은 아무도 없다. 이번에도 이 모든 과정은 직소퍼즐 원리에 따라 자동으로 이루어진다. 상세히 설명하고 싶은 마음이 굴뚝같지만, 이 책의 주제는 그게 아니다. 우리 목적에 중요한 것은 DNA 사슬에 있는 네 종류의 염기 서열이 3개씩 읽히면서 단백질 사슬에 연결되는 20종류의 아미노산 순서를 결정한다는 것이다. 단백질 사슬에 연결된 아미노산의 순서는 그 단백질 사슬이 어떤 '매듭'으로 감기는지를 결정한다. 매듭의 모양(틈과 기타 특징)은 그 단백질이 어떤 효소로 작동할지, 그래서 세포에서 어떤 화학반응의 스위치를 켤지 결정한다. 그리고 한 세포에서 일어나는 화학반응들은 그것이 어떤 종류의 세포가 되고, 어떻게 행동할지 결정한다. 마지막으로—이것이 아마 가장 경이로운 점일 텐데—배아에서 함께 일하는 세포들의 행동은 그 배아가 어떻게 발달해 어떤 아기가 될지 결정한다. 따라서 우리 각자가 하나의 세포에서 아기가 되고 그런 다음 지금의 모습으로 자라는 데 결정적 영향을 미치는 것은 결국 우리의 DNA였다. 이것이 다음 장의 주제이다.

10

상향식인가, 하향식인가?

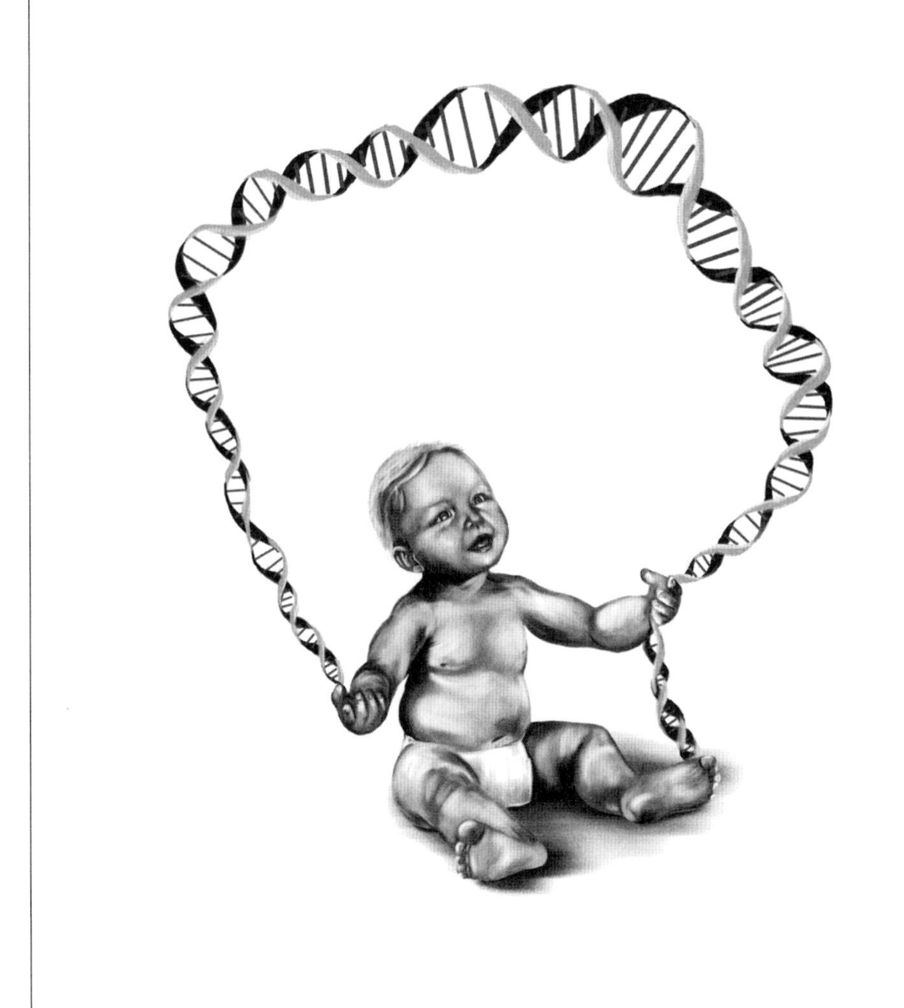

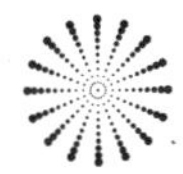

어느 날, 20세기의 위대한 과학자이자 전설적 인물인 J. B. S. 홀데인이 공개 강연을 하고 있었다. 강연이 끝난 후, 한 여성이 일어나 이렇게 말했다.

> 홀데인 교수님, 교수님이 말씀한 대로 진화가 일어날 수 있는 수십억 년의 시간이 있었다 해도, 저는 하나의 세포가 이렇게 복잡한 인간의 몸이 될 수 있다는 게 도저히 믿기지 않습니다. 수조 개의 세포로 조직된 뼈와 근육과 신경, 수십 년 동안 멈추지 않고 펌프질하는 심장, 수 킬로미터에 이르는 혈관과 신장 세관細管, 생각하고 말하고 느낄 수 있는 뇌를 가질 수 있다는 것이 말입니다.

홀데인은 멋진 대답을 했다. "하지만 부인, 부인이 이미

하지 않았습니까. 게다가 그렇게 하는 데 아홉 달밖에 걸리지 않았어요."

그 부인은 이렇게 반박할 수 있었을 것이다. "아, 하지만 제가 아홉 달 동안 아기로 발달할 수 있었던 건 부모님이 주신 DNA 덕분이었습니다. 저는 무에서 시작할 필요가 없었습니다." 물론 사실이다. 그리고 그녀의 부모는 그들의 부모에게서 DNA를 받았고, 그들은 다시 그들의 부모에게서 DNA를 받았으며, 이런 식으로 수세대에 걸쳐 DNA를 받았다. 수십억 년의 진화 과정에서 일어난 일은 아기를 만드는 방법에 대한 DNA 지시instruction가 서서히 만들어진 것이다. 그 지시는 자연선택을 통해 만들어졌다. 즉 연마되고 개선되었다. 아기를 잘 만드는 유전자는 그러지 못한 유전자를 이기고 전해졌다. 그리고 만들어진 아기의 종류가 수백만 세대에 걸쳐 아주 천천히 점진적으로 변해갔다.

〈아름답고 찬란한 온 세상 만물들〉이라는 매력적인 찬송가가 있다. 아마 여러분도 알 것이다. 그 노래는 신이 창조한 온갖 아름다운 것, 특히 생명체에 대해 신을 찬양한다.

> 저들의 빛나는 색깔도 신의 솜씨였고
>
> 작은 날개도 신의 솜씨였네.

하지만 설령 여러분이 동물을 창조하는 일에 신이 관여했다고 믿는다 해도, 신이 빛나는 색깔들을 **직접** 만들지 않았다는 것쯤은 알 것이다. 작든 아니든 날개도 마찬가지이다. 날개와 빛나는 색깔들, 그리고 생물의 다른 모든 부분은 하나의 세포에서부터 배아 발생 과정에 의해 새롭게 생긴다. 그리고 배아 발생은 DNA의 감독을 받고, 앞장에서 살펴본 방법으로 만들어진 효소가 이 과정을 매개한다. 만일 신이 빛나는 색깔을 만들었다면, 혹은 작은 날개를 빚었다면, 그는 그렇게 하기 위해 배아 발생을 조종했을 것이다. 현재 우리는 그것이 DNA를 조종한다는 뜻임을 알고 있다(그렇게 하면 DNA가 9장에서 대략 설명한 방법으로 단백질과 그 밖의 많은 것을 조종한다). 그리고 만일—만일이 아니라 사실이다—그런 빛나는 색깔을 (간접적으로) 칠하고 그 작은 날개를 빚은 것이 자연선택이라면, 자연선택 또한 DNA를 통해 그렇게 한다. DNA는 몸의 발생을 감독하고, DNA는 다시 수세대에 걸쳐 자연선택의 '감독'을 받는다. 따라서 자연선택은 간접적으로 몸의 발생을 감독하는 셈이다.

여러분은 DNA가 몸의 '청사진'이라는 말을 들어봤을 텐데, 그것은 매우 잘못된 표현이다. 집과 자동차는 청사진이 있지만 아기는 그렇지 않다. 이 차이는 자동차와 집은 설계되는 반면, 아기는 그렇지 않다는 사실과 전혀 별개이다. 여기에는 더 깊은 차이가 있다. 청사진에서는 집(또는 자동차)의 각 부분과 청사진의 각 부분이 일대일로 '대응'한다. 집의 인접한 부분들은 청사진에서 인접한 부분들에 해당한다. 만일 집의 청사진이 사라질 경우, 여러분은 집의 치수를 꼼꼼하게 측정해 종이에 축소판을 그리기만 하면 청사진을 다시 만들 수 있다. 나도 얼마 전 우리 집의 청사진을 다시 그렸다. 한 남성이 레이저 총을 가져와 모든 방을 쟀고, 그가 우리 집의 정확한 복제품을 만들 수 있는 완전한 평면도를 그리는 데는 두어 시간밖에 걸리지 않았다.

아기의 경우는 그렇게 할 수 없다. DNA '청사진'의 각 지점과 아기의 각 부분은 일대일로 대응하지 않는다. 이론상으로는 가능할 수도 있으며, 전혀 이치에 맞지 않는 생각은 아니다. 모든 방을 측정해 세심하게 다시 그린 우리 집 평면도를 컴퓨터의 디지털 코드로 옮길 수 있다. 현대 유전학 실험실은 어떤 컴퓨터 정보든 DNA 코드로 바꿀 수 있는데, 우리 집의 디지털 평면도도 예외가 아니다. 여러분은 시험관에 우리 집의 DNA를 담아 가령 일본에 있는 다른 유전학 실험실로 보낼 수 있고, 그곳에서 연구원들이 그 DNA를 읽어 도면의 충실한 사본을 출력할 수 있다. 그런 다음 우리 집의 정확한 복제품을 일본에 지을 수 있다. 어쩌면 다른 행성에서는 부모가 자신들의 유전 정보를 자녀들에게 전달할 때 그와 같은 일이 일어나고 있을지도 모른다. 부모의 몸을 스캔해 청사진으로 바꾸고, 그것을 DNA(또는 그 행성에서 DNA에 상응하는 것)로 디지털화한다. 그런 다음 그 디지털화한 스캔을 사용해 다음 세대의 몸을 만든다. 하지만 우리 행성에서는 그것과 조금이라도 비슷한 일조차 일어나지 않는다. 그리고 우리끼리 하는 이야기이지만, 그 방법은 어떤 행성에서도 제대로 작동하지 않을 것이다. 한 가지 이유(여러 이유 중 오직 한 가지)는 부모의 몸을 스캔하면 상처와 부러진 다리 같은 것들도 그대로 복제될 수밖에 없기 때문이다. 각 세대는 모든 조상의 상처와 부러진 팔다리를 축적할 것이다.

자, 이제 정리해보자. DNA는 컴퓨터 코드처럼 디지털 코드이다. 그리고 DNA는 부모의 디지털 정보를 자식과 그 뒤의 수많은 세대로 전달한다. 하지만 전달되는 그 정보는 청사진이 **아니다**. 그 정보는 어떤 의미로든 아기의 지도가 아니다. 부모의 몸을 스캔한 것이 아니다. 유전학 실험실에서 그 정보를 읽을 수 있지만 아기를 출력할 수는 없다. 인간의 DNA 정보를 아기로 바꾸는 방법은 DNA를 여성의 몸 안에 넣는 것뿐이다!

DNA가 아기의 청사진이 아니라면 무엇인가? 그것은 **아기를 만드는 방법에 관한 지시 세트로**, 청사진과는 매우 다른 것이다. 오히려 케이크를 만드는 레시피와 비슷하다. 또는 명령을 순서대로 따르게 되어 있는 컴퓨터 프로그램과 비슷하다. 이것을 한 다음에 저것을 하고, 그런 다음 이러이러하면 이렇게 하고, 그렇지 않으면 저렇게 하고……. 이런 식으로 수천 가지 지시가 이어진다. 컴퓨터 프로그램은 복잡한 분기점들이 있는 매우 긴 레시피와 비슷하다. 레시피는 10여 개 정도의 지시만 있는 아주 짧은 프로그램과 비슷하다. 그리고 레시피는 자동차나 집처럼 되돌릴 수 없다. 여러분은 케이크를 가져다 놓고 치수를 재어 레시피를 다시 작성할 수 없다. 그리고 컴퓨터 프로그램이 무엇을 하는지 지켜보는 것으로 컴퓨터 프로그램을 다시 작성할 수 없다.

집을 건설하는 방식을 '하향식'이라고 부른다. 건축가의 평면도가 맨 위에 있다는 뜻이다. 건축가는 자세한 평면도를 그린다. 그 평면도에는 각 방의 정확한 치수, 벽을 무엇으로 쌓는지, 벽마감은 어떻게 하는지, 수도 배관과 전기선은 어디로 지나가는지, 문과 창문은 정확히 어디에 내는지에 대한 자세한 지시, 모든 굴뚝과 벽난로와 상인방(기둥과 기둥을 가로지르는 나무)의 정확한 위치가 표시된다. 이 평면도는 벽돌공과 목수와 배관공에게 전달되고, 그들은 그 지시를 받아 꼼꼼하게 따른다. 이것이 설계자—더 정확히 말하면 설계자의 평면도—가 모든 절차를 위에서 지시하는 하향식 건축이다. 즉 '청사진 건축'이다.

상향식 건축은 매우 다르다. 내가 아는 최고의 예는 흰개미 언덕이다. 도판 10을 보면 깜짝 놀랄 것이다. 대니얼 데닛의 매혹적인 비교는 상향식 설계와 하향식 설계의 차이, 그리고 두 결과가 얼마나 비슷할 수 있는지, 그리고 얼마나 복잡한지 보여준다. 이 한 쌍의 도판 중 오른쪽은 바르셀로나에 있는 아름다운 교회인 성가족대성당La Sagrada Familia이다. 왼쪽은 흰개미 언덕으로, 오스트레일리아의 아이언레인지 국립공원Iron Range National Park에서 피오나 스튜어트가 찍은 사진이다. 이는 흰개미 군집이 지은 진흙 둥지인데, 사실 둥지의 대부분은 땅 밑에 있다. 표면의 '교회'는 지하 둥지의 환기와 공기 정화를 위한 일련의 정교한 굴뚝들이다.

둘은 섬뜩할 정도로 닮았다. 하지만 바르셀로나의 교회는 청사진을 사용해 세세한 부분까지 **설계**되었다. 설계한 사람은 카탈로니아의 유명한 건축가 안토니 가우디(1852~1926)이다. 하지만 아무도, 아무것도, 심지어 DNA도 흰개미 언덕을 설계하지 않았다. 흰개미의 일개미 개체들이 단순한 법칙에 따라 그것을 지었다. 흰개미 언덕이 어떤 모습이어야 하는지 희미하게라도 알고 있는 개체는 한 마리도 없다. 어떤 흰개미도 자신의 뇌 또는 DNA에 진흙 교회의 그림이나 평면도 같은 것을 지니고 있지 않다. 흰개미 언덕의 사진, 청사진, 또는 설계도는 어디에도 없었다. 흰개미 개체들은 다른 흰개미가 무엇을 하고 있는지 알지 못한 채, 그리고 완성된 건물이 어떤 모습인지 전혀 모른 채 각자 알아서 일련의 간단한 규칙을 따를 뿐이다.

나는 그 규칙들이 정확히 무엇인지 모르지만, 내가 말하는 '간단한 규칙'이란 이런 것이다. "뾰족한 진흙 원뿔을 우연히 만나면, 그 위에 진흙 덩어리를 또 하나 붙여라." 사회적 곤충들은 화학물질—페로몬이라 부르는 코드화된 냄새—을 중요한 의사소통 장치로 사용한다. 그래서 건축물의 특정 조각이 '이 페로몬' 같은 냄새가 나는지 '저 페로몬' 같은 냄새가 나는지에 따라 일개미 개체가 탑을 지을 때 따르는 규칙이 달라질 수 있다. 어디에도 전체적인 계획이 없는 상태에서 간단한 규칙을 따름으로써 설계가 탄생할 때 그것을 '하향식' 설계와 반대로 '상향식' 설계라고 부른다.

도판 11은 상향식 설계의 또 다른 아름다운 사례를 보여준다. 겨울에 거대한 무리를 지어 날아가는 찌르레기들이다. 이 경우 '설계'되고 있는 것은 행동이다. 즉 건물이 아니라 일종의 공중 발레이다. 그러므로 "건축가는 없다"고 말하는 대신 "안무가는 없다"고 말해야 한다. 아무도 찌르레기들이 왜 그런 행동을 하는지 잘 모르지만, 저녁이 다가오면 이 새들은 거대한 무리를 짓는다. 그 안에는 수천 마리 개체가 있을 수 있다. 그들은 모두 함께 빠르게 날면서도 충돌하지 않도록 움직임

을 정밀하게 조정하고, 마치 지휘하는 새의 지시를 따르는 것처럼 함께 회전하고 방향을 바꾼다. 한 무리의 찌르레기는 마치 한 마리 동물처럼 움직인다. 이 '동물'은 심지어 뚜렷하고 명확한 테두리도 있다. 여러분은 이 경이로운 행동을 찍은 놀라운 영상을 꼭 봐야 한다. 유튜브에서 '겨울의 찌르레기 떼Starling winter flocks'를 검색해보라.

대규모로 무리 지은 새들이 마치 한 마리 거대한 동물인 양 회전하고 솟구쳐 오르고 급강하하는 것을 지켜보다 보면, 나머지 새들과 텔레파시로 의사소통하면서 비행을 총지휘하는 우두머리 새가 있는 게 틀림없다는 느낌이 들지 않을 수 없다. "지금 왼쪽으로 방향을 틀고, 위로 올라가 한 바퀴 돌아. 이제 오른쪽으로 돌아……." 이것은 완전한 하향식처럼 보인다. 하지만 그렇지 않다. 감독도, 지휘자도, 건축가도, 우두머리도 없다. 서서히 밝혀지고 있는 모종의 방식으로 저마다 상향식 규칙을 따르는 모든 새 개체가 함께 하향식처럼 보이는 효과를 내는 것이다. 더 빠르다는 것만 다를 뿐 흰개미들과 같다. 그리고 그들이 생산하는 것은 진흙 교회가 아니라, 안무가 없이 추는 훌륭한 공중 발레이다.

이런 안무 없는 상향식 군무의 힘을 멋지게 증명한 사람이 크레이그 레이놀즈라는 영리한 컴퓨터 프로그래머이다. 그는 새의 군무를 시뮬레이션하기 위해 버이드Boid라는 프로그램을 작성했다. 여러분은 레이놀즈가 새 무리의 전체 움직임 패턴을 프로그래밍했다고 생각할지도 모른다. 하지만 그는 그렇게 하지 않았다. 그렇게 했다면 그건 하향식 프로그래밍일 것이다. 대신 그의 상향식 프로그램은 다음과 같이 작동했다. 그는 한 마리 새에게 다음과 같은 규칙을 프로그래밍하는 데 많은 노력을 기울였다. "옆에 있는 새를 주시하라. 옆자리 새가 무엇 무엇을 하면 너는 이러이러한 것을 해야 한다." 그는 한 마리 새를 위한 규칙을 완성한 다음 그 새를 '복제'했다. 즉 그 한 마리 새를 수십 마리 복제해 컴퓨터에 '풀어놓았다'. 그런 다음 무리 전체가 어떻게 행동하는지 지켜보았다. '버이드'들은 실제 새들과 매우 비슷하게 무리 지어 날았다. 도판 12는 또 하나의 아름다운 시뮬레이션을 보여주는데, 그것은 레이놀즈의 버이드를 토대로 질 판타우자가 샌프란시스코 과학관을 위해 프로그래밍한 것이다.

중요한 점은 레이놀즈가 무리 수준에서 프로그램을 작성하지 않았다는 사실이다. 그는 개체 수준에서 프로그램을 작성했다. 무리 행동은 그 결과로 **출현한** 것이다. 배아 발생도 일종의 상향식 프로그래밍으로, 여기서는 배아를 이루는 개별 세포가 새 무리를 이루는 개체 역할을 한다. 배아가 발생할 때는 막과 조직이 역동적으로 접히고 함입되면서 세포들의 **움직임**이 활발하게 일어난다. 그러므로 날아가는 찌르레기의 경우와 마찬가지로 '건축가가 없을' 뿐 아니라 '안무가도 없다'.

발생학자들은 DNA가 어떻게 아기를 만드는지 연구한다. 현재 꽤 많은 사실이 알려져 있지만 여기서 자세히 다루지는 않을 것이다. 그러려면 책 한 권이 통째로 필요한데, 이 책의 목적은 그게 아니다. 우리의 목적을 위해서는 배아 발생, 즉 몸이 만들어지는 과정이 상향식이라는 것만 이해하면 된다. 흰개미 언덕이 지어지는 방식, 또는 찌르레기 무리가 조직화하는 방식과 비슷하다. 청사진은 없다. 그 대신 발생하는 배아의 모든 세포는 진흙 대성당을 짓는 흰개미 개체처럼, 또는 군무를 추는 찌르레기 개체처럼 자신만의 작은 국지적 규칙을 따른다.

나는 이런 상향식 규칙이 어떻게 작동하는지 보여주기 위해 초기 배아의 일대기로 좀 더 들어갈 것이다. 수정란은 여러분도 알다시피 하나의 세포이다. 큰 세포이다. 그것이 둘로 쪼개진다. 그런 다음 그 둘이 각각 쪼개져 넷이 된다. 그리고 그 넷이 쪼개져 여덟이 되고, 이런 식으로 계속된다. 분할 후에도 전체 크기는 원래의 수정란과 동일하게 유지된다. 똑같은 성분이 둘, 넷, 여덟, 열여섯 등으로 나뉘면서 단단한 공 모양이 된다. 세포 수가 100여 개에 달할 무렵에는 (국지적인 상향식 규칙에 따라) 속이 빈 공 모양이 되어 있다. 이것을 '포배'라고 한다. 포배의 크기도 원래의 수정란과 거의 같지만, 세포들

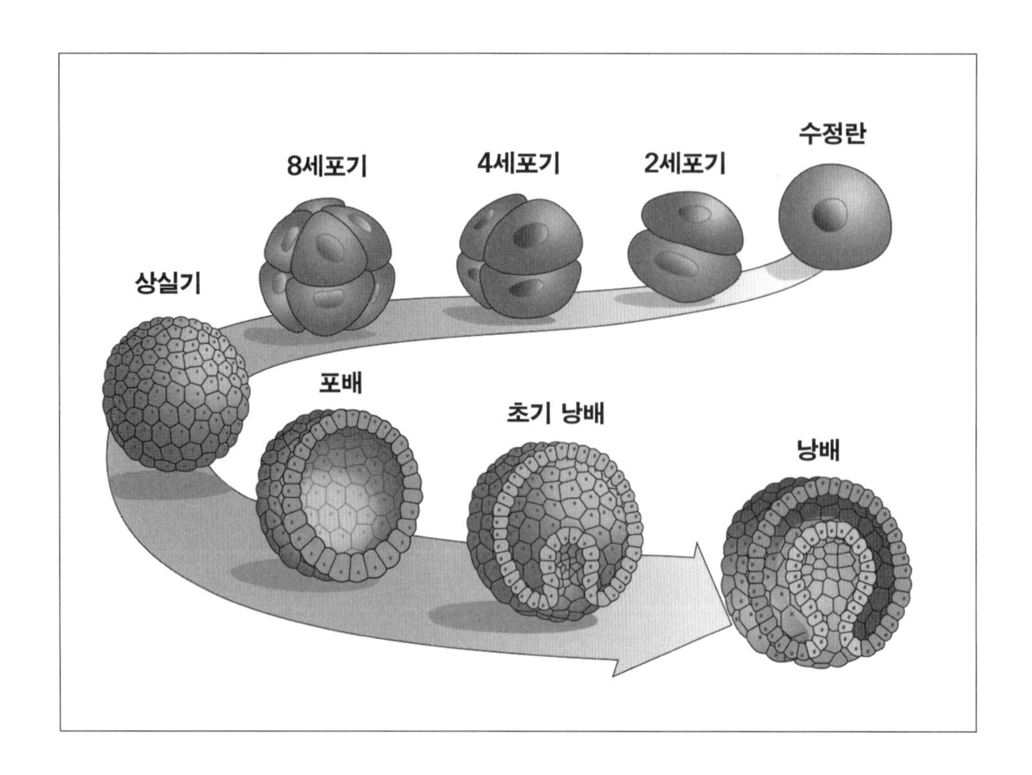

의 크기는 이제 매우 작다. 세포들은 공의 바깥쪽을 벽으로 둘러싼다.

세포가 쪼개지고 또 쪼개지면서 그 수는 계속 증가해간다. 하지만 공은 커지지 않는다. 대신 이번에도 각 세포가 국지적 규칙을 따른 결과, 벽의 일부가 공의 한가운데를 향해 움푹 들어가게 된다. 그렇게 함입이 계속되다가 결국 공이 한 개가 아닌 두 개의 세포층으로 둘러싸인다. 이렇게 이중벽으로 둘러싸인 공을 '낭배'라고 하며, 그것을 만드는 과정을 낭배 형성이라고 한다.

솔직히 낭배는 그리 복잡하지 않고, 전혀 아기처럼 보이지 않는다. 하지만 여러분은 자체적으로 움직이는 각각의 세포가 따르는 상향식 규칙이 어떻게 낭배를 형성할 수 있는지 알 수 있을 것이다. 포배의 벽을 확장해 함입을 일으킴으로써 이중벽을 지닌 낭배를 만든다. 그리고 낭배 곳곳에서 국지적으로 작동하는 이런 식의 상향식 규칙들이 낭배가 점점 아기의 모습을 갖추도록 그것의 모양을 계속 바꾼다.

낭배 형성 후 다소 비슷한 함입 과정이 또다시 일어난다. '신경관 형성'이라고 부르는 이 과정에서는 함입이 일어나다가 마침내 속 빈 관이 떨어져 나가는데, 그것이 나중에 신경삭(척추 안에서 등을 따라 죽 내려오는 막대 모양의 축)이 된다. 신경관 형성에서 일어나는 함입도 주어진 상향식 규칙을 따르는 개별 세포가 일으키는 것이다. 다음 그림은 신경관이 어떻게 만들어지는지 보여준다. 먼저 '함입'이 일어나고, 그런 다음 함입된 부위가 '꼬집히듯 떨어져 나온다'. 낭배 형성과 세부는 다르지만, 상향식의 국지적 규칙을 따르는 똑같은 원리가 작동한다.

여러분은 크레이그 레이놀즈가 새 무리—버이드—의 컴퓨터 시뮬레이션을 어떻게 작성했는지 기억할 것이다. 그는 한 버이드의 행동을 프로그래밍했다. 그런 다음 그 버이드의 복제본을 많이 만들고, 그들이 모여서 어떻게 행동하는지 지켜보았다. 그들은 실제 새들처럼 무리 지어 회전하며 날았다. 레이놀즈는 무리의 행동을 프로그래밍하지 않았다. 무리의 행

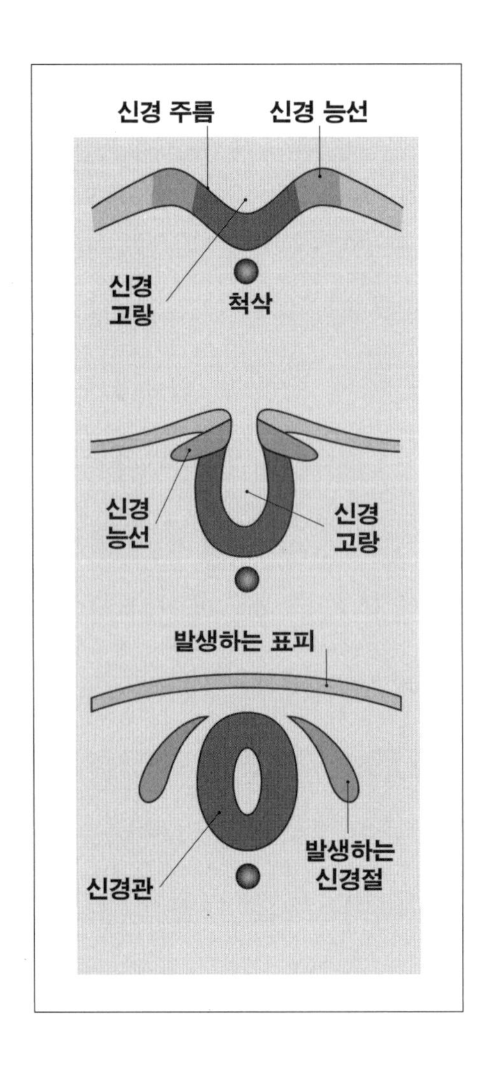

동은 개별 버이드가 국지적 규칙을 따른 결과, 상향식으로 **출현했다**. 조지 오스터라는 수리생물학자도 같은 종류의 일을 했는데, 그는 버이드 대신 배아를 이루는 세포로 했다. 그도 한 세포의 행동을 시뮬레이션하는 컴퓨터 프로그램을 작성했다. 이를 위해 생물학자들이 단일 세포에 대해 이미 알고 있는 많은 세부 지식을 활용했다. 아주 복잡한 내용이다. 세포는 원래 복잡한 것이기 때문이다. 하지만 중요한 점은 바로 이것이다. 버이드의 경우와 마찬가지로, 오스터는 배아를 프로그래밍하지 않았다. 그가 프로그래밍한 것은 단지 하나의 세포였다. 분열하는 경향을 집어넣은 하나의 세포. 분열은 세포가 하는 중요한 일들 중 하나이다. 하지만 세포는 다른 일도 하는데 오스터는 그런 것들도 세포 안에 프로그래밍했다. 그런 다음 컴퓨터 화면에서 그 세포를 분열하게 하고, 무슨 일이 일어나는지 지켜보았다.

세포가 분열하면서 각각의 사본은 원본 세포와 동일한 속성 및 행동을 물려받았다. 따라서 크레이그 레이놀즈가 하나의 버이드로 많은 복제본을 만들어 그것들이 무리 속에서 어떻게 행동하는지 보았을 때와 비슷한 상황이 되었다. 그랬더니 레이놀즈의 버이드가 찌르레기처럼 무리 지어 날았던 것처럼 오스터의 세포들은……. 자, 다음의 그림을 보면 그것들이 무엇을 했는지 알 수 있다. 이것을 앞에 있는 실제 신경관 형성 그림과 비교해보라. 물론 둘이 정확히 같지는 않다. 레이놀즈의 버이드 무리도 실제 찌르레기 무리와 정확히 똑같지는 않았다. 두 경우 모두 내 의도는 여러분에게 건축가·안무가 없이 오직 낮은 수준의 국지적 규칙만이 존재하는 상향식 '설계'의 힘을 보여주는 것이다.

배아 발생의 후기 단계들은 여기서 다루기엔 너무 복잡하다. 서로 다른 조직—근육, 뼈, 신경, 피부, 간, 신장—은 모

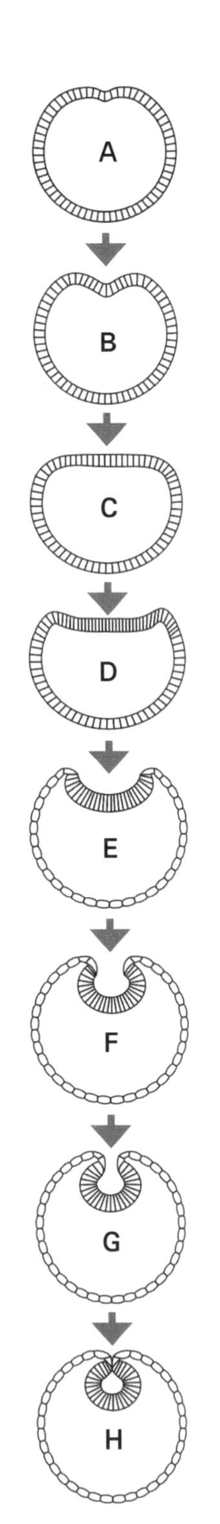

두 세포분열로 성장한다. 각 조직의 세포는 서로 매우 달라 보이지만, 모두 동일한 DNA를 가지고 있다. 그 세포들이 다른 이유는 DNA의 다른 부분—다른 유전자—이 켜지기 때문이다. 어느 한 조직에서는 수만 개의 유전자 중 오직 소수만이 켜진다. 어느 조직이든 각 조직의 세포에서 만들어지는 꼭 필요한 '실험조교' 효소(즉 단백질)는 그 조직에서 만들어질 수 있는—그리고 다른 조직에서는 실제로 만들어지는—효소들 중 소수에 불과하다는 뜻이다. 그리고 이 때문에 각기 다른 조직의 세포가 다르게 성장한다. 각 조직은 국지적인 상향식 규칙에 따라 세포분열로 성장하고, 적당한 크기에 도달하면 성장을 멈춘다. 이때도 상향식 규칙을 따른다. 때때로 일이 잘못되어 조직이 성장을 멈추지 않는 경우도 있다. 세포가 분열을 멈추라는 상향식 규칙을 따르지 않는 것이다. 그럴 때 암과 같은 종양이 생긴다. 하지만 대개는 그런 일이 일어나지 않는다.

이제 상향식 배아 발생을 9장에서 설명한 결정과 합쳐서 생각해보자. 결정—황철광,

다이아몬드 또는 눈송이—은 국지적인 상향식 규칙에 따라 예쁜 모양으로 성장한다. 그 경우 규칙은 화학결합의 규칙이다. 우리는 그런 규칙에 따라 조직되는 분자들을 대오를 이룬 병사에 비유했다. 중요한 점은 아무도 결정의 모양을 설계하지 않았다는 것이다. 결정의 모양은 국지적 규칙을 따름으로써 출현했다.

그다음에 우리는 화학결합의 법칙이 어떻게 평범한 결정보다 더 정교한 것, 즉 단백질 분자를 만들어내는지 살펴보았다. 단백질 분자는 직소퍼즐 조각이 서로 끼워 맞춰지는 것과 비슷한 과정으로 만들어졌다. 그런 다음 같은 종류의 직소퍼즐 맞추기 과정이 단백질 사슬을 '매듭'으로 똘똘 감기게 만들었다. 그 매듭의 '틈들'은 단백질이 효소—즉 세포 안에서 특정한 화학반응을 일으키게 하는 촉매—로 작용할 수 있게 했다. 앞에서도 말했듯 '틈'은 지나치게 단순화한 표현이다. 이런 매듭진 분자들 중에는 작은 기계, 미니어처 '펌프', 또는 말 그대로 세포 안에서 두 다리로 성큼성큼 걸어 다니며 화학 심부름을 부지런히 수행하는 아주 작은 '보행자'도 있다! 유튜브에서 '여러분 몸의 분자 기계들Your body's molecular machines'을 검색해보면 정말 놀랄 것이다.

효소는 다른 효소들의 스위치를 켜고, 그 다른 효소들은 다른 특정한 화학반응들을 촉매한다. 그리고 세포 안에서 일어나는 그런 화학반응은 조지 오스터의 시뮬레이션에서처럼 세포들이 국지적 규칙에 따라 협력해 배아를 만들게 하고, 그런 다음 아기를 만들게 한다. 그 길목의 모든 단계는 DNA에 의해 제어되는데, DNA도 똑같은 직소퍼즐 규칙을 사용한다. DNA는 매우 특별한 종류의 정교한 결정이라는 것만 빼면 처음부터 끝까지 결정과 같다.

이 과정은 출생과 함께 멈추지 않는다. 아기가 어린이로 성장하고, 어린이가 어른으로 성장하고, 어른이 늙는 동안 계속된다. 그리고 물론 궁극적으로 무작위 돌연변이에 의해 야기되는 개체 간 DNA 차이는 DNA의 영향으로 '결정화'하는—즉 '매듭을 묶는'—단백질에서 개체 차이를 일으킨다. 그리고 그런 차이의 도미노 효과가 결국 성체 몸의 차이로 드러난다. 치타는 아마 조금 더 빠르게 달릴 것이다. 아니면 조금 더 느리게 달리거나. 카멜레온의 혀는 아마 조금 더 멀리 튀어나갈 것이다. 낙타는 아마 목말라 죽기 전에 사막을 몇 킬로미터라도 더 걸을 수 있을 것이다. 장미 가시는 아마 조금 더 날카로워질 것이다. 코브라의 독은 아마 조금 더 강해질 것이다. DNA에 일어난 모든 돌연변이는 꼬리에 꼬리를 무는 일련의 중간 효과들을 거쳐 단백질, 세포 화학 그리고 배아 성장 패턴에 영향을 미칠 수 있다. 그리고 이것은 그 동물이 살아남을 가능성을 높이거나 낮출 수 있고, 번식에 성공할 가능성을 높이거나 낮출 수 있다. 그리고 그 변화를 일으킨 DNA가 다음 세대에 나타날 가능성을 높이거나 낮춘다. 그러므로 세대를 거치면서 수천 년, 수백만 년에 걸쳐 개체군에 살아남은 유전자는 그야말로 '유익한' 유전자이다. 빨리 달리는 몸을 만들거나, 긴 혀를 갖게 하거나, 물 없이 몇 킬로미터를 더 갈 수 있게 하거나.

이것이 바로 다윈의 자연선택이다. 즉 모든 동식물이 저마다 자기 일을 그토록 잘하는 바로 그 이유이다. 무엇을 잘하는지는 종마다 다르다. 하지만 그 모든 일은 결국 한 가지 일을 잘하는 것과 관계가 있다. 바로 뭘 하든 그것을 잘하게 만드는 DNA를 후대에 전달할 수 있을 만큼 오래 살아남는 것이다. 이런 자연선택이 수천 세대에 걸쳐 일어난 후 우리는 (충분히 오래 산다면) 개체군 내 동물들의 평균적인 형태가 변한 것을 알아차린다. 진화가 일어난 것이다. 수억 년이 지나면 많은 진화가 일어나 물고기처럼 생긴 조상이 뒤쥐처럼 생긴 후손을 낳게 된다. 그리고 수십억 년이 지나면 더 많은 진화가 일어나 박테리아 같은 조상이 여러분이나 나 같은 자손을 낳게 된다.

살아 있는 생물의 모든 것이 지금과 같은 방식인 이유는 그 조상이 수많은 세대에 걸쳐 그런 방식으로 진화했기 때문이다. 인류도 마찬가지이고, 인류의 뇌도 마찬가지이다. 종교적 믿음을 갖는 경향은 음악과 섹스를 좋아하는 경향과 마찬가지로 인간 뇌의 속성인 것이다. 그러므로 종교적 믿음을 갖는 경향도 우리에 관한 다른 모든 것과 마찬가지로 진화로 설명할 수 있을 것이라고 추측하는 것은 타당하다. 그리고 대단치는 않지만 도덕적으로 또는 친절하게 행동하려는 우리의 경향도 마찬가지이다. 그 진화적 설명은 무엇일까? 이것이 바로 다음 장의 주제이다.

11

우리는 종교적 성향을 가지도록 진화했을까? 우리는 친절하도록 진화했을까?

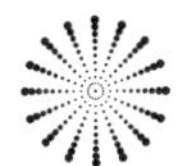

아주 최근까지 거의 모든 사람이 어떤 종류의 신을 믿었다. 요즘 들어 종교를 믿는 사람이 소수가 된 서유럽을 제외하면, 미국을 포함한 전 세계 대부분의 사람이 여전히 신 또는 신들을 믿는다. 특히 과학교육을 잘 받지 못했다면 말이다. 그렇다면 신에 대한 믿음을 다윈주의로 설명할 수 있어야 하지 않을까? 종교적 믿음, 어떤 종류의 신 또는 신들에 대한 믿음이 우리 조상들이 살아남아 종교적 믿음을 위한 유전자를 물려주는 데 도움이 되었을까?

나의 대답은 '아마 그럴 것이다'이다. 어느 정도는 그렇다고 말할 수 있겠다. 물론 그게 사람들이 믿는 신이—어떤 신이든—실제로 존재한다는 걸 의미하지는 않는다. 그건 전혀 별개의 문제이다. 실제로 존재하지 않는 것을 믿음으로써 심지어 목숨도 건질 수 있다. 이런 일이 일어나는 다양한 방법이 있다.

가젤과 얼룩말은 겁이 너무 많거나 겁이 너무 없는 것 사이에서 균형을 맞춰야 한다고 말한 것을 기억하는가? 이제 여러분이 오래전 아프리카 평원에 살았던 초기 인류라고 상상해보라. 여러분도 가젤처럼 사자와 표범을 충분히 무서워하지 않는 것과 일상생활을 하지 못할 정도로 무서워하는 것 사이에서 균형을 잘 잡아야 한다. 인간의 경우는 그 일상생활이 얌yam을 캐거나 짝에게 구애하는 것일 수 있다. 여러분은 얌을 캐다가 시끄러운 소리가 들려 고개를 든다. 풀밭에서 뭔가가 움직이는데, 어쩌면 사자일지도 모른다. 아니면 바람일 수도 있다. 여러분은 정말 큰 덩이줄기를 거의 다 파냈기 때문에 여기서 멈추고 싶지 않다. 하지만 그 소리는 정말 사자일 수도 있다.

만일 여러분이 그것이 사자라고 믿고 실제로도 사자라면, 그 타당한 믿음이 여러분의 목숨을 구할지도 모른다. 여기까지는 이해하기 쉽지만 다음 부분은 이해하기 쉽지 않다. 이 경우 소리를 낸 것이 사자가 **아니라** 해도, 분명치 않은 움직임이나 소리는 위험을 뜻한다고 믿기로 **방침**을 세우면 목숨을 건질 수도 있다. 왜냐하면 정말 사자일 때도 있기 때문이다. 만일 여러분이 도를 지나쳐 풀밭에서 바스락거리는 소리가 날 때마다 겁을 먹고 도망친다면, 여러분은 얌과 그 밖의 일상생활을 놓치고 말 것이다. 하지만 균형을 잘 맞추는 사람도 때에 따라서는 실제로 사자가 아닐 때 사자라고 믿기도 한다. 그리고 거짓으로 판명될 수도 있는 것을 믿는 그런 경향은 때때로 우리의 목숨을 구한다. 이것이 존재하지 않는 걸 믿음으로써 목숨을 건질 수 있는 한 가지 방법이다.

이제 핵심을 좀 더 전문적으로 표현해보겠다. 인간은 **행위자**agency를 믿는 경향이 있다. 행위자가 무엇일까? 행위자는 어떤 목적을 위해 의도적으로 뭔가를 하는 존재이다. 바람이 긴 풀을 바스락거리게 할 때는 행위자가 존재하지 않는다. 바람은 행위자가 아니다. 사자는 행위자이다. 사자는 여러분을 잡아먹으려는 목적을 가진 행위자이다. 사자는 여러분을 잡기 위해 정교한 방법으로 행동을 수정하고, 도망치려는 여러분의 노력을 좌절시키기 위해 힘차고 유연하게 움직인다. 행위자는 무서워할 가치가 있다. 하지만 괜히 시간과 노력을 낭비하는 것일 수도 있는데, 행위자인 줄 알았던 것이 실제로는 바람일지도 모르기 때문이다. 인생이 평균적으로 위험할수록 모든 곳에서 행위자를 보는 쪽으로, 그래서 때때로 거짓을 믿는 쪽으로 균형이 옮겨가야 한다.

오늘날 우리는 대체로 사자나 검치호랑이를 무서워할 필요가 없다. 하지만 현대인도 어둠이 무서울 수 있다. 아이들은 귀신을 무서워하고, 성인은 강도와 밤도둑을 무서워한다. 여러분이 밤에 혼자 침대에 누워 있는데, 소음이 들린다고 상상해보라. 그건 바람 소리일 수도 있다. 아니면 오래된 집의 목재가 내려앉으면서 삐걱거리는 소리일 수도 있다. 하지만 무장한 강도일 가능성도 있다. 어쩌면 도둑 같은 구체적인 뭔가가 전혀 아닐지도 모른다. 여러분은 비행위자인 바람이나 삐걱거리는 들보가 아니라, 모종의 행위자가 두려운 것이다. 행위자에 대한 두려움은 설령 그것이 비이성적일지라도, 설령 이 경우와 같이 적절하지 않더라도 조상들이 살던 과거의 잔재로 우리 안에 숨어 있을지도 모른다. 내 동료 앤디 톰슨 박사는 저서 《왜 우리는 신(들)을 믿는가Why We Believe in God(s)》에서, 우리는 그림자를 강도로 착각하기는 해도 강도를 그림자로 착각하지는 않는다고 말했다. 우리는 행위자를 보는 쪽으로 편향되어 있다. 심지어 행위자가 없을 때에도 말이다. 그리고 종교는 우리 주위의 모든 곳에서 행위자를 보려는 경향이다.

우리 조상들의 종교는 '애니미즘'이었다. 그들은 눈이 닿는 모든 곳에서 행위자를 보았고, 종종 그것을 신이라고 불렀다. 스티븐 프라이의 멋진 책 《미토스Mythos》를 보면 분명히 알 수 있듯 그리스 신들은 이렇게 출발했다. 세계 도처에 강의 신, 천둥의 신, 바다의 신, 달의 신, 불의 신, 태양의 신, 어두운 숲의 신 또는 악마가 존재했다. 태양은 신이었다. 기도와 제물로 간청하고 달래지 않으면 내일 뜨지 않기로 결심할지도 모를 행위자였다. 불은 연료를 주지 않으면 꺼질지도 모를 신이었고, 천둥도 신이었다. 신이 아니라면 다른 무엇으로 그 무서운 소음을 설명할 수 있을까? 날씨는 너무나도 예측 불가능했지만 생활에 매우 중요했기에 그 뒤에는 기분이 이랬다 저랬다 바뀌는 행위자가 있다고 생각하는 게 당연했다. 끔찍한 가뭄을 끝내는 방법이 분명 있지 않을까? 비의 신에게 아주 큰 제물을 바치면 될지도 모른다. 끔찍한 폭풍이 방금 우리 집을 부쉈다면, 우리가 폭풍의 신에게 충분한 찬양을 보내지 않아서 신이 화가 난 것이다.

야훼는 사람들의 마음속에서 유대인의 유일신으로 진화했고, 결국 그리스도인과 이슬람교도에게도 유일신이 되었다. 그 전에는 유대인의 뿌리인 가나안 사람들이 섬기던 많은 신들 중 하나인 '폭풍의 신'이었다. 원래 야훼와 함께 숭배받던 청동기시대 가나안 사람들의 신들 중에는 그 밖에 다산의 신 바알, 최고의 신 엘과 그의 아내 아세라 여신이 있었다. 몇몇 종교사학자에 따르면 야훼는 나중에 사람들의 마음속에서 엘 및 아세라와 합쳐져 결국 유대인의 유일신이 되었다고 한다. 그래서 청동기시대의 애니미즘은 철기시대에 일신교로 추려졌다. 나중에 그리스도교와 이슬람교는 유대인의 신을 받아들였다. 그리고 더 나중에는 가나안 사람들이 믿던 폭풍의 신이 더 정교하게 진화해 옥스퍼드대와 하버드대의 학식 있는 교수들이 쓴 신학에 관한 책들의 주인공이 되었다.

나는 사람들이 가뭄을 해결할 수 있다는 희망으로 날씨의 신들에게 제물을 바쳤을 것이라고 말했다. 그런데 왜 그들은 그것이 도움이 될 거라고 생각했을까? 인간의 뇌는 패턴을 찾는다. 자연선택은 우리의 뇌 안에 순서 같은 패턴을 알아차리는 경향을 심어놓았다. 즉, 우리의 뇌는 무엇 다음에 무엇이 오는지 눈여겨본다. 우리는 번개가 번쩍인 다음에는 천둥이 치고, 먹구름이 몰려오면 비가 내리고, 비가 오지 않으면 농작물이 자라지 않는다는 것을 알아차렸다. 하지만 '무엇 다음에 무엇이 오는가'는 그리 단순하지 않다. '무엇 다음에는 무엇이 온다'는 나중에 보면 '무엇 다음에 **항상** 무엇이 온다'가 아니라, '무엇 다음에 **때때로** 무엇이 온다'로 밝혀진다. 성교 다음에는 임신이 뒤따르지만, 항상 그런 게 아니라 때때로 그럴 뿐이다.

우리는 패턴이 실제로 존재하지 않을 때 패턴이 있다고 생각할 때가 많다. 그리고 패턴이 실제로 존재할 때 패턴을 알아차리지 못하는 경우도 많다. 통계 전문가로 알려진 수학자들은 우리가 이런 패턴을 인식하려 할 때 실수하는 두 가지 방식을 구별한다. 그들은 이 둘을 **거짓 긍정**false positive과 **거짓 부정**false negative이라고 일컫는다. 거짓 긍정은 패턴이 없을 때 패턴이 있다고 생각하는 것이다. 미신이 거짓 긍정 오류의 흔한 유형이다. 거짓 부정은 패턴이 실제로 있을 때 패턴을 알아차리지 못하는 것이다. 모기에 물리는 것과 말라리아에 걸리는 것 사이에는 패턴이 실제로 있다. 하지만 항상 그렇지는 않아서 1897년 로널드 로스가 그것을 발견할 때까지는 아무도 알아차리지 못했다. 검은 고양이를 보는 것과 불행이 찾아오는 것 사이에는 패턴이 없다. 하지만 미신을 믿는 많은 사람이 그 거짓 긍정을 믿는다.

> 작년에 우리가 비의 신한테 기도했더니 비가 내렸다. 분명 이 패턴에는 어떤 의미가 있겠지?

아니다. 의미가 없다. 그것은 거짓 긍정이다. 어쨌든 비는 왔을 것이다. 하지만 미신을 떨치기는 어렵다.

> 아이가 열이 나며 아팠다. 우리가 염소 한 마리를 신에게 제물로 바쳤더니 아이가 나았다. 그러니 다음에 누군가 고열이 나면 염소를 제물로 바치는 게 좋겠다.

말라리아에 걸린 사람이 면역 체계 덕분에 저절로 낫는 경우가 종종 있다. 하지만 염소를 제물로 바친 것이 효험 있었다고 확신하는 미신에 사로잡힌 사람에게 그렇게 말해보라.

설령 여러분이 매번 반복되는 패턴—즉 어떤 것이 다른 어떤 것 다음에 확실히 매번 온다는 것—을 알아차린다 해도, 앞의 사건이 뒤의 사건을 일으켰다는 증거는 없다. 런턴에이콘 마을의 교회 시계는 항상 이웃 마을 런턴파바의 시계가 울리기 직전에 정각을 친다. 그런데 런턴에이콘의 시계 **때문에** 런턴파바의 시계가 칠까? 관찰만으로는 그 문제를 해결할 수 없다. 관찰을 반복해도 소용없다. 원인을 증명할 확실한 방법은 오직 **실험**뿐이다. 여러분은 상황을 **조작**해야 한다. 런턴에이콘의 시계탑에 올라가 시계를 멈춰라. 런턴파바의 시계가 이제는 울리지 않나? 그런 다음에는 런턴에이콘의 시계를 10분 빠르게 맞춰라. 런턴파바의 시계가 그래도 직후에 울리나? 물론 여러분은 우연—무작위 운—을 배제하기 위해 그 실험을 충분한 횟수만큼 반복해야 한다.

패턴처럼 보이는 것이 실제로 패턴이 맞는지 검증하는 데 필요한 실험을 하려면 정교한 정신, 어쩌면 다소 괴짜 같은 정신이 필요할지도 모른다. 교회 종 실험을 하겠다고 나서려면 정말 굉장한 괴짜여야 한다. 그리고 어떤 소음이 정말 사자가 내는 것인지가 문제라면, 실험을 하다 죽을 수도 있다. 우리 조상들이 그러지 않고 미신에 의존한 것도 이상한 일이 아니다.

B. F. 스키너라는 유명한 실험심리학자는 비둘기로 미신

을 증명했다. 그의 비둘기들은 실제로는 존재하지 않는 패턴을 '알아차렸다'. 즉 거짓 긍정이다. 비둘기 여덟 마리를 '스키너 상자'라고 부르는 곳에 한 마리씩 따로 넣었다. 각각의 상자에는 배고픈 비둘기에게 먹이를 줄 수 있는, 전기로 작동하는 모이 장치가 있었다. 원래 스키너 상자는 비둘기가 상자 벽의 스위치를 쪼는 것처럼 어떤 행동을 할 때에만 모이가 나오도록 배선되어 있다. 하지만 스키너는 이 실험을 위해 다른 조치를 했다. 그는 모이 장치와 비둘기 행동 사이의 연결을 끊었다. 이제 비둘기가 하는 행동은 모이를 전달받는 데 아무런 영향을 주지 않다. 모이는 비둘기가 무엇을 하든 관계없이 산발적으로 상자에 떨어졌다. 실은 비둘기가 아무것도 하지 않아도 모이가 떨어졌다.

결과는 놀라웠다. 여덟 마리 중 여섯 마리가 다양한 종류의 미신 같은 버릇이 생겼다. 한 마리는 시계 반대 방향으로 빙빙 돌았는데, 두세 번 돌 때쯤 모이가 나왔다. 우리는 이 비둘기가 시계 반대 방향으로 돌면 모이가 나온다는 미신을 믿었다고 말할 수 있다. 두 번째 비둘기는 상자 위쪽 귀퉁이로 머리를 들이미는 행동을 반복했다. 이 비둘기는 그렇게 하면 모이 장치가 반응한다고 '생각'한 것이다. 다른 두 마리 비둘기는 머리를 진자처럼 흔드는 버릇이 생겼다. 이 비둘기들은 머리를 왼쪽 또는 오른쪽으로 빠르게 밀었다가 천천히 되돌렸다. 또 다른 비둘기의 미신 같은 버릇은 마치 존재하지 않는 어떤 물체를 공중에 던지듯 머리를 위로 치켜드는 것이었다. 그리고 여섯 번째 비둘기는 바닥을 향해 쪼는 동작을 취했다. 부리가 바닥에 닿지도 않은 채 말이다.

스키너는 이것을 미신 행동이라 불렀고, 나는 그의 해석이 옳았다고 생각한다. 요컨대 다음과 같은 일이 벌어졌음이 틀림없다. 비둘기가 어쩌다 상자 귀퉁이로 머리를 들이미는 것 같은 특정 행동을 했는데, 마침 모이 장치가 작동한 것이다. 그 비둘기는 모이가 떨어진 것이 머리를 들이밀었기 때문이라고 '생각했다'(꼭 의식적으로 생각한 것은 아니지만). 그래서 그 행동을 다시 했다. 그런데 마침 그때가 다음 모이가 나올 시간이었다. 모든 비둘기는 저마다 다른 미신 같은 버릇을 길렀고, 우연히 모이가 떨어지기 전에 우연히 한 행동을 반복했다. 그리고 우리 조상들도 열이 나는 아이를 치료하기 위해 기도하거나, 염소를 제물로 바치는 습관을 기를 때 비슷한 경험을 했을 것이다. 스키너의 비둘기와 인간의 또 다른 유사점은 세계 각지에서 사람들이 서로 다른 미신을 믿는다는 것이다. '각지'의 스키너 상자에 있던 여섯 마리 비둘기처럼 말이다.

도박꾼들의 경우도 룰렛 휠에서든, 슬롯머신에서든 돈을 따는 건 무작위이다. 그들이 뭘 하는지는 상관없다. 하지만 도박꾼은 자신이 '행운의 셔츠'를 입을 때 운이 좋다고 생각한다. 또는 행운을 빌었더니 즉시 잭팟이 터졌다고 생각한다. 스키너의 비둘기들처럼 그들은 그 행동을 반복한다. 다시는 잭팟이 터지지 않지만 그는 기도하는 버릇을 버릴 수 없다. 우리는 슬롯머신이 잭팟을 터뜨릴 확률에 영향을 미칠 수 없다. 룰렛 휠의 공이 우리가 원하는 곳에 떨어질 확률에도. 하지만 몬테카를로에서 라스베이거스까지 도박꾼들은 별의별 미신을 다 믿는다.

오래전, 컴퓨터에 스크린이 있기 전 컴퓨터는 전신타자기에 대신 출력을 했다. 그 시절에 나는 대학 컴퓨터실에서 작업하던 중 한 학생이 컴퓨터가 응답하는 것을 기다리지 못해 짜증을 내는 걸 본 적이 있다. 그는 주먹을 쥐고 전신타자기를 수차례 쾅쾅 쳤다. 그래 봐야 컴퓨터를 재촉할 수 없음을 그는 틀림없이 알고 있었을 것이다. 아마 과거에 그렇게 했는데 컴퓨터가 우연히 결과를 출력한 경험이 있어 미신 같은 버릇을 버리지 못했을 것이다. 스키너의 비둘기들처럼 말이다.

가뭄이 들었을 때 우리 조상들이 비의 신에게 제물을 바치면 어떨까 하는 생각을 떠올렸다고 가정해보자. 그리고 결국 비가 왔다. 아마—그들의 의도대로—비의 신을 설득하기까지는 많은 제물이 필요했을 것이다. 미신을 믿는 사람들은 뭘 어떻게 하든 비가 오는지 보기 위해 비의 신에게 제물을 바치지 **않는** 실험을 해본 적이 없었다. 과학자라면 그렇게 하겠지만, 우리 조상들은 과학자가 아니었다. 그리고 그들은 비의 신에게 제물을 바치지 **않는** 위험을 무릅쓰지 않았다.

물론 내 추측이다. 하지만 나는 설득력이 있다고 생각한다. 많은 부족민이 지금도 정확히 그런 종류의 행동을 한다. 그리고 스키너의 실험은 추측이 아니었다. 실제로 일어난 일이다. 또한 도박꾼들이 행운의 숫자, 부적, 기도 등을 믿는다는 것도 추측이 아니다. 무슨 일이 일어날지 불확실한데(이것을 우리는 '우연' 또는 '운'이라고 부른다), 특정한 결과를 원할 때마다 사람들은 기도하거나 미신 같은 버릇을 기르는 경향이 있다. 미신 그 자체는 아마도 우리 조상들의 생존에 도움이 되지 않았을 것이다. 하지만 주변 세계에서 패턴을 찾는 일반적 경향—중요한 사건이 어떤 다른 사건에 뒤따르는 경향이 있을 때 그것을 알아차리려 노력하는 것—은 도움이 되었을 것이다. 그리고 미신은 이것의 부산물이었다. 얼룩말이 잡아먹힐 위험과 굶어 죽을 위험 사이에서 균형을 잡는 것과 마찬가지로, 패턴을 찾는 인간도 두 가지 위험 사이에서 균형을 맞춰야 했다. 패턴이 없을 때 패턴이 있다고 생각하는 것(미신적 거짓 긍정)의 위험과 패턴이 있을 때 패턴을 알아차리지 못하는 것(거짓 부정)의 위험이다. 패턴을 알아차리는 경향은 자연선택에 유리하게 작용했다. 미신과 종교적 믿음은 그 경향의 부산물이었다.

이제 또 다른 방향의 가설을 소개하겠다. 인류의 초기 조상들은 아프리카 사바나라는 위험한 곳에서 살았다. 발밑에는 독사, 전갈, 거미, 지네가 있었다. 나무에는 비단뱀과 표범이 도사리고 있었고, 덤불 뒤에는 사자가, 강에는 악어가 있었다. 어른들은 이런 위험을 알았지만 아이들은 알려주지 않으면 모른다. 현대 도시에 사는 부모가 자식들에게 길을 건너기 전에는 좌우를 살피라고 주의를 주듯 옛날 부모들도 자녀들에게 주의를 주었을 것이다. 자녀들에게 주의를 주는 부모는 그러지 않은 부모보다 더 많은 자손을 남겼을 것이다. 그래서 아이 뇌에 부모를 믿는 경향을 심는 유전자가 집단 내에 널리 퍼졌을 것이다.

거기까지는 쉽게 이해할 수 있다. 이제 어려운 부분이다. 만일 어른이 아이들에게 좋은 충고와 함께 나쁜 충고를 한다면, 아이의 뇌는 나쁜 충고를 좋은 충고와 구별할 방법이 없을 것이다. 만일 아이의 뇌가 둘을 구별할 수 있다면, 어른의 충고는 필요하지 않을 것이다. 그 아이는 예컨대 뱀이 위험하다는 것을 그냥 **알** 테니까. 요지는 아이들이 이미 알고 있다면 부모가 알려줄 필요가 없다는 것이다. 따라서 만일 부모가 어떤 이유에서 아이에게 "하루에 다섯 번 기도해야 한다" 같은 쓸데없는 충고를 할 경우, 아이는 그것이 쓸데없다는 사실을 알 방법이 없을 것이다. 자연선택은 아이의 뇌에 단순히 "부모가 무슨 말을 하든 믿어라"는 규칙을 심을 뿐이다. 그리고 그 규칙은 '부모가 말하는 것'이 실제로 어리석거나 사실이 아닐 때조차 효력을 발휘할 것이다. 또는 부모의 말이 비둘기 실험에서처럼 미신일 뿐일 때도.

하지만 여러분은 아마 이렇게 물을 것이다. 왜 부모가 자식에게 어리석거나 사실이 아닌 것을 말하는가? 그 답은 부모도 한때 아이였기 때문이다. 그들도 자신의 부모에게 충고를 받았다. 그들 역시 어떤 충고가 좋은 것이고, 어떤 충고가 쓸모없거나 나쁜 것인지 판단할 방법이 없었다. 충고는 좋은 것이든 나쁜 것이든 다음 세대에 전해진다. 그렇다면 충고는 애초에 어떻게 시작되었을까? 아마 '비둘기와 비슷한 미신'이 한 가지 설명이 될 것이다. 여러 세대를 거치면서, 우리가 2장과 3장에서 본 귓속말 전달 효과에 의해 쓸모없거나 미신 같은 충고가 변형되고 증폭되었다. 그리고 아마 세계 각지에서 각기 다른 충고가 전해질 것이다. 실제로 세계를 둘러보면 바로 그런 일이 **일어났음**을 알 수 있다.

물론 똑똑한 아이들은 성장하면 증거를 찾아보고 앞 세대로부터 전해진 나쁘거나 쓸모없는 충고에서 벗어난다. 즉 성장해서 그런 충고를 더 이상 믿지 않게 된다는 것이다. (원제 'Outgrowing God'은 '성장해서 더 이상 신을 믿지 않게 된다'는 뜻이다.) 하지만 항상 그렇지는 않으며, 나는 이것이 종교가 어떻게 시작되고 왜 지속되는지를 어느 정도 설명해준다고 생각한다.

이것도 일종의 **부산물** 이론이다. "하루에 다섯 번 기도해야 한다"거나 "말라리아를 치료하기 위해서는 염소를 제물로 바쳐야 한다" 같은 쓸모없거나 미신 같은 믿음은 타당한 믿음의 부산물로 전해진다. 아니면 자연선택에 의해 부모, 교사, 성직자, 그 밖의 다른 어른들을 믿도록 진화한 어린이 뇌의 부산물로 전해진다. 그리고 어른이 아이들에게 하는 말은 대부분 타당하기 때문에 그런 뇌는 자연선택에 유리하게 작용한다.

부산물 이론은 종교적 믿음에 대한 진정한 다윈주의적 설명이다. 다윈주의적 설명은 특정 유전자가 개체군 내에 점점 많아진다는 것이다. 다윈주의적 설명처럼 보이지만 실제로는 그렇지 않은 다른 종류의 설명도 있다. 예를 들면, 집단 전체 또는 국가 전체가 종교 때문에 더 잘 살아남을 수 있을지도 모른다. 그런데 이것은 종교 자체가 살아남는다는 뜻이다. 두 나라가 다른 종교를 믿고 있다고 가정해보자. 한 나라는 야훼나 알라, 또는 바이킹의 호전적인 신들처럼 전쟁을 좋아하는 신을 섬긴다. 이런 신을 섬기는 성직자들은 전장에서 용기 있게 싸우는 것이 미덕이라고 설교한다. 아마 순교한 전사는 순교자들을 위한 특별한 천국으로 직행한다고 가르칠 것이다. 또는 발할라Valhalla로 직행한다고. 심지어는 천국에서 아름다운 처녀들이 부족의 신을 위해 싸우다가 죽은 남성들을 기다린다고 약속할지도 모른다(처녀들이 불쌍하다는 생각이 들지 않나?). 또 다른 나라는 평화를 사랑하는 신 또는 신들을 섬긴다. 그 신을 섬기는 성직자들은 전쟁을 옹호하지 않는다. 그들은 전사한 사람은 천국에 가서 행복을 누린다고 설교하지 않는다. 어쩌면 어떤 종류의 천국도 가르치지 않을지도 모른다. 다른 모든 조건이 같다면 어느 나라가 더 용감한 전사들을 거느리게 될까? 어느 나라가 상대 나라를 정복할 가능성이 높을까? 그 결과, 두 종교 중 어느 것이 더 널리 퍼질까? 답은 이야기하지 않아도 알 것이다. 이슬람교가 군사 정복 때문에 아라비아에서 중동과 인도아대륙으로 전파되었다는 건 역사적 사실이다. 그리고 그리스도교가 남아메리카와 중앙아메리카를 침략한 스페인 정복자들을 통해 확산되었다는 것도 역사적 사실이다.

종교는 전쟁에서뿐만 아니라 다른 방법으로도 국가나 부족을 도울 수 있을지도 모른다. 공통의 종교, 공통의 신화와 의식 그리고 전통을 공유하는 것이 사회 결속과 협력을 촉진함으로써 사회 구성원 모두에게 이익이 된다는 가설이 있는데, 나는 꽤 설득력 있다고 생각한다. 비가 오게 해달라고 기도하는 것은 바보 같은 짓으로 보일지도 모른다. 비를 내려달라는 기도가 날씨에 영향을 미칠 수 없다는 것은 현대 과학으로 알 수 있는 사실이기 때문이다. 하지만 기우제에서 율동적인 춤을 함께 추는 것이 부족의 결속과 협력을 촉진하는 데 도움이 된다면? 생각해볼 가치가 있는 문제이고, 존경받는 동료 과학자들은 이 가설을 진지하게 고려한다.• 종교의 번성을 설명할 수 있는 다른 비다윈주의적 설명은 왕과 성직자들이 사회를 지배하는 수단으로 국민의 믿음을 이용했다는 것이다. 또 하나의 가설(이는 진정한 다윈주의적 설명에 가깝다)은 종교 사상을 포함한 아이디어 **그 자체**—나는 그것을 유전자와 구별하기 위해 '밈meme'이라고 부른다—가 사람들의 마음속에서 더 많아지기 위해 유전자처럼 라이벌 밈들과 경쟁한다는 것이다. 여기서는 이 다양한 가설들을 설명할 공간이 없다. 내가 이 가설들을 언급한 것은 현재 어떤 종류의 논쟁이 진행되고 있는지 여러분에게 대략적으로 보여주기 위해서일 뿐이다. 이제 다음으로 넘어가야 한다.

6장에서 나는 친절이 자연선택을 통해 진화한 이유를 11장에서 설명하겠다고 약속했다. 적어도 제한된 형태의 친절은 도덕률, 무엇이 선인지에 대한 감각, 선행은 바람직한 것이라는 생각의 진화적 바탕으로 쓰일 수 있을지도 모른다. 하지만 나는 먼저 6장에서 이야기한 도덕률의 변화가 더 중요하다고 생각한다는 말을 해야겠다. 자연선택은 우리 뇌에

• 예를 들어, 조너선 하이트의 《바른 마음The Righteous Mind》과 유발 하라리의 《사피엔스Sapiens》를 참조하라.

제한된 친절의 바탕을 심을 것이다. 하지만 자연선택은 불친절의 바탕도 심는다. 늘 그렇듯 균형이 존재한다. 인류 역사에서 실제로 일어난 일은 그 균형이 이동했다는 것이다. 우리가 6장에서 살펴본 것처럼 친절한 방향으로.

그렇다면 친절의 진화적 바탕은 무엇일까? 8장에서 우리는 진화란 성공적인 유전자가 유전자풀에 점점 많아지는 것이라는 사실을 알았다(그것이 성공의 의미이다). 개체가 더 빨리 달릴 수 있게 해주는(하지만 경주마처럼 다리가 부러지도록 빠르지는 않게 하는) 유전자는 점점 많아진다. 나무껍질에서 나방, 도마뱀, 개구리가 보이지 않게 해주는 유전자는 점점 많아진다. 부모가 자식을 돌보게 하는 유전자는 점점 많아진다. 왜냐하면 그 유전자의 사본copy들이 돌봄을 받는 자식들의 몸에서 살아남기 때문이다. 그러므로 자기 자식에게 친절한 것은 자연선택에 관한 한 생각하고 말 것도 없는 일이다.

하지만 여러분의 유전자 사본을 가지고 있는 사람은 자식만이 아니다. 여러분의 손자, 조카, 형제자매도 가지고 있다. 관계가 멀수록 유전자를 공유할 확률이 낮아진다. 여러분의 자식이나 여동생의 생명을 구하는 유전자를 여러분 자식이나 여동생과 공유할 확률은 50퍼센트이다. 조카의 생명을 구한 유전자가 살아난 조카의 몸에 있을 확률은 25퍼센트이다. 사촌의 생명을 구한 유전자를 살아난 사촌과 공유할 확률은

12.5퍼센트이다.•

그러므로 사촌의 생명을 구하거나 그 밖의 다른 방식으로 돕기 위해 약간의 위험을 무릅쓰는 개체는 자연선택에 유리하다. 하지만 조카딸의 생명을 구하기 위해서는 좀 더 큰 위험을 감수하는 것이 자연선택에 유리하다. 그리고 여동생이나 아들의 생명을 구하는 데는 훨씬 더 큰 위험을 감수하는 것이 자연선택에 유리하다. 직접적으로 생명을 구하는 것만이 아니라, 먹을 것을 주거나 포식자로부터 보호하거나 궂은 날씨를 피할 안식처를 마련해주는 등 어떤 방식으로 돕는 것도 마찬가지이다.

이론상으로는 아들을 먹이는 것만큼이나 형제를 먹이는 것도 자연선택에 유리하다. 하지만 실제로는 형제나 자매보다 아들이나 딸을 먹이는 것이 더 보람 있을 가능성이 높다. 이것이 형제자매를 돌보는 것보다 자식을 돌보는 것이 흔한 이유이다. 형제자매 돌봄은 개미, 벌, 말벌, 흰개미 같은 사회적 곤충에서 진가를 발휘한다. 또한 아메리카에 사는 도토리딱따구리 같은 특정 새들과 아프리카에 사는 벌거숭이두더지쥐 같은

• 이 수치들을 제대로 이해해야 한다. 좀 까다롭다. 여러분은 우리가 대부분의 유전자를 다른 모든 사람과 공유하고 있다는 말을 들어본 적 있을 것이다. 그것은 사실이고, 우리는 우리 유전자 대다수를 침팬지와 그 밖의 많은 동물과도 공유하고 있다. 내가 사촌 같은 친족에 대해 제시한 수치는 한 친족과 유전자를 공유할 확률이 집단 내 모든 사람과 그 유전자를 공유할 '기본' 확률보다 얼마나 높은지를 가리키는 것이다.

포유류에서도 그렇다.

동물은 누가 자신과 가까운 친척인지 '알' 리가 없다. 유전자의 자연선택은 조류의 뇌에 "새끼를 먹여라"와 같은 규칙을 심지 않는다. 그 대신 규칙은 이런 식이다. "둥지에서 입을 벌리고 꽥꽥거리는 것은 무엇이든 먹여라." 그래서 뻐꾸기가 다른 새의 둥지에 자신의 알을 낳을 수 있는 것이다. 보통은 뻐꾸기 새끼가 먼저 부화해 수양어미가 낳은 알을 둥지 밖으로 내던진다. 수양부모는 유전자가 자신의 뇌에 심어놓은 규칙인 "둥지에서 입을 벌리고 꽥꽥거리는 것은 무엇이든 먹여라"를 따른다. 뻐꾸기 새끼는 바로 이렇게 해서 먹이를 얻는다.

우리의 야생 조상들은 아마 개코원숭이처럼 작은 무리를 지어 이동하며 살았을 것이다. 나중에는 작은 마을을 이루고 살았다. 두 형태 모두 구성원이 확대가족이었을 것이다. 마을이나 무리 안의 거의 모든 사람이 삼촌 또는 사촌 또는 조카였을 것이다. 그러므로 "모든 사람에게 친절하게 대하라" 같은 뇌 규칙은 "유전적 친족에게 친절하게 대하라"와 같은 말이었을 것이다. 우리 대부분은 더 이상 작은 마을에서 살지 않는다. 여러분이 아는 모든 사람이 사촌이나 조카 또는 그 밖의 친척이라는 것은 더 이상 사실이 아니다. 하지만 "모든 사람에게 친절하게 대하라"는 규칙은 여전히 우리 뇌 속에 숨어 있다. 이것이 우리가 타인에게 친절한 경향을 보이는 진화적 이유 중 하나일 가능성이 있다.

불행히도 동전에는 양면이 있다. 작은 무리나 마을을 이루고 살던 우리 조상들의 뇌에서는 "한 번도 만난 적이 없는 사람에게는 적대적으로 대하라"는 규칙이 "친족이 아닌 사람에게는 적대적으로 대하라"와 같은 말이었을 것이다. 또는 "당신이나 당신이 아는 사람들과 매우 달라 보이는 사람에게는 적대적으로 대하라"는 말과도 같았을 것이다. 뇌에 심어진 이런 규칙은 인종 편견의 생물학적 기원일 가능성이 있다. 또는 최근에 이주한 사람들처럼 '타자'로 인식되는 사람에 대한 적대감의 생물학적 기원일지도 모른다.

하지만 무의식적 경험 법칙이 인간의 뇌가 제공하는 전부는 아니다. 개미나 도토리딱따구리와 달리 인간은 누가 누구의 친척인지 실제로 알 수 있는 인지력이 있으며, 특히 언어가 도움이 된다. "모든 사람에게 친절하게 대하라"는 뇌 규칙은 좀 더 구체적인 뇌 규칙인 "당신이 실제로 친척이라고 알고 있는 사람들에게 친절하게 대하라"로 대체될 수 있다.

칼라하리사막의 !쿵족!Kung people은 우리 조상들과 가장 비슷한 방식으로 살아가는 현대인으로 알려져 있다. 황색 피부의 !쿵족은 북쪽에서 검은 침입자들이 오기 훨씬 전부터 남아프리카에 살고 있었다. 그들은 가족 단위로 사는 수렵 · 채집인이다. 각 집단은 사냥 영역에 대한 소유권을 주장한다. 만일 한 남성이 라이벌 집단의 영역에 발을 잘못 들여놓을 경우, 그 소유자들에게 자신이 그들 집단의 누군가와 친척임을 납득시키지 못하면 위험에 처한다. 한번은 '가오'라는 남성이 자기 영역 밖의 카둠이라는 지역에서 붙잡혔다. 카둠 주민들은 적대적이었다. 하지만 가오는 자신과 같은 성을 가진 사람이 카둠에 있다는 사실을 겨우 납득시킬 수 있었다. 실제로 카둠에 가오라는 사람이 있었는데, 이는 그들이 친척임을 암시했다. 그래서 카둠 사람들은 가오를 받아들이고 그에게 음식을 주었다.

뉴기니 중부의 산들은 수천 년 동안 세계 나머지 지역과 격리되어 있었다. 1930년대에 오스트레일리아와 아메리카의 탐험가들은 약 100만 명의 뉴기니 고지대 사람들을 발견하고 깜짝 놀랐는데, 그들은 외부 세계 사람을 한 번도 본 적이 없었다. 첫 만남은 양쪽 모두에게 큰 두려움을 불러일으켰다. 고고학에 따르면 뉴기니 고지대 사람들은 약 5,000년 동안 그곳에서 살았다고 한다. 어떤 부족들은 여전히 !쿵족과 같은 수렵·채집인이었다. 또 어떤 부족들은 중동, 인도, 중국, 중앙아메리카에서 독립적으로 농업이 시작된 때보다 조금 늦은 약 9,000년 전에 농작물을 기르기 시작했다. 뉴기니 고지대 사람들은 서로 알아들을 수 없는 언어를 사용하는 수백 개 부족으로 나뉘어 있다. 그리고 그들은 다른 부족 구성원에게 적대적이다. 그리고 !쿵족과 마찬가지로 같은 부족이지만 다른 친족 집단에 속하는 이웃에게조차 적대감을 보인다. 몇몇 지역에서는 다른 친족 집단 소유의 영토로 들어온 남자는 살해당할 위험에 처한다. 그들은 사촌이나 다른 친족을 공유하는지 알아보는 대화를 통해 목숨을 건질 수 있다. 만일 공유하는 친족이 확인되면 좋게 헤어진다. 그러지 않으면 어느 한쪽이 죽을 때까지 싸워야 할 수도 있다.

친족 관계 외에도 친절이 자연선택을 통해 진화할 수 있는 또 다른 경로가 있다. 이것은 친족 관계보다 더 중요할지도 모른다. 이 이론을 '호혜적 이타주의'라고 부른다. 오늘 내가 여러분에게 호의를 베풀면 내일 여러분이 내게 호의를 베풀 것이다. 그리고 그 역도 성립한다. 이것이 호혜이다. 그리고 이타주의는 친절함의 또 다른 표현이다. 그러므로 호혜적 이타주의란 여러분한테 친절하게 대하는 사람에게는 여러분도 친절하게 대한다는 뜻이다.

호혜적 이타주의에는 의식적인 자각이 필요하지 않다. 의식하지 않고도 보답하는 뇌를 만드는 유전자는 자연선택에 유리할 수 있다. 제럴드 윌킨슨이라는 과학자는 흡혈박쥐에 대한 멋진 연구를 했다. 이 박쥐는 소 같은 큰 동물의 피를 먹는다. 낮에는 동굴에 머물다가 밤이 되면 밖으로 나와 먹이를 찾는다. 희생자를 찾기는 꽤 어렵지만, 하나만 찾으면 엄청나게 많은 피를 섭취할 수 있다. 그래서 흡혈박쥐는 배불리 먹고, 위에 여분까지 담은 채 동굴로 돌아온다. 하지만 희생자를 찾지 못한 박쥐는 굶어 죽을 위험에 처한다. 박쥐는 몸이 작아서 우리보다 굶어 죽을 위험이 훨씬 더 높은데 윌킨슨은 이 사실을 설득력 있게 증명했다.

박쥐들이 밤 사냥을 마치고 동굴로 돌아오면 누군가는 굶주리고 있을 것이다. 그렇지 않은 박쥐들은 배 속에 여분이 있을 것이다. 굶주린 박쥐는 포식한 박쥐에게 구걸하고, 그러면 포식한 박쥐가 자기 위에 있는 피의 일부를 토해내 굶주린 박쥐에게 준다. 다음 날은 역할이 바뀔지도 모른다. 전날 밤에 운이 좋았던 박쥐들이 굶주리고, 운이 나빴던 박쥐들이 포식할지도 모른다. 그러므로 이론상 각각의 박쥐 개체가 포식한 날에 운수 나쁜 날 돌려받을 것을 기대하면서 베풀면 이익을 얻을 수 있다.

그래서 윌킨슨은 기발한 실험을 했다. 그는 두 동굴에서 포획한 박쥐들로 실험을 했는데, 같은 동굴에서 온 박쥐들은 서로를 알았지만 다른 동굴의 박쥐들은 알지 못했다. 윌킨슨은 한 번에 한 마리씩 굶겼다. 그런 다음 다른 박쥐들과 함께 두고 그들이 굶주린 박쥐에게 먹이를 주는지 살펴보았다. 어떤 때는 잘 아는 '친구들'과 함께 두고, 어떤 때는 다른 동굴에서 온 낯선 박쥐들과 함께 두었다. 결과는 일관되게 같은 경향을 보였다. 그들이 굶주린 박쥐를 이미 알고 있는 경우 먹이를 주고, 알지 못하는 경우—즉 다른 동굴에서 왔을 경우—주지 않았다. 물론 같은 동굴에서 온 박쥐들은 유전적 친척일 가능성도 있었다. 하지만 윌킨슨과 공동 연구자의 후속 연구는 이 경우 친족 관계보다 호혜주의—호의를 갚는 것—가 더 중요하다는 것을 밝혀냈다.

여러분은 윌킨슨의 실험 결과가 말이 된다고 생각할 것이다. 왜냐하면 여러분은 인간이고, 인간은 흔히 그렇게 행동하기 때문이다. 우리는 우리에게 호의를 베푼 사람을 강하게 의식한다. 그리고 누구에게 호의를 베풀었는지 알고, 그 사람이 갚기를 기대한다. 우리는 갚아야 하는 빚에 부채감을 느끼고, 갚지 못하면 죄책감을 느낀다. 그리고 누군가가 빚이나 호의를 갚지 않으면 반감을 품고 실망을 느낀다.

이제 우리 조상들의 먼 과거를 돌아보자. 여러분이 작은 마을이나 무리를 이루고 사는 누군가의 입장이라고 생각해보라. 여러분은 무리 안의 모든 사람을 알 뿐 아니라 특정한 개인들 사이의 빚과 의무를 기억할 것이다. 또 여러분이 평생 같은 마을에서 살 것이라는 사실도 안다. 마을의 모든 사람은 오랫동안 언제든 호의를 베풀 가능성이 있다. "적어도 처음에는, 또는 믿지 않을 충분한 이유가 생길 때까지는 모든 사람한테 친절하게 대하라"는 뇌 규칙이 자연선택에 의해 심어졌을지도 모른다. 언제 호의를 되갚을 필요가 생길지 알 수 없다. 그리고 오늘날 우리 뇌도 우리 조상들과 똑같은 뇌 규칙을 물려받았을 가능성이 높다. 설령 우리가 다시 만날 일이 없는 사람들과 계속 마주치는 대도시에 살고 있다 해도, 우리는 그렇게 하지 않을 충분한 이유가 생길 때까지는 모든 사람한테 친절하게 대하라는 뇌 규칙을 여전히 가지고 있다.

호혜, 즉 호의 교환하기는 모든 거래의 바탕이다. 요즘에는 극소수 사람만이 식량을 직접 재배하고, 스스로 옷을 짜고, 자기 근력으로 장소를 이동한다. 우리의 식량은 지구 반대편에 있을지도 모를 농장에서 온다. 우리는 입을 옷을 구매하고, 어떻게 만들어지는지 전혀 모르는 자동차나 자전거를 타고 다닌다. 우리는 수백 명의 타인이 공장에서 만든 기차나 비행기를 타는데, 그들 중 누구도 전체가 어떻게 조립되는지는 아마 모를 것이다. 이 모든 것의 대가로 우리가 제공하는 것은 돈이다. 그리고 우리는 우리가 **할 수 있는** 일을 해서 그 돈을 번다. 내 경우는 책을 쓰고 강의를 하고, 의사는 사람들을 치료하고, 변호사는 변론을 하고, 정비공은 자동차를 수리한다.

우리가 어느 날 갑자기 조상들이 살던 1만 년 전 세계에 떨어진다면 대부분이 살아남는 데 어려움을 겪을 것이다. 그 당시 대부분의 사람은 먹을 것을 기르거나, 찾거나, 캐거나, 사냥했다. 석기시대에는 모든 사람이 자신의 창을 만들 수 있었다. 하지만 부싯돌로 유난히 날카로운 창촉을 만드는 숙련된

석공이 있었을 것이다. 또 창을 힘차고 정확하게 던질 수 있지만 창을 만드는 데는 능숙하지 않은 노련한 사냥꾼도 있었을 것이다. 이럴 때 호의를 주고받는 것보다 더 자연스러운 일이 뭐가 있을까? 여러분이 나에게 날카로운 창을 만들어주면 나는 그 창으로 잡은 고기의 일부를 여러분에게 줄 것이다.

이후 청동기시대와 철기시대에는 전문 대장장이가 고기를 받는 대가로 쇠창을 주었다. 전문 농부는 농작물을 재배하는 데 필요한 괭이를 받는 대가로 대장장이에게 수확물을 제공했다. 더 나중에는 교환이 간접적으로 이뤄졌다. "도구를 만들어주면 식량을 주겠다" 대신 사람들은 돈을 주거나, 미래에 빚을 갚겠다는 약속의 표시로 차용증을 써주었다.

요즘은 돈을 수반하지 않는 직접적인 물물교환이 드물다. 많은 곳에서는 심지어 불법인데, 세금을 부과할 수 없기 때문이다. 하지만 우리는 평생 동안 다른 기술을 가진 타인들에게 의존하며 살아간다. 그리고 "불확실할 때는 일단 친절하게 대하라"는 규칙이 여전히 우리 뇌에 있다. 이와 함께 오래된 "신뢰 관계를 쌓은 적이 없다면 의심할 준비를 하라"는 규칙도 있다.

그러므로 친절에 대한 진화적 압력이 실제로 존재하는 것 같으며, 이것이 우리의 옳고 그름에 대한 감각의 본바탕일지도 모른다. 하지만 나는 6장에서 이야기한 것처럼 나중에

학습한 도덕이 그런 본능적 감각을 압도한다고 생각한다. 그리고 이번 장의 어떤 것도 5장의 결론인 "선해지는 데 신은 필요치 않다"를 바꾸지 못한다.

12

과학에서 용기를 얻자

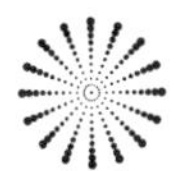

다윈이 등장하기 전, "생물 세계의 이 모든 아름다움과 복잡성이 설계자 없이도 생겨날 수 있었다"는 말은 거의 모든 사람에게 황당한 소리였다. 그런 가능성을 고려해보는 것조차 용기가 필요했다. 다윈은 그럴 용기가 있었고, 우리는 이제 그가 옳았다는 것을 안다. 과학에는 아직 해결되지 않은 문제들, 우리가 아직 이해하지 못한 틈새가 있다. 그리고 우리 가운데는 다윈이 등장하기 전 사람들이 생명에 대해 말하던 식으로 말하려는 사람들이 아직 있다. "진화 과정이 애초에 어떻게 시작되었는지 우리가 아직 모르는 것을 보면 신이 시작한 게 틀림없어." "우주가 어떻게 시작되었는지 아무도 모르는 것을 보면 신이 만든 게 틀림없어." "물리법칙이 어디서 오는지 우리가 모르는 것을 보면 신이 만든 게 틀림없어." 우리가 모르는 틈새가 있을 때마다 사람들은 그걸 신으로 메우려고 한다. 하지만 문제는 그때마다 성가시게도 과학이 나타나 그것을 메우곤 한다는 것이다. 다윈은 그중 가장 큰 틈새를 메웠다. 그리고 우리는 남아 있는 틈새도 결국 과학이 메울 것이라고 생각할 용기를 내야 한다. 그것이 이 마지막 장의 주제이다.

신이 생명체를 창조했다는 게 단순한 상식이던 때가 있었다. 다윈은 그 상식을 깨뜨렸다. 이번 장은 비교적 사소한 사례에서 시작해 더 중요한 사례로 넘어가면서, 상식에 대한 우리의 믿음을 흔들 것이다. 각각의 사례는 같은 후렴구로 끝을 맺는다. "설마 그럴 리가!"(위대한 테니스 선수 존 매켄로가 한 말인데, 그는 의심스러운 라인 판정에 의문을 던질 때 이 표현을 자주 사용했다). 그러고 나서 마지막으로 더 큰 사례, 즉 우주의 기원과 그 밖에 지금껏 풀리지 않은 다른 문제들을 설명하려면 신이 있어야 한다는, 상식처럼 널리 퍼져 있는 생각으로 돌아올 것이다.

2014년 한 10대가 미국의 어느 저수지에서 소변을 보는 장면이 카메라에 잡혔다. 이에 그 지역의 수자원공사는 약 3만 6,000달러를 들여 저수지의 물을 빼고 청소하기로 결정했다. 뺀 물의 양은 약 1억 4,000만 리터였다. 소변의 양은 아마 0.1리터 정도였을 것이다. 그러므로 저수지 물에 대한 소변의 비율은 10억 분의 1에도 못 미쳤다. 저수지에는 죽은 새와 각종 잔해가 있었고, 아마 많은 동물이 아무도 모르게 오줌을 누었을 것이다. 하지만 많은 사람이 너무 심한 '거부' 반응을 느낀 탓에 누군가가 저수지에 오줌을 누었다는 게 **알려졌다**는 사실만으로도 물을 빼고 청소할 이유가 충분했다. 이게 합리적일까? 여러분이 저수지 책임자라면 어떻게 했을까?

여러분이 물 한 잔을 마실 때마다 율리우스 카이사르의 방광을 통과한 분자를 적어도 한 개는 마실 확률이 높다.

설마 그럴 리가!
하지만 그건 사실이다.

왜 그런지 보자. 세계의 모든 물은 증발, 비, 강 등등에 의해 계속 재순환하고 있다. 대부분은 어느 한순간 바다에 있고, 나머지 물은 수십 년에 걸쳐 바다를 통해 재순환한다. 물 한 컵에 담긴 물 분자의 수는 약 10^{25}개이다. 지구상에 있는 물의 총부피는 약 14억 세제곱킬로미터로, 겨우 4조 개의 물컵에 담기는 분량이다. 내가 '겨우'라고 말한 것은 4조(4×10^{12})는 10^{25}에 비하면 작은 수이기 때문이다. 그러므로 물 한 컵에 담긴 물 분자의 수는 전 세계의 물을 담은 물컵의 개수보다 수조 배 많다.

이것이 여러분이 율리우스 카이사르의 오줌을 마신 적이 있다고 말해도 무방한 이유이다. 물론 율리우스 카이사르의 오줌만 마신 건 아니다. 그의 친구 클레오파트라에 대해서도 똑같이 말할 수 있다. 또는 예수에 대해서도. 재순환이 일어날 충분한 시간이 있었다면 누구에 대해서든 똑같이 말할 수 있다. 그리고 물컵에 담긴 물이 그렇다면, 저수지 물은 몇 배 더하다. 그 미국 저수지에는 오줌을 누다가 들킨 10대의 오줌만 있는 게 아니다. 거기엔 수백만 명의 오줌이 있다. 훈족 최후의 왕 아틸라, 정복왕 윌리엄, 그리고 어쩌면 여러분의 오줌도 있을지 모른다.

공기도 속도만 더 빠를 뿐 물과 같은 방식으로 재순환하므로, 여기서도 같은 종류의 계산을 할 수 있다. 폐에 있는 공기 분자의 개수는 전 세계에 있는 폐의 개수보다 훨씬 더 많다. 여러분은 아돌프 히틀러가 내뿜은 원자를 들이마신 게 거의 확실하다. 그런데 히틀러의 비서가 보고한 바에 따르면 그는 입 냄새가 지독했다고 한다.

과학은 매우 놀라울 수 있다. 우리는 지금 여러분이 그 놀라움을 대할 때 필요한 용기에 대해 이야기하고 있다. 그리고 아직 해결되지 않은 미스터리 앞에서 필요한 용기에 대해.

헉슬리(우리가 1장에서 만난 다윈의 친구)는 "과학은 길들여지고 정리된 상식에 불과하다"고 말했다. 하지만 나는 그의 말이 옳은지 잘 모르겠다. 이번 장에서 내가 하는 이야기들은 상식에 도전하는 것처럼 보인다. 갈릴레오는 공기저항을 빼면

(진공상태에서 이 실험을 해야 한다) 대포알과 깃털이 높은 곳에서 동시에 땅에 떨어진다는 걸 보여줌으로써 상식에 도전했다.

설마 그럴 리가, 갈릴레오!
하지만 그건 사실이다.

갈릴레오가 왜 옳았는지 보자. 아이작 뉴턴에 따르면 우주의 모든 물체는 중력에 의해 다른 모든 물체에 끌어당겨진다. 끌어당기는 힘(인력)은 두 물체의 질량(당분간은 질량을 무게와 비슷한 것으로 생각하라. 차이가 있지만, 거기에 대해서는 잠시 후 다루겠다)을 곱한 값에 비례한다. 대포알은 깃털보다 질량이 훨씬 크기 때문에 중력이 더 강하게 작용할 것이다. 하지만 대포알이 같은 속도로 가속하려면 깃털보다 더 큰 힘이 필요하다. 두 힘은 정확히 상쇄되고, 그 결과 깃털과 대포알은 함께 땅에 떨어진다.

나는 왜 질량이 무게와 같지 않은지 설명하겠다고 말했다. 우리 행성에서는 어떤 물체의 질량이 무게와 같다. 사람도 마찬가지이다. 예컨대 몸무게가 75킬로그램이라고 해보자. 하지만 우주정거장에서는 무게가 없다. 몸무게는 0인 반면 질량은 여전히 75킬로그램이다. 우주정거장에서 대포알은 풍선처럼 떠다닐 것이다. 하지만 만일 여러분이 선실을 가로질러 대포알을 던지려고 해보면, 그게 상당한 질량을 갖고 있음을 알게 될 것이다. 대포알을 던지는 데는 많은 노력이 필요할 것이다. 그것을 밀 때 벽에 몸을 지지하지 않는다면 여러분도 동시에 반대 방향으로 밀려갈 것이다. 풍선과는 전혀 다르다. 그리고 대포알이 선실 반대편 벽에 부딪치면 '육중하게' 쾅 소리를 내며 충돌할 테고, 뭔가가 부서질지도 모른다. 만일 누군가의 머리에 부딪치면 비록 대포알과 머리에 둘 다 무게가 없다 해도 (이번에도 풍선과는 다르게) 상처를 낼 것이다. 대포알의 무게는 지구의 중력이 대포알을 아래로 당기는 힘을 측정한 값이다. 대포알의 질량은 대포알이 함유한 물질의 총량을 측정한 값이다. 만일 여러분이 우주정거장에서 무게를 잰다면, 저울과 대포알이 둘 다 자유롭게 떠다닐 터이므로 대포알은 저울에 어떤 압력도 가하지 못할 것이다. 따라서 대포알의 무게는 0이 된다.

여러분이 저울에 앉은 채 비행기에서 뛰어내릴 때도 마찬가지이다. 여러분과 저울은 같은 속도로 떨어질 것이다. 그러므로 이번에도 여러분은 저울에 압력을 가하지 못하고, 따라서 저울은 여러분의 체중을 0으로 표시할 것이다. 여러분이 떨어지는 동안에는 몸무게가 0이다. 하지만 여러분의 질량은 그대로이다.

이는 우주정거장에서 대포알(그리고 사람과 저울)이 둥둥 떠다니는 이유에 대한 실마리를 제공한다. 그것들이 지구에서 멀리 떨어져 있으므로 지구 중력이 끌어당기는 힘이 거기까지 미치지 못하는 것이라고 많은 사람이 생각한다. 그러나 그 생각은 완전히 틀렸다. 흔히 저지르는 실수이다. 사실 우주정거장은 그리 멀지 않기 때문에 지구 중력이 끌어당기는 힘은 우주정거장에서나 해수면에서나 거의 같다. 우주정거장의 물체에 무게가 없는 이유는 저울에 앉은 채 비행기에서 뛰어내린 사람처럼 계속 **낙하하고** 있기 때문이다. 이 경우에는 지구 **둘레**를 낙하한다. 달 역시 지구 둘레를 계속 낙하하고 있다. 달은 질량이 10^{22}킬로그램임에도 불구하고 무게가 없다.

"달은 무게가 없고 지구 둘레를 계속 낙하하고 있다?"

설마 그럴 리가!
하지만 그건 사실이다.

우리는 지구가 계곡과 산맥으로 가득한 험하고 쭈글쭈글한 행성이라고 생각한다. 에베레스트는 높이가 거의 9킬로미터에 이르고, 이 산을 최초로 등반한 두 남성은 영웅으로 칭송받았다. 하지만 만일 여러분이 지구를 탁구공 크기로 축소한다면 표면이 매끄럽게 느껴질 것이다. 에베레스트조차 그 감촉에 영향을 미치지 못한다. 에베레스트는 아주 고운 사포

위에 있는 모래 알갱이처럼 작을 것이다.

설마 그럴 리가!
하지만 그건 사실이다.

직접 해보라. 먼저 탁구공의 크기를 잰다. 에베레스트의 높이는 여러분이 알고 있다. 이제 지구의 직경을 찾아보고 계산을 해보라.

왜 행성들은 둥글까? 중력이 행성을 사방에서 안쪽으로 끌어당긴다. 충분한 시간이 주어지면 단단한 땅조차 액체처럼 움직인다. 혜성처럼 더 작은 천체는 둥글지 않고 울퉁불퉁 못생겼다. 이는 그런 천체들의 중력이 너무 약해서 모양을 제대로 잡을 만큼 끌어당기지 못하기 때문이다. 명왕성은 구형을 띨 정도로 크다. 하지만 그것은 알려진 여러 '미행성체들planetesimals'보다 작고, 이 때문에 행성의 지위에서 강등되었다. 이 사건은 많은 사람을 화나게 했다. 하지만 그건 정의定義 문제일 뿐이다. '의미론'의 문제이다. 지구보다 작은 화성은 지구보다 중력이 약하고, 따라서 산들을 안쪽으로 끌어당기는 힘도 약하다. 화성에 에베레스트보다 높은 산이 있을 수 있는(그리고 실제로 있는) 이유가 여기에 있다. 탁구공 크기로 축소하면 화성은 지구보다 아주 조금 거친 감촉이 느껴질 것이다. 하지만 화성의 작은 위성들인 포보스와 데이모스는 그에 비해 확실히 울퉁불퉁하다. 감자처럼 보인다.

옛날에는 세계가 가만히 있고 태양, 달, 별이 그 주위를 돈다는 게 명백한 상식처럼 보였다. 무엇이 더 자연스러울 수 있을까? 여러분이 서 있는 땅은 흔들림이 없다. 태양은 매일 동쪽에서 서쪽으로 하늘을 가로지른다. 여러분이 그 위치 변화를 눈여겨볼 인내심이 있다면 별들도 마찬가지이다. 그리스 수학자 아리스타르코스(기원전 310~230년경)는 지구가 태양의 궤도를 돈다는 사실을 최초로 알아차린 사람인 듯하다. 지구가 돌기 때문에 마치 태양이 하늘을 가로지르는 것처럼 보이는 것이다. 이 대담한 진리는 폴란드의 니콜라우스 코페르니쿠스(1473~1543)가 재발견할 때까지 수 세기 동안 잊혔다. 상식과 정반대였기에, 갈릴레오는 그 생각을 지지했다는 이유로 고문 위협까지 받았다.

설마 그럴 리가, 갈릴레오!
의견을 철회하지 않으면 우리가 당신을 고문하겠어.

세계지도를 보면, 아프리카의 서해안과 남아메리카의 동해안이 마치 직소퍼즐 조각처럼 딱 들어맞을 것 같다. 1912년 알프레트 베게너라는 독일 과학자가 이러한 관찰을 허투루 넘기지 않고, 그 결론이 무엇인지 알아보려는 용기를 냈다. 그는 세계지도가 바뀐다고 주장했다. 큰 규모에서 그렇다는 것이다. 그의 가설에 따르면 아프리카와 남아메리카는 한때 붙어 있었다. 살아생전에 그는 조롱을 당했다. 대륙처럼 육중한 무언가가 어떻게 중간에서 둘—즉 남아메리카와 아프리카—로 쪼개져 수천 킬로미터씩 멀어질 수 있단 말인가? 하지만 그게 실제로 일어난 일이다.

설마 그럴 리가!
하지만 그건 사실이다.

베게너가 옳았다. 어느 정도까지는. 약 1억 3,000만 년 전까지만 해도 아프리카와 남아메리카는 실제로 붙어 있었다. 그런 다음 두 대륙이 서서히 떨어졌다. 가장 좁은 틈에서는 뛰어서 건널 수 있던 때도 있었으며, 좀 뒤에는 헤엄쳐 건널 수 있었다. 지금은 고속 여객기를 타도 몇 시간이 걸린다. 베게너는 세부 내용에서는 조금 틀렸다. 지구 전체 표면이 서로 맞물리고 겹치는 '판들'로 이뤄져 있다는 유력한 증거가 있다. 갑옷과 비슷하다고 생각하면 된다. 이 판들을 '지각판'이라 부르는데, 지각판은 움직인다. 그런데 우리의 짧은 생애 동안 알아차릴 수 없을 정도로 느리게 움직인다. 지각판의 움직임을 흔히 손톱이 자라는 속도에 비유한다. 하지만 손톱이 자라는 것처럼 규칙적이지는 않다. 움직임은 느닷없다. 한동안 눈에 띄는 움직임이 없다가 지진처럼 갑자기 움직인다. 실제로 이런 갑작스러운 움직임은 대개 지진이다.

지각판은 육지로만 이루어지지 않는다. 각 판의 대부분은 바다 밑에 있다. 대륙은 단지 지각판 꼭대기에 실린 고지대일 뿐이다. 움직이는 것은 꼭대기에 대륙을 실은 지각판들이다. 지각판 사이에는 틈이 없다. 그래서 판들이 서로 밀치는 장소에서는 다양한 일이 일어날 수 있다. 지진이 그중 하나이다. 두 판이 서로를 미끄러져 지나갈 수도 있다(이것이 지진이 자주 발생하기로 유명한 북아메리카 서부의 샌앤드레이어스 단층에서 일어나는 일이다). 아니면 한 판이 다른 판 밑으로 미끄러질 수도 있다. 이런 '섭입攝入'은 거대한 산맥을 밀어 올릴 수 있다. 안데스산맥이 그 예이다. 또 그 무렵 북쪽으로 이동하는 거대한 섬이던 인도를 실은 판이 아시아판 밑으로 밀고 들어올 때 솟아오른 히말라야산맥도 있다. 판구조 운동에 대한 증거는 매혹을 불러일으키고 매우 설득력 있다. 하지만 이 책에서는 그것을 깊이 다루지 않을 생각이다.《현실, 그 가슴 뛰는 마법The Magic of Reality》에서 다루었기 때문이다. 여기서는 단지 판구조 운동이 매우 놀랍고, 상식에 크게 반한다는 점만 지적해두겠다.

이제 소개할 사례는 무서울 정도로 놀랍다. 적어도 나는 그렇다고 생각한다. 여러분, 그리고 여러분이 앉아 있는 의자(여러분이 식사하는 테이블, 여러분의 발가락에 차이는 단단한 바위)는 거의 텅 빈 공간으로 이루어져 있다.

설마 그럴 리가!
하지만 그건 사실이다.

모든 물질은 원자로 이루어지고, 모든 원자는 작은 핵과 그 궤도(더 나은 표현이 없어서 쓰지만 오해의 여지가 좀 있다)를 도는 훨씬 더 작은 전자들의 구름으로 이루어진다. 그 사이는 아무것도 없이 텅 비어 있다. 다이아몬드는 단단하기로 유명하다. 9장에서 살펴보았듯 다이아몬드는 정확한 간격으로 배치된 탄소 원자들로 만들어진 결정 격자crystal lattice이다. 탄소의 핵을 테니스공 크기로 키운다고 상상하면, 다이아몬드 격자에서 가장 가까이에 놓인 이웃 테니스공은 2킬로미터 떨어져 있다. 그리고 그 사이의 공간은 텅 비어 있을 것이다. 전자는 너무 작아 중요하지 않기 때문이다. 만일 여러분이 그 테니스공들 중 하나를 작은 라켓으로 칠 수 있을 만큼 몸을 축소할 수 있다면, 다이아몬드 격자에서 그다음으로 가까운 테니스공은 너무 멀리 떨어져 있어 눈에 보이지도 않을 것이다.

내 동료 스티브 그랜드는 저서 《창조Creation》에 이렇게 썼다.

어린 시절의 경험을 생각해보라. 당신이 분명히 기억하는 어떤 것, 마치 그곳에 있는 것처럼 보고 느낄 수 있으며 심지어는 냄새도 맡을 수 있는 어떤 것. 결국 당신은 그때 그곳에 실제로 있었다. 그렇지 않은가? 아니면 어떻게 그것을 기억하겠는가? 하지만 폭탄선언을 하겠다. 당신은 거기 없었다. 그 사건이 일어났을 때, 지금 당신 몸 안에 있는 단 한 개의 원자도 그곳에 없었다.

설마 그럴 리가!
하지만 그건 사실이다.

물질은 여기서 저기로 흐르고, 순간적으로 함께 모여 당신이 된다. 그러므로 당신이 무엇이든 지금 당신을 구성하고 있는 물질은 당신이 아니다. 이 말을 듣고도 목뒤의 머리칼이 쭈뼛 서지 않는다면, 그럴 때까지 다시 읽어라. 중요한 사실이기 때문이다.

이 말은 30년 전에 저지른 범죄로 방금 체포된 사람은 더 이상 같은 사람이 아니기 때문에 죄가 없다는 뜻인가? 여러분이 배심원인데 피고 측 변호사가 그런 주장을 펼친다면 뭐라고 하겠는가?

아주 놀라운 사례가 또 하나 있다. 그것은 알베르트 아인슈타인의 특수상대성이론의 결론이다. 만일 여러분이 우주선을 타고 거의 빛의 속도로 출발했다가 선실 안의 달력이 12개월이 지났다고 알려줄 때 돌아온다면, 여러분은 겨우 한 살 더 먹었을 뿐이지만 지구에 있는 여러분의 친구들은 모두 나이가 많아 죽었을 것이다. 지구의 세계는 수백 년이 지나지만, 여러분은 겨우 한 살 더 먹을 뿐이다. 지구에 있는 사람들을 기준으로 보면, 우주선에서는 노화 과정뿐 아니라 선실의 모든 시계와 달력을 포함해 시간 자체가 느리게 간다. 하지만 우주선에 탄 사람들의 기준으로는 그렇지 않다. 우주선에 탑승하면 모든 게 평소와 똑같아 보인다. 그러므로 지구로 돌아오면 여러분의 고손자가 여러분보다 늙어 흰 수염을 길게 기르고 있을지도 모른다.

설마 그럴 리가!
하지만 그건 사실이다.

이번 장의 메시지는 "과학은 번번이 상식을 뒤집는다"는 것이다. 과학은 당황스럽거나 심지어 충격적일 수도 있는 놀라움을 제공하고, 우리는 이성이 이끄는 방향이 매우 놀랍더라도 그걸 따라갈 용기가 필요하다. 진실은 놀라움 그 이상일 수 있고, 심지어 두려울 수도 있다. 나는 기괴하기 짝이 없는 양자이론이 확실히 두려웠다. 하지만 어떤 의미에서 그것은 틀림없는 사실이다. 왜냐하면 양자이론의 수학적 예측이 북아메리카의 너비를 머리카락 한 올 두께의 오차 범위 내로 측정하는 것과 같은 정도로 정확하다는 사실이 실험을 통해 입증되었기 때문이다.

내가 말하는 '기괴함'이 무엇이냐고? 충격적으로 이상한 그 모든 실험 결과를 다룰 공간이 여기엔 없다. 나는 단지 그 이상한 실험 결과들 중 일부에 대한 이른바 '코펜하겐 해석'만을 언급하고 넘어가겠다. 코펜하겐 해석에 따르면 어떤 사건, 이를테면 양자 사건quantum event은 누군가 그것이 일어났는지 그렇지 않은지 보기 전까지는 일어난 게 아니다. 자칫 미친 소리처럼 들린다. 양자이론의 창시자 중 한 명인 오스트리아 물리학자 에르빈 슈뢰딩거도 그 생각을 비꼬았을 정도로. 슈뢰딩거는 양자 사건이라 부르는 종류의 사건에 의해 작동하는 살해 장치killing mechanism가 있는 상자 안에 고양이 한 마리가 갇혀 있다고 상상했다. 우리는 상자를 열기 전까지 그 고양이가 죽었는지 살았는지 모른다. 하지만 분명 그 고양이는 살아 있거나 죽었거나 **둘 중 하나**여야 하지 않나? 코펜하겐 해석에 따르면 그렇지 않다. 슈뢰딩거가 비꼰 코펜하겐 해석에 따르면, 우리가 살펴보기 위해 상자를 열기 전까지 고양이는 살아 있는 것도 죽은 것도 아니다. 누가 들어도 황당한 말이고, 슈뢰딩거도 그 점을 지적한 것이다. 하지만 아무리 황당하다 해도 그것이 코펜하겐 해석의 결론인 것 같다. 그리고 많은 저명한 물리학자가 코펜하겐 해석의 편에 선다. 어떤 사람이 얼마 전 내게 사랑스러운 만화를 보냈다. 만화 속 장면은 반려동물 주인들이 참을성 있게 기다리고 있는 동물병원 대기실이다. 간호사가 나와서 남자 손님들 중 한 명에게 말한다. "슈뢰딩거 씨, 손님의 고양이에 관한 좋은 소식과 나쁜 소식이 있어요." 재치 있지 않나.

코펜하겐 해석의 황당함에 자극을 받은 다른 물리학자들이 양자이론에 대한 다른 해석인 '다세계 해석Many Worlds Interpretation'을 내놓았다(흔히들 혼동하는데, 잠시 후에 다룰 다중우주 이론과 헷갈리지 말기를). 다세계 해석에 따르면 세계는 수조 개의 다른 세계로 계속 쪼개지고 있다. 그 세계들 중 일부에서는 그 고양이가 이미 죽었다. 나도 이미 죽었다. (내가 이 단어를 타이핑하고 있는 세계를 포함해) 다른 세계들에서는 내가 아직 살아 있다. 또 다른 (많지 않은) 세계들에서는 내가 녹색 수염을 기르고 있다. 다세계 해석은 어떻게 보면 코펜하겐 해석보다는 덜 황당해 보이지만, 보기에 따라서는 더 황당하기도 하다.

여러분이 이 문단과 앞 문단을 읽고 어리둥절했더라도 걱정하지 말라. 나도 그러니까. 그것이 바로 내가 지적하고 싶은 포인트이다. 과학적 진실은 두렵고, 그것을 직시하기 위해서는 용기가 필요하다.

과거 갈릴레오의 박해자들은 지구가 자전하면서 태양 주위를 돈다는 이단적 생각에 두려움을 느꼈다. 마찬가지로 자신과 자신이 서 있는 단단한 땅이 거의 완전히 텅 빈 공간이라는 것을 처음 발견하면 누구라도 두려울 것이다. 하지만 그렇다 해도 그건 여전히 사실이다. 그리고 과학적 진실은 어리둥절하거나 두려울 때보다 경이롭고 아름다울 때가 훨씬 더 많다. 여러분은 두렵고 어리둥절한 과학의 결론을 마주할 용기를 내야 한다. 그리고 그런 용기를 낼 때 그 모든 경이와 아름다움을 경험할 기회가 온다. 확실해 보이는 것들은 편안하고 익숙하지만 여러분은 그것을 떠나 야생의 진실을 포용할 용기가 필요하다. 내 친구 줄리아가 그리스도교 신앙을 버렸을 때 그랬던 것처럼.

줄리아 스위니는 미국의 코미디언이자 배우이다. 그녀는 〈하느님 놔주기Letting Go of God〉라는 매력적인 코미디 무대 공연 작품을 쓰고 연기했다. 줄리아는 착한 가톨릭교도 소녀였다. 하지만 성인이 되어 자신의 신앙에 의문을 품기 시작했다. 그녀는 그 문제에 대해 열심히 그리고 오랫동안 생각했다. 많은 게 말이 되지 않았다. 자신이 믿는 종교의 많은 면이 그동안 배운 대로 좋기는커녕 나빠 보였다. 그녀는 과학에 관한 책과 무신론에 관한 책을 읽기 시작했다. 그러던 어느 날, 의문을 품는 습관이 어느 수준에 이르렀을 때 머릿속에서 작은 목소리를 들었다. 처음에는 그것이 속삭임에 지나지 않았다. "신은 없어." 소리는 점점 커졌다. "신은 없어." 마침내 자제심을 잃은 마음의 외침이 들렸다. **"하느님 맙소사, 신은 없다고!"**

> 나는 자리에 앉아 생각했다. "그래, 인정할게. 신을 계속 믿을 만큼 충분한 증거가 있다고 생각하지 않아. 세계는 하느님, 초자연적 존재가 없을 경우 예상되는 그대로 움직이고 있어."
> 그리고 신이 우리를 창조한 것보다 우리가 신을 창조했을 가능성이 훨씬 더 높다는 것이 내가 내릴 수 있는 최선의 판단이었다. 그러자 몸이 부들부들 떨렸다. 뗏목에서 미끄러져 떨어지고 있는 기분이었다.
> 그때 이런 생각이 들었다. "하지만 어떻게 해야 신을 믿지 않을 수 있는지 모르겠어. 어떻게 해야 할지 모르겠어. 어떻게 일어나고 어떻게 하루를 보내지?" 균형을 잃은 느낌이었다. 나는 생각했다. "그래, 진정해. '신 안 믿기' 안경을 잠시만 써보는 거야. 딱 1초만. 신 안 믿기 안경을 쓰고 주위를 재빨리 둘러본 다음 곧바로 벗어버리면 돼." 그래서 나는 그 안경을 쓰고 주위

를 둘러보았다.

말하기 부끄럽지만, 처음에는 어지러웠다. 나는 사실 이런 생각을 했다. "어떻게 지구가 하늘 위에 떠 있지? 그러니까 우리가 지금 우주 속을 돌진하고 있다는 거야? 그건 너무 불안하잖아!" 나는 뛰어나가 우주에서 떨어지는 지구를 내 손으로 잡고 싶었다.

그런 다음 기억이 났다. "맞아, 중력과 각운동량이 우리가 오랫동안 태양 주위를 돌게 해줄 거야."

줄리아는 용감하게 증거와 이성을 따랐다. 그것이 유년기의 안전지대에서 그녀를 끌어낸다 해도 어쩔 수 없었다. 이번 장은 여러분이 무신론의 길로 나서기 위해 필요한 용기의 발걸음에 대해 이야기하는 장이다. 꽤 큰 발걸음은 우주 전체의 기원과 관계가 있다. 그 부분은 조금 있다가 이야기하자. 하지만 내가 이번 장 서두에서 말했듯 훨씬 더 큰 발걸음은 생명의 진화를 이해하는 것이었다. 그리고 그것은 인류가 이미 내디딘 발걸음이다. 우리는 거기서 용기를 얻어야 한다.

나는 종종 왜 19세기 중반이 되어서야 인류가—찰스 다윈의 모습으로—진화의 완전한 진실을 알아챘는지 궁금했다. 내가 8장과 9장에서 증명했듯 자연선택에 의한 진화는 실제로 그리 어렵지 않다. 수학을 몰라도 그 원리를 이해할 수 있다. 다윈은 수학자가 아니었다. 그리고 약간 늦었을 뿐 같은 개념을 독립적으로 발견한 앨프리드 월리스도 수학자가 아니었다. 왜 19세기 전에는 아무도 그것을 이해하지 못했을까?

왜 아리스토텔레스(기원전 384~322)는 그것을 이해하지 못했을까? 그는 세계에서 가장 위대한 사상가들 중 한 명으로 손꼽힌다. 논리적 사고의 원리들을 발명한 사람이라 해도 과언이 아니다. 그는 동물과 식물을 꼼꼼하게 관찰하고 기재했다. 하지만 그 동식물이 제기하는 명백한 질문, 즉 "왜 그들은 거기에 있는가?"에 대해서는 아무것도 몰랐다. 아르키메데스(기원전 287~212년경)는 목욕통 밖에서나 안에서나(웹에서 검색해보라. 하지만 유감스럽게도 아르키메데스가 목욕통 밖으로 뛰어나온 이야기는 3장에서 우리가 살펴본 것들처럼 전할 가치가 있는 신화일지도 모른다) 매우 영리한 생각들을 했다. 하지만 자연선택에 의한 진화라는 개념은 그에게 결코 떠오르지 않았다. 에라토스테네스(기원전 276~194)는 거리를 알고 있는 두 장소에서 한낮의 그림자 길이를 비교해 지구 둘레를 계산했다. 정말 대단하지 않나! 그는 지구의 자전축 기울기를 정확하게 추측했다(그 기울기가 우리에게 계절을 선사한다). 그들은 우리 대부분이 꿈도 꿀 수 없을 만큼 똑똑한 생각을 했다. 하지만 그 똑똑한 고대 그리스인들은 동식물(그리고 물론 인간)에 둘러싸여 있었음에도, 그리고 그 동식물들이 어떻게 그렇게 유목적적purposeful이고 아름답게 '설계'된 것인지 궁금했을 텐데도 지극히 간단한 생각—다윈의 생각—을 결코 떠올리지 못했다. 갈릴레오도 마찬가지였다. 또 지금까지 살았던 사람들 중 가장 똑똑한 인물일지도 모를 아이작 뉴턴도 마찬가지였다.• 역사를 통틀어 위대한 철학자 중 누구도 그 생각을 떠올리지 못했다. 그 생각은 너무나도 간단하고 금방 수긍되는 것이어서 여러분은 바보라도 알 수 있었으리라고 생각할 것이다. 배움도 짧고 수학도 모르는 바보가 안락의자에 앉아서 떠올릴 만한 생각. 여러분은 그것이 보통의 십자말 퍼즐 열쇠보다 풀기 쉽다고 생각할 것이다(나는 암호 같은 십자말 퍼즐에는 젬병이라 감정을 실어 말한다). 하지만 19세기 중반까지 아무도 그것을 생각해내지 못했다. 세계 최고의 '정신'들을 피해간 이 놀랄 만큼 강력하지만 간단한 생각이 마침내 수학자가 아니라, 여행 중이던 자연학자이자 표본 수집가이던 두 사람에게 떠올랐다. 바로 찰스 다

• 뉴턴은 복잡한 모순 덩어리였다. 매우 합리적 과학자이던 그는 비금속을 금으로 바꾸는 헛수고에 인생의 많은 시간을 허비했다. 그리고 《성경》에 언급된 숫자들의 의미를 밝히기 위해 《성경》을 분석하는 또 다른 헛수고에 나머지 인생 대부분을 허비했다. 뉴턴은—그의 영리함과 어떤 관계가 있는 것은 아니지만—다윈과 달리 별로 좋은 사람이 아니었다. 그는 경쟁자인 로버트 훅을 모질게 대했다. 질투는 반대로 갔어야 했다고 여러분은 생각할지도 모르지만. 한편, 반려견 다이아몬드가 램프를 쓰러뜨려 뉴턴이 작업 중이던 중요한 논문 몇 편을 태웠을 때 그는 화내지 않고 그저 이렇게 외쳤을 뿐이다. "오, 다이아몬드, 다이아몬드, 네가 무슨 나쁜 짓을 저질렀는지 모를 거야!" 적어도 잘 알려진 이야기에 따르면 그렇다. 어떤 역사학자들은 그런 일이 일어나지 않았다고 주장하기도 한다. 그럴 경우 이것은 신화가 어떻게 시작되는지를 보여주는 또 하나의 좋은 예로서 3장에 추가할 만하다.

윈과 앨프리드 월리스이다. 또한 대략 같은 시기에 제3의 인물에게도 독립적으로 떠올랐던 것 같다. 그는 스코틀랜드의 과수원지기 패트릭 매슈였다.

왜 그렇게 오래 걸렸을까? 내 생각은 이렇다. 생명체의 복잡성, 아름다움, 유목적성은 **명백히** 지적인 창조자의 손에 설계된 것처럼 보였음이 틀림없다. 그래서 다른 생각을 고려하기 위해서는 큰 용기가 필요했다. 나는 전투에 임하는 군인이 보여주는 용기와 같은 물리적 용기를 의미하는 게 아니다. 내가 말하는 건 지적 용기이다. 말도 안 되는 것처럼 보이는 가능성을 심사숙고하고 이렇게 말할 용기. **"설마 그럴 리가. 그래도 틀릴 셈 치고 그 가능성을 조사해보자."** 대포알과 깃털이 같은 속도로 떨어진다는 것은 확실히 말이 안 되는 얘기였다. 하지만 갈릴레오는 그 가능성을 조사하고 증명할 지적 용기가 있었다. 아프리카와 남아메리카가 한때 하나였다가 서서히 멀어졌다는 것도 정말 말도 안 되는 얘기로 들렸다. 하지만 베게너는 그 생각을 따라갈 용기를 냈다. 인간의 눈처럼 명백히 '설계된' 무언가가 실제로는 설계되지 않았다는 것은 완전히 말도 안 되는 소리 같았다. 하지만 다윈은 그 말도 안 되는 가능성을 조사할 용기가 있었다. 그리고 이제 우리는 그가 옳았다는 것을 안다. 그가 제기한 가능성은 모든 생명체의 모든 부분에 대해 하나도 빠짐없이 옳았다.

자연선택에 의한 진화라는 간단한 진리는 그 모든 똑똑한 그리스인, 다윈 이전의 그 모든 대단한 수학자와 철학자의 눈앞에 있었다. 하지만 그들 중 누구도 명백해 보이는 것을 거역할 지적 용기가 없었다. 그들은 하향식 창조를 역력히 드러내는 것처럼 (잘못) 보이는 것들에 대한 경이로운 상향식 설명을 간과했다. 진정한 설명이 아주 간단하다는 사실은 그것을 끈질기게 조사해 자세히 알아내는 데 훨씬 더 큰 용기가 필요하다는 뜻이었다. 자연선택이 그 모든 똑똑한 사람들을 비켜 간 이유는 너무나 간단했기 때문이다. 생명의 그 모든 복잡성과 다양성을 설명하는 힘든 일을 하기에는 너무 간단하다고 생각했을지도 모른다.

이제 우리는—증거가 다른 설명을 용납하지 않기 때문에—다윈이 옳았다는 것을 안다. 정리해야 할 세부 사항은 아직 몇 가지 남았다. 예컨대 우리는 약 40억 년 전에 진화 과정이 정확히 어떻게 시작되었는지—아직은—모른다. 하지만 생명의 가장 큰 미스터리(어떻게 그렇게 복잡하고 다양하고 아름답게 '설계되었는가')는 풀렸다. 그리고 이 책에서 내가 마지막으로 하고 싶은 말은 우리가 다윈과 갈릴레오, 그리고 베게너의 지적 용기에 영감을 받아 더 멀리 나아가야 한다는 것이다. 말이 안 돼 보이던 가정들이 결국 사실로 밝혀진 그 모든 사례는 우리가 아직 남아 있는 존재의 큰 수수께끼에 직면할 때 새로운 용기를 줄 것이다. 우주 자체는 어떻게 시작되었을까? 그리고 우주를 지배하는 법칙들은 어디서 올까?

그런데 그 이야기로 넘어가기 전에 주의를 당부할 게 있다. 갈릴레오, 다윈, 베게너는 놀라운 아이디어를 과감하게 제안했고, 그들이 옳았다. 많은 사람이 놀라운 아이디어를 과감하게 제안하지만, 틀린다. 말도 안 되게 틀린다. 용기만으로는 충분하지 않다. 여러분은 계속해서 자신의 생각이 옳다는 것을 증명해야 한다.

우주를 바라보는 우리의 시야는 수 세기에 걸쳐 팽창했다. 그리고 우주 자체도 매 순간 말 그대로 팽창하고 있다. 옛날 사람들은 지구가 거의 전부이며, 태양과 달은 우리 머리 위를 돌고, 별들은 천국으로 통하는 반구형 덮개에 난 작은 구멍이라고 생각했다. 이제 우리는 우주가 생각할 수도 없을 만큼 거대하다는 것을 안다. 하지만 먼 옛날 우주는 생각할 수도 없을 만큼 작았다는 것도 알고 있다. 그리고 우리는 그때가 언제였는지 안다. 현재의 추산에 따르면 약 138억 년 전이었다.

팽창하는 우주는 20세기의 발견이었다. 오늘날 세계에는 102세인 내 어머니를 포함해, 달랑 하나의 은하로 이루어진 우주에서 태어난 사람들이 아직 살아 있다. 현재 어머니가 살고 있는 우주는 1,000억 개 은하로 이루어져 있고, 그 은하들은 우주 자체가 팽창함에 따라 서로에게서 쏜살같이 달아나고 있다. 물론 이렇게 말하는 것은 정확하지 않다. 내 어머니, 셰익스피어, 갈릴레오, 아르키메데스, 공룡은 모두 똑같은 팽창하는 우주에서 태어났다. 하지만 내 어머니가 태어난 1916년에는 아무도 우리가 은하수라고 부르는 하나의 은하 말고는 알지 못했다. 그것이 우주였다. 갈릴레오 시대에는 심지어 그것조차 아무도 알지 못했다. 과학적 진실은 그것에 대해 아는 사람이 전혀 없어도 진실이다. 인간이 출현하기 전에도 진실이었고, 우리가 멸종한 뒤에도 진실일 것이다. 다른 측면에서는 똑똑한 많은 사상가가 그 중요한 포인트를 놓친다.

1,000억 개의 은하가 있는 팽창하는 우리 우주가 유일한 우주가 아닐 가능성도 있다. 많은 과학자는—타당한 이유로—우리 우주 같은 우주가 수십억 개 존재한다고 생각한다. 이 견해에 따르면 우리 우주는 수십억 개 우주가 있는 **다중우주** 속의 한 우주일 뿐이다. 우리는 잠시 후 이 개념으로 돌아올 것이다.

현재 물리학자들은 우리 우주의 초창기에 무슨 일이 일어났는지 꽤 잘 알고 있다. '초창기'란 우주가 탄생한 후 영점 몇 초 내를 말한다. 그리고 그 시점은 우주가 탄생한 후뿐 아니라 시간 그 자체가 탄생한 후를 말한다. '시간의 탄생'이라고? 그게 무슨 뜻일까? 그 이전에는 무슨 일이 있었을까? 물리학자들은 그런 질문은 할 수 없다고 말한다. 그것은 북극의 북쪽에 무엇이 있는지 묻는 것과 같다(물리학자들은 그렇게 말한다). 하지만 그런 질문을 할 수 없다는 건 우리 우주에만 해당하는 말일지도 모른다. 만일 우리 우주가 실제로 다중우주에 있는 수십억 개의 우주 중 하나라면 말이다.

요즘 신을 섬기는 사람들(어쨌든 그들은 교육받은 사람들이다)은 창조자가 있다는 증거로 생명 세계를 거론하는 것을 포기했다. 생명에 관한 한 다윈주의 진화가 완전한 설명을 제공한다는 것을 그들도 이제 알고 있기 때문이다. 대신 그들은 다른 종류의 논증으로 갈아탔다. 다소 절박하게—적어도 내게는 그렇게 보인다—그들은 다른 '틈새'로 관심을 돌렸다. 그것은 우주론과 물리학의 기본 법칙 및 상수를 포함한 모든 것의 기원이다.

물리학의 기본상수가 무엇인지 설명할 필요가 있다. 이 세계에는 여러분이 측정할 수 있는 숫자들이 있다. 은 원자에 있는 양성자의 개수가 그런 경우이다. 추측할 수 있는 숫자들도 있다. 물컵에 있는 물 분자의 개수가 그런 경우이다. 그리고 그 값이 수학적으로 필요한 숫자들도 있다. 원지름에 대한 원둘레의 비율인 파이π가 그런 경우이다. 파이는 많은 흥미로운 방식으로 수학에 관여한다. 그런데 물리학자들이 왜 그런 값을 갖는지 모른 채 그냥 받아들이는 숫자들도 있다. 이것을 물리학의 기본상수라고 부른다.

한 가지 예가 알파벳 철자 G로 표시하는 중력상수이다. 우리는 행성, 대포알, 깃털 같은 우주의 모든 물체가 중력에 의해 서로에게 끌어당겨진다는 사실을 뉴턴에게 배웠다. 물체들이 서로 멀수록 끌어당기는 힘은 약해진다(거리의 제곱에 반비례한다). 그리고 두 물체의 질량이 클수록 둘 사이의 끌어당김이 강해진다(두 물체의 질량을 곱한 값에 비례한다). 하지만 끌어당기는 실제 힘을 구하려면, 최종적으로 또 다른 숫자 G를 곱해야 한다. 바로 중력상수이다. 물리학자들은 G가 우주 전체에서 동일하다고 믿지만, 왜 그 값을 갖는지는 모른다. 다른 G 값을 가진 다른 우주를 상상하는 것도 가능하다. 그리고 G가 조금만 달라도 우주는 아주 아주 다를 것이다.

만일 G가 지금보다 작았다면 중력이 너무 약해서 물질을 덩어리로 모으지 못했을 것이다. 그랬다면 은하도, 별도, 화학도, 행성도, 진화도, 생명도 없을 것이다. G가 지금보다 약간만 더 컸더라도 우리가 아는 항성들은 존재할 수 없었을 테고, 존재하더라도 지금처럼 행동하지 않을 것이다. 항성들은 자체 중력에 의해 모두 붕괴해서 아마 블랙홀이 될 것이다. 항성도, 행성도, 진화도, 생명도 없다.

G는 물리상수 중 하나일 뿐이다. 다른 물리상수로는 빛의 속도 c, 원자핵을 함께 묶는 힘인 '강력strong force'이 있다. 이런 상수는 10여 개가 넘는다. 각각의 값은 알려져 있지만 (지

금까지는) 왜 그런 값을 갖는지 모른다. 그리고 모든 경우에 대해 여러분은 그 값이 달랐다면 우리가 아는 우주는 존재할 수 없었다고 말할 수 있다.

이 때문에 일부 신학자들은 신이 배후에 숨어 있을 것이라는 희망을 품는다. 마치 옛날 라디오에 달려 있던 돌리는 손잡이 같은, 여러분도 조작할 수 있을 법한 손잡이로 각각의 기본상숫값이 맞춰졌기라도 한 것처럼. 모든 손잡이는 우리가 알고 있는 우주가 존재하도록, 따라서 우리가 존재하도록 정확하게 맞춰져야 했다. 이 때문에 창조적 지능—일종의 신, 손잡이를 돌리는 초월자—이 그러한 미세 조정을 했다고 생각하고 싶어진다.

이것은 단호히 거부해야 할 유혹이다. 앞 장들에서 살펴본 이유들 때문이다. 그 모든 손잡이가 그렇게 미세조정되었다는 건 있을 법하지 않은 일처럼 보일지도 모른다. 각각의 돌리는 손잡이가 놓일 수 있는 다른 위치가 너무 많기 때문이다. 하지만 정밀한 미세 조정이 아무리 있을 법하지 않은 일처럼 보여도, 정밀하게 조정할 수 있는 신 또한 적어도 그만큼은 있을 법하지 않은 존재임이 틀림없다. 그렇지 않다면 어떻게 그가 미세 조정하는 방법을 알겠는가? 이 추론에 신을 끌어들이는 것은 문제 해결에 도움이 되지 않으며, 단지 해결을 한 단계 뒤로 퇴보시킬 뿐이다. 신은 설명될 수 없다는 게 너무도 명백하다.

다윈이 해결한 문제, 즉 생명이 매우 있을 법하지 않은 존재라는 건 대단히 큰 문제였다. 다윈이 등장하기 전에 이번 장 앞부분에서 사용한 반복 문구인 "설마 그럴 리가!"는 신이 생명을 창조했다는 말에 감히 의문을 품은 모든 사람의 가슴에 강렬하게 와닿는 말이었을 것이다. 다른 어떤 사례보다 훨씬 더 절실하게 와닿았을 것이다. 코끼리의 1,000조 개 세포 하나하나, 공작이나 벌새의 은은하게 빛나는 아름다운 색깔은 물론, 생명의 그 모든 복잡성, 제비의 속도와 우아함, 앨버트로스나 독수리의 미세 조정된 비행 표면, 뇌나 망막의 당혹스러운 복잡함까지, 이 모든 것이 누군가의 도움도, 지시도, 감독도 없이 물리법칙만으로 생겼다고?

그에 비하면 물리법칙과 물리상수의 기원처럼 비교적 간단한 것을 설명하는 일은 아마 식은 죽 먹기일 것이다. 물론 우리는 그 문제를 아직 해결하지 못했다. 하지만 다윈과 그의 계승자들이 더 큰 문제—생명이 설계되지 않았다는 것과 생존의 필요에 맞게 미세 조정되어 있다는 것—를 해결했다는 사실에서 우리는 용기를 얻어야 한다. 다윈의 업적뿐만 아니라, 과학의 다른 모든 눈부신 성공도 있다. 우리는 그런 성공 사례를 잘 알고 있다. 항생제, 백신, 과학적 수술이 없다면 우리 중 많은 이가 죽을 것이다. 과학적 공학이 없다면 우리 중 태어난 곳에서 몇 킬로미터 이상 벗어나 여행해본 사람은 거의 없을 것이다. 과학적 농업이 없다면 우리 대부분이 굶주릴 것이다. 하지만 여기서 나는 과학의 장대한 한 조각을 골라 집중적으로 다뤄보고 싶다. 그것은 우리가 관심을 가지고 있는 심오한 질문인 '우주는 어떻게 지금처럼 작동하게 되었나'와 관련이 있다.

전 세계의 우주학자들은 서로의 발견을 건설적 양식으로 삼아 빅뱅 이후에 무슨 일이 일어났는지에 대한 상세한 가설을 세웠다. 하지만 여러분이라면 그런 가설을 어떻게 검증할 것인가? '초기 조건', 즉 여러분이 생각하는 빅뱅 직후의 상황을 설정해야 한다. 그런 다음 그 이론을 사용해, 만일 여러분의 이론이 맞다면 오늘날 어떻게 되어야 하는지 유추한다. 다시 말해, 여러분의 이론을 사용해 먼 과거로부터 현재를 예측하는 것이다. 그런 다음 실제 상황을 조사해 여러분의 예측이 맞는지 본다.

여러분은 예측을 이끌어내기 위해 수학적 증명을 사용할 수 있을 거라고 생각할지도 모른다. 하지만 불행히도 그렇게 하기에는 세부 사항이 너무 복잡하다. 중력 외에도, 소용돌이치는 가스와 먼지구름 속처럼 여기저기서 일어나는 수십억 개의 미세한 상호작용이 존재한다. 그런 복잡성을 다루려면 컴퓨터 '모델'을 만들고, 그것을 돌려 무슨 일이 일어나는지 봐야 한다. 10장에서 살펴본 크레이그 레이놀즈의 '버이드'

모델과 비슷한데, 이보다 훨씬 더 정교해야 한다. 그리고 내가 '컴퓨터'라고 말할 때 그건 단지 약칭일 뿐이다. 한 대의 컴퓨터는 아무리 큰 것이라 해도 우주의 성장을 시뮬레이션하기엔 터무니없이 작고, 계산은 엄청나게 방대하다. 지금까지 나온 가장 우수한 시뮬레이션은 일러스트리스Illustris로, 한 대의 컴퓨터가 아니라 동시에 구동되는 8,192개의 컴퓨터 프로세서가 필요했다. 게다가 각각은 평범한 컴퓨터가 아니라 슈퍼컴퓨터였다. 일러스트리스 시뮬레이션은 빅뱅 순간이 아니라, 30만 년 뒤(이후 138억 년에 비하면 매우 짧은 시간)에 시작된다. 그 모든 슈퍼컴퓨터로도 모든 원자를 일일이 시뮬레이션할 수는 없다. 하지만 그럼에도 오늘날의 우주를 예측한 모습과 실제 현실을 비교해 보면 정말 흥미롭다.

도판 13을 보라. 거기에는 일종의 농담이 담겨 있다. 사진은 위아래가 갈라져 있다. 위쪽 절반은 실제 우주로, 1995년 허블궤도망원경이 찍은 그 유명한 허블 딥 필드Hubble Deep Field 사진이다. 아래쪽 절반은 일러스트리스가 예측한 우주이다. 뭐가 뭔지 구별할 수 있겠는가? 나는 할 수 없다.

과학은 경이롭지 않은가? 여러분이 신으로 메울 수 있기를 바라는, 인류가 모르는 빈틈을 발견했다고 생각한다면 나는 이렇게 조언하겠다. "역사를 돌아보면 절대 과학에 내기를 걸지 못할걸."

일러스트리스 시뮬레이션은 내가 말했듯 빅뱅 30만 년 뒤에 시작된다. 이제 시간을 좀 더 거슬러 우주 자체의 기원, 기본상수와 '미세 조정' 논증으로 돌아가보자. 손잡이들을 딱 맞는 위치에 맞추기 위한 그 모든 조작. 그 문제를 다시 보도록 하자. '인류 원리anthropic principle'라 부르는 흥미로운 개념으로 시작하겠다.

안트로포스Anthropos는 '인류'를 뜻하는 그리스어이다. 인류학anthropology 같은 단어들이 여기서 유래했다. 인류는 존재한다. 우리가 존재한다는 사실을 우리가 아는 것은 우리가 여기서 자신의 존재에 대해 생각하고 있기 때문이다. 그러므로 우리가 살고 있는 우주는 우리를 탄생시킬 수 있는 종류의 우주여야 한다. 그리고 우리가 살고 있는 행성은 우리를 탄생시키는 데 딱 맞는 조건들을 갖춰야 한다. 우리가 녹색식물에 둘러싸여 있는 것은 결코 우연이 아니다. 녹색식물(또는 그에 상당하는 것)이 없는 행성은 자신의 존재에 대해 생각할 수 있는 생명체를 탄생시킬 수 없을 것이다. 우리는 궁극적인 식량원으로 녹색식물이 필요하다. 우리가 하늘에서 별을 보는 것은 결코 우연이 아니다. 별이 없는 우주는 수소와 헬륨보다 무거운 화학원소가 없는 우주일 것이다. 그리고 수소와 헬륨만 있는 우주는 생명의 진화가 일어날 만큼 화학물질이 풍부하지 않을 것이다. 인류 원리는 구태여 말할 필요도 없을 만큼 명백하다.

하지만 그렇다 해도 중요하다.

우리가 아는 생명은 액체 상태의 물이 필요하다. 물은 오직 좁은 범위의 온도에서만 액체로 존재한다. 너무 차가우면 얼음이 되고, 너무 뜨거우면 수증기가 된다. 우리 행성은 우연히 태양으로부터 딱 적당한 거리에 있고, 그래서 물이 액체일 수 있다. 우주에 있는 대부분의 행성은 그들의 항성에서 너무 멀리 떨어져 있거나(예컨대 명왕성이 그렇다. 물론 명왕성을 더 이상 행성으로 분류하지 않는다는 것을 알지만, 그렇다 해도 이 사실이 달라지는 것은 아니다), 너무 가까이 있다(예컨대 수성이 그렇다). 모든 항성에는 '골디락스 존'(너무 뜨겁지도 너무 차갑지도 않고, 아기 곰의 죽처럼 '딱 적당한' 곳)이 있다. 지구는 태양의 골디락스 존에 있다. 수성과 명왕성은 서로 정반대의 이유로 그렇지 않다. 물론 인류 원리는 우리가 지구에 존재하기 때문에 지구가 골디락스 존에 있어야 한다고 말한다. 그리고 우리 행성이 골디락스 존에 있지 않았다면 우리는 존재할 수 없었다.

행성에 해당하는 이야기는 우주에도 해당할 것이다. 내가 이미 언급했듯 물리학자들은 우리 우주가 '다중우주'에 있는 많은 우주 중 하나라고 생각할 충분한 이유가 있다. 다중우주는—적어도 몇몇 해석에 따르면—'인플레이션'(급속 팽창)이라 불리는 이론의 결론이다. 인플레이션 이론은 과학의 다른 어떤 것보다 "설마 그럴 리가!"에 해당함에도 오늘날 대부분의 우주학자들이 이를 받아들인다. 그리고 다중우주에 있는 수십억 개의 우주가 모두 동일한 법칙과 기본상수를 가지고 있다고 가정할 이유는 전혀 없다. 중력상수 G의 값은 각기 다른 우주에서 다이얼의 모든 위치에 놓일 수 있다. 오직 소수의 우주에서만 G가 '최적의 지점sweet spot'에 맞추어 있을 것이다. 소수의 우주만이 물리법칙과 상수가 우연히 생명체의 진화에 딱 맞게 되어 있는 '골디락스 우주'이다. 그리고 당연히(여기서 인류 원리가 다시 등장한다) 우리는 그 소수의 우주 중 한 곳에 있어야 한다. 우리의 존재 자체가 우리 우주가 골디락스 우주여야 하는 이유를 설명한다. 수십억 개쯤 되는 생명 친화적이지 않은 평행 우주들 가운데 있는 하나의 생명 친화적인 골디락스 우주.

설마 그럴 리가!

"하지만 그건 사실이다"라고 말하기는 아직 이르다. 물리학자들은 이 문제를 더 연구할 필요가 있다. 우리가 말할 수 있는 것은 이 설명이 유망해 보인다는 것이다. 게다가—이것이 이 마지막 장의 핵심인데—있을 법하지 않아 보이는 것들의 두려운 공백 속으로 들어가는 대담한 발걸음이 과학사에서 옳다고 증명된 일이 꽤 있었다. 나는 우리가 과감하게 용기를 내어 성장함으로써 모든 신을 단념해야 한다고 생각한다. 안 그런가?

역자 후기

찌르레기 떼가 하늘을 나는 모습을 본 적이 있는가? 아직 보지 못했다면 이 책의 도판 11, 또는 유튜브 영상을 찾아보라. 미국의 조류 관찰자인 노아 스트리커는《깃털 달린 것들 The Thing with Feathers》이라는 저서에서 이렇게 썼다.

"생동감 넘치는, 복잡하게 짜인 그 힘은 인간의 이해를 거부하는 듯하다. 어떻게 서로 겨우 몇 인치 떨어진 거리에서 수십만 마리가 시속 50킬로미터로 계속 움직일 수 있을까? 끊임없이 방향을 바꾸면서 어떻게 응집력 있는 대열을 유지할 수 있는 걸까? 생각할수록 놀라운 일이다. …… 찌르레기 무리가 그런 상태를 유지하는 건 분명 어떤 외적인 힘이 작용하기 때문이라고 생각할 수밖에 없다. …… 그런데 새들은 더 큰 어떤 힘에 의해 조종되는 체스 말에 불과할까? 아니면 내부 발생적인 힘에 따라 움직이는 걸까?"

마치 누군가 설계한 것처럼 보이지 않는가? 신 같은 안무가나 설계자가 있어야 할 것 같지 않은가? 살아 있는 것들의 아름다움과 복잡성에 깊은 감명을 받은 저자도 열다섯 살에 신앙을 포기할 때까지 우주와 생명체를 만든 어떤 종류의 더 높은 힘에 대한 믿음에 매달렸다고 고백한다. 물론 그는 모두가 알다시피 '자연선택에 의한 진화'라는 진정한 설명을 찾았지만 말이다.

그를 전 세계에서 가장 유명한 무신론자로 만들어준《만들어진 신》이후 도킨스가 종교에 대한 책으로 다시 돌아왔다. 교실에서 진화론과 함께 창조론도 가르치자고 주장하는 사람들, 내세를 무분별하게 믿음으로써 9·11과 같은 치명적인 사건을 일으키는 사람들, 자연재해 앞에서 신 앞에 무릎을 꿇고 왜냐고 울부짖는 사람들을 보면서 종교가 일으키는 정신 지배, 악영향, 혼란을 오랫동안 성토해왔던 도킨스는 이 책에서 좀 더 단도직입적이고 근본적인 질문을 던진다. "우리가 신을 믿어야 하는가?" 우주의 존재와 생명체의 복잡성을 설명하기 위해 우리에게 신이 필요할까? 선하게 살기 위해 우리에게 신이 필요할까?

왜 신을 믿느냐고 물으면 많은 사람들이 '성서 때문에', 그리고 '성서는 우리가 선하게 살도록 돕는 책이기 때문'이라고 답한다. 도킨스는 그 이유가 왜 합당하지 않은지 차례차례 밝혀나간다. 그동안의 역사에서, 그리고 세계 모든 곳에서 무수히 많은 신이 숭배를 받아왔는데 왜 당신이 믿는 신만이 옳은가? 성서의 책들 사이의 모순된 내용을 어떻게 설명할 것인가? '기적'을 어떻게 설명할 것인가? 왜 어떤 기적은 믿고 어떤 기적은 믿지 않는가? 성서에 등장하는 신이라는 인물은 정말 선한가? 마지막으로, 성서에는 좋은 말도 있다고(그건 사실이다) 항변하는 사람들에게는 이렇게 묻는다. 좋은 구절과 나쁜 구절을 무엇으로 판단하는가? 그런 판단 기준이 있다면 성서가 왜 필요한가?

그런데 도킨스가 믿지 않는 신은 나 역시 믿지 않는 신이라고 말하면서 이런 비판을 빠져나가는 종교 지도자들이 있다(그들은 자신들이 믿는 신은 인간의 언어로 묘사할 수 없는 초월적인 존재라고 말한다). 이에 대해 도킨스는 다른 지면에서, 그런 사람들은 자신들이 믿는 신이 어떤 신인지 분명하게 밝힌 적이 없기 때문에 그런 상대와의 싸움은 미끄러운 비누조각과 싸우는 것과 같다고 말했다. 잡으려 하는 족족 손에서 빠져나간다는 것이다. 그러면서 도킨스 자신이 믿지 않는 신이 누구인지 분명하게 밝힌다. "우주를 설계할 만한 과학적·수학적 지능을 가지고 있고, 세상 모든 존재의 생각과 기도를 들을 여력이 있으며, 그 존재들의 선행과 죄에 일일이 신경 쓰고, 사후에 상을 내리거나 처벌하는 존재." 그리고 이렇게 덧붙인다. "그것이 당신이 믿는 신이 아니라면 나는 당신과 싸울 까닭이 없다. 하지만 당신이 믿는 신이 그런 신이 아니라면 도대체 왜 교회에 가는지 궁금하지 않을 수 없다."

신을 믿지 않기 위해 넘어야 할 이보다는 높은 허들은 (그리고 이 책에서 훨씬 더 흥미로운 부분은) 생명 세계의 '있을 법하지 않은' 복잡성 문제다. 처음에 말한 찌르레기 떼의 군무로 돌아오면, 1986년에 크레이그 레이놀즈라는 컴퓨터 프로그래머가 새들이 떼를 짓는 행태를 흉내 낸 컴퓨터 프로그램 '버이드'를 만들었다. 그는 새 무리 전체의 움직임을 프로그래밍한 게 아니라, 한 마리 새를 위한 규칙을 프로그래밍한 다음 그 새를 복제해 컴퓨터 화면에 풀어놓았다. 그 결과(이 책의 도판 12)는 놀랍다. '버이드'들은 저 위에서 질서를 부여하는 어떤 '고차원적인 힘' 없이도 생명이 자발적으로 조직화를 꾀할 수 있음을 보여준다. 믿을 수 없겠지만 우리 몸을 구성하는 DNA와 단백질, 그리고 수정란이 태아가 되는 배아 발생 과정도 모두 이런 식의 '상향식 메커니즘'을 따른다. 물론 과학에는 아직 해결되지 않은 문제들이 있다. 진화 과정이 애초에 어떻게 시작되었을까? 우주가 어떻게 시작되었을까? 물리 법칙이 어디서 올까? 신을 믿는 사람들은 이 틈을 타 그 틈새를 신으로 메우려 한다. 하지만 그 모든 것을 설계했다는 신은 '설명'이 아니라 설명되어야 할 존재다.

이 책의 원제는 'Outgrowing God'이다. outgrow는 성장하고 성숙해지면서 어떤 생각이나 습관을 버린다는 뜻이다.

제목에서 알 수 있듯이 독자의 연령대를 낮추어 청소년까지 아우르는 책이다. 도킨스는 기회가 있을 때마다 어린아이들에게 부모가 믿는 종교로 꼬리표를 붙이는 습관을 비판했고, 유년기 세뇌의 힘이 얼마나 강력한지 역설했다. 따라서 '스스로 판단할 수 있는 나이가 된' 모든 사람으로 독자층을 넓히기로 한 것은 영리한 전략으로 보인다.

1부와 2부에 걸쳐 도킨스는 신에서 '벗어나기' 위한 두 가지 허들을 넘는다. 도킨스 본인에게는 2부의 '생명의 복잡성' 문제가 좀 더 높은 허들이었지만, 누군가에게는 어렸을 때 뇌리에 박힌 1부의 이른바 '성서의 진실'이 더 높은 허들일지도 모른다. 하지만 어느 쪽 장애물이 더 높든, 신과 성서를 직접적으로 다루는 1부보다 2부가 훨씬 더 흥미로운 무신론 변론으로 다가온다. 왜냐하면 2부는 신을 믿지 않을 이유를 넘어 신이 불필요함을 처음부터 끝까지 과학으로 증명하기 때문이다. 도킨스는 신 없이도 복잡한 생명이 탄생할 수 있다는 것을 생명의 자기조립 과정을 통해 멋지게 보여준다. 이 책을 읽기 시작할 때는 '신을 믿어야 하는가'라는 물음에서 출발하겠지만, 책장을 덮을 때쯤이면 (무신론자가 되어 있지는 않더라도) 신은 어느새 잊고 과학의 마법에 빠질 준비가 되어 있을 것이다.

김명주

사진 출처

도판 1 Anders Ryman/Getty

도판 2 Denis-Huot/naturepl.com

도판 3 Svoboda Pavel/Shutterstock

도판 4~6 Roger T. Hanlon

도판 7 Ron Offermans/Buitenbeeld/Minden/Getty

도판 8 모두 Alex Hyde

도판 9 왼쪽 위 Martin Fowler/Shutterstock
오른쪽 위 Monontour/Shutterstock
왼쪽 중간 Lisa Mar/Shutterstock
오른쪽 중간 Kawongwarin/Shutterstock
왼쪽 아래 Simon Bratt/Shutterstock
오른쪽 아래 Aprilflower7/Shutterstock

도판 10 왼쪽 위 Fiona Stewart/오른쪽 위 모름

도판 11 David Tipling/naturepl.com

도판 12 Jill Fantauzza

도판 13 Illustris Simulation/illustris-project.org

247쪽의 사진과 표본은 Carles Millan에게 제공받았다.

찾아보기

ㄱ

ㄴ

ㅈ

ㅊ

ㅋ

ㅌ

ㅍ

ㅎ